珍 藏 版

Philosopher's Stone Series

哲人石丛书

立足当代科学前沿

彰显当代科技名家

绍介当代科学思潮

激扬科技创新精神

珍藏版策划

王世平　姚建国　匡志强

出版统筹

殷晓岚　王怡昀

师从天才
一个科学王朝的崛起

Apprentice to Genius

The Making
of
a Scientific Dynasty

Robert Kanigel

[美]罗伯特·卡尼格尔 —— 著

江载芬 闫鲜宁 张新颖 —— 译

上海科技教育出版社

出版前言

"哲人石",架设科学与人文之间的桥梁

"哲人石丛书"对于同时钟情于科学与人文的读者必不陌生。从1998年到2018年,这套丛书已经执着地出版了20年,坚持不懈地履行着"立足当代科学前沿,彰显当代科技名家,绍介当代科学思潮,激扬科技创新精神"的出版宗旨,勉力在科学与人文之间架设着桥梁。《辞海》对"哲人之石"的解释是:"中世纪欧洲炼金术士幻想通过炼制得到的一种奇石。据说能医病延年,提精养神,并用以制作长生不老之药。还可用来触发各种物质变化,点石成金,故又译'点金石'。"炼金术、炼丹术无论在中国还是西方,都有悠久传统,现代化学正是从这一传统中发展起来的。以"哲人石"冠名,既隐喻了科学是人类的一种终极追求,又赋予了这套丛书更多的人文内涵。

1997年对于"哲人石丛书"而言是关键性的一年。那一年,时任上海科技教育出版社社长兼总编辑的翁经义先生频频往返于京沪之间,同中国科学院北京天文台(今国家天文台)热衷于科普事业的天体物理学家卞毓麟先生和即将获得北京大学科学哲学博士学位的潘涛先生,一起紧锣密鼓地筹划"哲人石丛书"的大局,乃至共商"哲人石"的具体选题,前后不下十余次。1998年年底,《确定性的终结——时间、混沌与新自然法则》等"哲人石丛书"首批5种图书问世。因其选题新颖、译笔谨严、印制精美,迅即受到科普界和广大读者的关注。随后,丛书又推

出诸多时代感强、感染力深的科普精品,逐渐成为国内颇有影响的科普品牌。

"哲人石丛书"包含4个系列,分别为"当代科普名著系列"、"当代科技名家传记系列"、"当代科学思潮系列"和"科学史与科学文化系列",连续被列为国家"九五"、"十五"、"十一五"、"十二五"、"十三五"重点图书,目前已达128个品种。丛书出版20年来,在业界和社会上产生了巨大影响,受到读者和媒体的广泛关注,并频频获奖,如全国优秀科普作品奖、中国科普作协优秀科普作品奖金奖、全国十大科普好书、科学家推介的20世纪科普佳作、文津图书奖、吴大猷科学普及著作奖佳作奖、《Newton-科学世界》杯优秀科普作品奖、上海图书奖等。

对于不少读者而言,这20年是在"哲人石丛书"的陪伴下度过的。2000年,人类基因组工作草图亮相,人们通过《人之书——人类基因组计划透视》、《生物技术世纪——用基因重塑世界》来了解基因技术的来龙去脉和伟大前景;2002年,诺贝尔奖得主纳什的传记电影《美丽心灵》获奥斯卡最佳影片奖,人们通过《美丽心灵——纳什传》来全面了解这位数学奇才的传奇人生,而2015年纳什夫妇不幸遭遇车祸去世,这本传记再次吸引了公众的目光;2005年是狭义相对论发表100周年和世界物理年,人们通过《爱因斯坦奇迹年——改变物理学面貌的五篇论文》、《恋爱中的爱因斯坦——科学罗曼史》等来重温科学史上的革命性时刻和爱因斯坦的传奇故事;2009年,当甲型H1N1流感在世界各地传播着恐慌之际,《大流感——最致命瘟疫的史诗》成为人们获得流感的科学和历史知识的首选读物;2013年,《希格斯——"上帝粒子"的发明与发现》在8月刚刚揭秘希格斯粒子为何被称为"上帝粒子",两个月之后这一科学发现就勇夺诺贝尔物理学奖;2017年关于引力波的探测工作获得诺贝尔物理学奖,《传播,以思想的速度——爱因斯坦与引力波》为读者展示了物理学家为揭示相对论所预言的引力波而进行的历时70年的探索……"哲人石丛书"还精选了诸多顶级科学大师的传记,《迷人的科学风采——费恩曼传》《星云世界的水手——哈勃传》《美丽心灵——纳什传》《人生舞台——阿西莫夫自传》《知无涯者——拉马努金传》《逻辑人生——哥德尔传》《展演科学的艺术家——萨根传》《为世界而生——霍奇金传》《天才的拓荒者——冯·诺伊曼传》《量子、猫与罗曼史——薛定谔传》……细细追踪大师们的岁月足迹,科学的力量便会润物细无声地拂过每个读者的心田。

"哲人石丛书"经过20年的磨砺,如今已经成为科学文化图书领域的一个品牌,也成为上海科技教育出版社的一面旗帜。20年来,图书市场和出版社在不断变化,于是经常会有人问:"那么,'哲人石丛书'还出下去吗?"而出版社的回答总是:"不但要继续出下去,而且要出得更好,使精品变得更精!"

"哲人石丛书"的成长,离不开与之相关的每个人的努力,尤其是各位专家学者的支持与扶助,各位读者的厚爱与鼓励。在"哲人石丛书"出版20周年之际,我们特意推出这套"哲人石丛书珍藏版",对已出版的品种优中选优,精心打磨,以全新的形式与读者见面。

阿西莫夫曾说过:"对宏伟的科学世界有初步的了解会带来巨大的满足感,使年轻人受到鼓舞,实现求知的欲望,并对人类心智的惊人潜力和成就有更深的理解与欣赏。"但愿我们的丛书能助推各位读者朝向这个目标前行。我们衷心希望,喜欢"哲人石丛书"的朋友能一如既往地偏爱它,而原本不了解"哲人石丛书"的朋友能多多了解它从而爱上它。

上海科技教育出版社

2018年5月10日

学者对谈

"哲人石丛书":20年科学文化的不懈追求

◇ 江晓原(上海交通大学科学史与科学文化研究院教授)
◆ 刘兵(清华大学社会科学学院教授)

◇ 著名的"哲人石丛书"发端于1998年,迄今已经持续整整20年,先后出版的品种已达128种。丛书的策划人是潘涛、卞毓麟、翁经义。虽然他们都已经转任或退休,但"哲人石丛书"在他们的后任手中持续出版至今,这也是一幅相当感人的图景。

说起我和"哲人石丛书"的渊源,应该也算非常之早了。从一开始,我就打算将这套丛书收集全,迄今为止还是做到了的——这必须感谢出版社的慷慨。我还曾向丛书策划人潘涛提出,一次不要推出太多品种,因为想收全这套丛书的,应该大有人在。将心比心,如果出版社一次推出太多品种,读书人万一兴趣减弱或不愿一次掏钱太多,放弃了收全的打算,以后就不会再每种都购买了。这一点其实是所有开放式丛书都应该注意的。

"哲人石丛书"被一些人士称为"高级科普",但我觉得这个称呼实在是太贬低这套丛书了。基于半个世纪前中国公众受教育程度普遍低下的现实而形成的传统"科普"概念,是这样一幅图景:广大公众对科学技术极其景仰却又懂得很少,他们就像一群嗷嗷待哺的孩子,仰望着高踞云端的科学家们,而科学家则将科学知识"普及"(即"深入浅出地"

单向灌输)给他们。到了今天,中国公众的受教育程度普遍提高,最基础的科学教育都已经在学校课程中完成,上面这幅图景早就时过境迁。传统"科普"概念既已过时,鄙意以为就不宜再将优秀的"哲人石丛书"放进"高级科普"的框架中了。

◆ 其实,这些年来,图书市场上科学文化类,或者说大致可以归为此类的丛书,还有若干套,但在这些丛书中,从规模上讲,"哲人石丛书"应该是做得最大了。这是非常不容易的。因为从经济效益上讲,在这些年的图书市场上,科学文化类的图书一般很少有可观的盈利。出版社出版这类图书,更多地是在尽一种社会责任。

但从另一方面看,这些图书的长久影响力又是非常之大的。你刚刚提到"高级科普"的概念,其实这个概念也还是相对模糊的。后期,"哲人石丛书"又分出了若干子系列。其中一些子系列,如"科学史与科学文化系列",里面的许多书实际上现在已经成为像科学史、科学哲学、科学传播等领域中经典的学术著作和必读书了。也就是说,不仅在普及的意义上,即使在学术的意义上,这套丛书的价值也是令人刮目相看的。

与你一样,很荣幸地,我也拥有了这套书中已出版的全部。虽然一百多部书所占空间非常之大,在帝都和魔都这样房价冲天之地,存放图书的空间成本早已远高于图书自身的定价成本,但我还是会把这套书放在书房随手可取的位置,因为经常会需要查阅其中一些书。这也恰恰说明了此套书的使用价值。

◇ "哲人石丛书"的特点是:一、多出自科学界名家、大家手笔;二、书中所谈,除了科学技术本身,更多的是与此有关的思想、哲学、历史、艺术,乃至对科学技术的反思。这种内涵更广、层次更高的作品,以"科学文化"称之,无疑是最合适的。在公众受教育程度普遍较高的西方发达社会,这样的作品正好与传统"科普"概念已被超越的现实相适应。所以"哲人石丛书"在中国又是相当超前的。

这让我想起一则八卦:前几年探索频道(Discovery Channel)的负责人访华,被中国媒体记者问道"你们如何制作这样优秀的科普节目"时,立即纠正道:"我们制作的是娱乐节目。"仿此,如果"哲人石丛书"的出版人被问道"你们如何出版这样优秀的科普书籍"时,我想他们也应该立即纠正道:"我们出版的是科学文化书籍。"

这些年来,虽然我经常鼓吹"传统科普已经过时"、"科普需要新理念"等等,这当然是因为我对科普作过一些反思,有自己的一些想法。但考察这些年持续出版的"哲人石丛书"的各个品种,却也和我的理念并无冲突。事实上,在我们两人已经持续了17年的对谈专栏"南腔北调"中,曾多次对谈过"哲人石丛书"中的品种。我想这一方面是因为丛书当初策划时的立意就足够高远、足够先进,另一方面应该也是继任者们在思想上不懈追求与时俱进的结果吧!

◆ 其实,究竟是叫"高级科普",还是叫"科学文化",在某种程度上也还是个形式问题。更重要的是,这套丛书在内容上体现出了对科学文化的传播。

随着国内出版业的发展,图书的装帧也越来越精美,"哲人石丛书"在某种程度上虽然也体现出了这种变化,但总体上讲,过去装帧得似乎还是过于朴素了一些,当然这也在同时具有了定价的优势。这次,在原来的丛书品种中再精选出版,我倒是希望能够印制装帧得更加精美一些,让读者除了阅读的收获之外,也增加一些收藏的吸引力。

由于篇幅的关系,我们在这里并没有打算系统地总结"哲人石丛书"更具体的内容上的价值,但读者的口碑是对此最好的评价,以往这套丛书也确实赢得了广泛的赞誉。一套丛书能够连续出到像"哲人石丛书"这样的时间跨度和规模,是一件非常不容易的事,但唯有这种坚持,也才是品牌确立的过程。

最后,我希望的是,"哲人石丛书"能够继续坚持以往的坚持,继续高质量地出下去,在选题上也更加突出对与科学相关的"文化"的注重,真正使它成为科学文化的经典丛书!

2018年6月1日

对本书的评价

◇

卡尼格尔广泛采访,并运用了大量轶事,来描述那种创造性与实验风格的遗产,如何通过一条师徒链代代相传,它始于香农并传给布罗迪,然后到了阿克塞尔罗德,现在已传送给斯奈德,并又传到珀特那里。

——《科学》

◇

这本书真实可信。

——《美国医学会会刊》

◇

一段迷人的故事,再加上卡尼格尔巧妙地把它讲述出来。

——《华盛顿邮报》

◇

这是用多彩的线织就的绚丽外套,它把社会学和科学两者的学识引人入胜地结合为一体。

——1973年诺贝尔生理学医学奖得主
莱德伯格(Joshual Lederberg),《爱西斯》

◇

罗伯特·卡尼格尔一扫[隐藏]在科学恐惧症背后的那些假定,并且在这一过程中,尽管用了些不常用的"大词儿",但仍像雅姬·柯林斯的小说一样巧妙地创作了本书。

——《芝加哥论坛报》

内容提要

　　本书关注的是现代科学中的师承关系链及其影响。作者罗伯特·卡尼格尔在书中把我们带进了一个充满智慧、趣味、竞争和创新的奇妙的科研王朝，展现了一个由美国国立卫生研究院(NIH)和约翰斯·霍普金斯大学的著名科学家群体构筑的世界，他们通过半个多世纪来在生物医学科学领域内的突破性贡献，赢得了拉斯克奖及诺贝尔奖。

　　作者无比精彩地捕捉到那些工作上优秀的心灵和爆炸性人物的戏剧性表演——布罗迪和阿克塞尔罗德发现了一种新奇的药品泰诺，斯奈德和珀特破解了大脑的化学秘密，等等。本书不仅让我们看到观念的争执、实验的成败、对事业与关系的考验、学术荣誉的得失，而且让我们近观所有那些科学实践之中的深刻人性，领略那些令人难忘的探索者的经历和事业。

作者简介

　　罗伯特·卡尼格尔,巴尔的摩大学耶鲁高登文学艺术学院语言、技术和出版设计研究所的高级研究员,专业科学作家,著有《最佳途径》等作品,曾获"格雷迪–斯塔克"科学写作奖。他写的传记《知无涯者》是美国最畅销的书之一,并获得1992年"美国书评界传记奖"。

献给朱迪和戴维

CONTENTS 目录

目 录

001 — 致谢

001 — 引言

007 — 第一章　诺贝尔奖得主

019 — 第二章　战时紧急任务

035 — 第三章　史蒂夫·布罗迪，甲基橙及新药理学

049 — 第四章　布罗迪和阿克塞尔罗德："让我们大胆地试一下"

066 — 第五章　3号楼："他做的唯一的事就是召唤"

087 — 第六章　分道扬镳

105 — 第七章　朱利叶斯实验室

126 — 第八章　黄金时代

147 — 第九章　约翰斯·霍普金斯大学

165 — 第十章　阿片受体："疯起来，去研究它"

194 — 第十一章　拉斯克奖风波

218 — 第十二章　师承链

231 — 第十三章　1985年

251 — 第十四章　尾声：1993年

261 — 再版后记

致 谢

我首先要感谢史蒂夫·布罗迪(Steve Brodie)、朱利叶斯·阿克塞尔罗德(Julius Axelrod)、所罗门·斯奈德(Solomon Snyder)和坎达丝·珀特(Candace Pert),他们让我进入了他们的生活,接受我的提问,慷慨地用许多时间介绍他们的情况,进行回忆,并提供一些个人文件和物品。我对他们的感激之情确实无以言表。

我还要感谢几十位其他科学家,是他们讲述了与以上四位的个人及专业交往——当然,关于他们四人的科学发现,尚有许多故事鲜为人知。

感谢鲍勃·戈斯(Bob Goss)及桑迪·琼斯(Sandy Jones),当我还只是在构思《师从天才》一书时,他们就给了我关键性的推动;感谢琳达·纳尔逊(Linda Nelson)在我彷徨时给了我信心、热情和鼓励;感谢夏洛特·希迪(Charlotte Sheedy)给了我极好的忠告;感谢卡西·梅卡尔迪(Cathy Mercaldi)帮助我深入地了解一项关键的实验室技术;感谢芭贝特·比莱克(Babette Bilek)帮我做了重要的文献查阅;感谢安妮·布罗迪(Anne Brodie)在图森市给我的热情款待;我还要感谢巴里·李普曼(Barry Lippman)、戴维·沃尔夫(David Wolff)、保罗·希科克(Paul Heacock),他们三人对本书的编审总是一语中的,而且次数之多令我汗颜。

我要特别感谢埃莉斯·汉考克(Elise Hancock)。我在本书完成四分之三时迈入她在《约翰斯·霍普金斯大学校刊》的办公室,我说:"埃莉斯,我在写一本关于师承关系的书,我刚想起来您还是我的导师呢!"

她答道:"我一直纳闷你何时才会想起这一点。"

我要感谢我已故的祖父索尔·沃尔夏恩(Saul Wolshine),他一生与木材和金属打交道,并至今仍影响着我的文字生涯。我还要感谢我的父母:在我进行调查和写作本书期间,我日日铭记他们对我的深刻教诲。

我最后要感谢朱迪(Judy),她帮助我一往直前。当我疏忽时,她容忍我。手稿一打印出来,她就仔细校阅,并总是恰到好处地给我以批评、鼓舞和爱,这些都是我需要的。

还要感谢戴维·索尔·卡尼格尔(David Saul Kanigel),其出生以及在人世间第一年的成长,恰与本书的写作同时进行,这令我难忘,并使我对本书的写作更加愉快。

◆ 引 言

他幽默诙谐、充满魅力、仪表整洁、双目炯炯、风采出众。他会在凌晨三四点钟打电话给你,介绍他的新思路,却并不认为这有何不妥。他的名字是伯纳德·B. 布罗迪(Bernard B. Brodie),但大家都叫他史蒂夫(Steve)。

据传在1886年,纽约一位23岁的酒吧老板为200美元打赌,曾从布鲁克林桥上跳入东河。但他并没死,而且拿到了这笔钱。他的名字叫史蒂夫·布罗迪。从此就产生了一个短语:"做一回布罗迪",意为做一次危险表演或冒险打赌。

60年之后,当伯纳德·布罗迪博士在纽约戈尔德沃特纪念医院主持自己的实验室,并且成绩卓著之时,他也获得了在科研上敢于冒险的声誉。他常说:"让我们大胆地试一下。"他用这句话表示要做一个成功机会不大,但一旦成功就会引起轰动的实验。由于他的这一特点,人们开始称他为"史蒂夫",形容他与1886年那个跳河的人十分相似,这个外号也就一直粘上了他。

当朱利叶斯·阿克塞尔罗德(Julius Axelrod)在布罗迪的实验室当技师时,他总听到这句话:"让我们大胆地试一下。"后来他与布罗迪闹崩了,有了自己的实验室,并且声名远扬。再后来,他的学生们又把他从导师布罗迪那里学到的东西学到手。

多年之后,华盛顿特区乔治·华盛顿大学医学中心一位年轻的生物化学教授,曾谈论他不久前在首席科学家坎达丝·珀特(Candace Pert)手下当研究生及工作时的情景:"她总是愿意在科研上冒险,"他说,"那就是她的风格。"

但那并不仅仅是**她的**风格。那既是她的风格,也是她导师的风格……——一直可追溯到史蒂夫·布罗迪。珀特曾在所罗门·斯奈德(Solomon Snyder)的实验室受过培养,斯奈德曾是"朱利叶斯的男孩"之一,而朱利叶斯·阿克塞尔罗德曾在布罗迪手下学习。

传统的师徒关系仍在科学的某些领域中占主导地位。这种关系常常是充满热情的:双方会投入狂热的日常工作,每天工作时间会很长,并将分享实验成功的喜悦,或是失败的沮丧。通过这种关系,学生按导师的方式得到培养,学生带着自己的一种看法、一类风格、一种口味,或只是一种对成为"好的科学"的内心感受而离去。通过这种关系,偏爱被认同,科研事业得以发展,某一学科门类的统治得以延伸。但通过这种关系,有时也会引发愤慨,乃至终生的怨恨。

人们一般以为科学主要是靠个人单枪匹马搞研究,冷冷地游离于人际交往的火热激情之外。在1969年首次遇到"真正的"科学家之前,我也是这样认为的。那一年,我与巴尔的摩约翰斯·霍普金斯大学的一名生物学研究生成了好朋友。

我的这位朋友伊莎贝尔(Isabelle)所描绘的她在实验室中的经历,根本不仅仅局限于实验、论文和数据。她的博士生导师是冯·埃伦施泰因(von Ehrenstein)教授。而这位教授的实验室,据伊莎贝尔讲,成了一个复杂的社会组织,有明确的特点和气氛。在这个紧密的、有限的小社会中,我听到并亲眼看到一个五光十色的世界:友谊、竞争和愤怒、对诺贝尔奖的野心、实验室中的朋友聚会及绯闻、实验做到一半时狼吞虎咽比萨饼、电泳室外的流言蜚语、争用设备与争先引起实验室主任的注意、年轻人的爱和无限热情,以及深深的、日益加重的愤怒。

这是我首次瞥见科学作为社会性的、具有深刻人性的活动。科学并不仅仅涉及思路、仪器、试管和实验室记录。它也是人与人之间的互动,具有强烈的感情色彩,就好比演员或战士,或者像任何其他群体一样,持续而亲密的接触一定会引发强烈的感情。

多年过去后,我在1981年开始研究一篇关于霍普金斯大学神经药理学家斯奈德的文章。他虽刚刚40岁,但已是具有国际声望的知名研究人员。我那时是首次采访他,但进行得并不顺利。我问及他的科学发现,他告诉了我。但我的问题没有激起火花。他彬彬有礼,用词准确,但语言拘谨,面无表情。我的采访进展不大。这时我想起……

在为采访作准备时,应该读一下报纸杂志上对受访者已有的相关报道,这是新闻学上的有益惯例,亦是明显的常识。此时坐在斯奈德在约翰斯·霍普金斯的那间舒适的办公室里,我突然想起前一天晚上阅读时不止一次遇到的情节:看来,斯奈德似乎是在阿克塞尔罗德(1970年诺贝尔生理学医学奖得主)的实验室开始走上科学家生涯的。随后,我不再追问他的科学成就,转而提了一个冒险的问题,"为阿克塞尔罗德博士工作是什么感觉?"

他的脸上突然充满喜悦,"啊,那非常令人激动!"他叹口气说。他的声音首次充满悦耳的色彩。"那真是妙极了。"他开始谈起两人20年前的共事时光。

采访中的这个转折是令人吃惊的,它挽救了这次访谈。但更重要的是,它使我了解了一个远远超乎我想象的、宏大而又雄心勃勃的故事。

前一段时间,《约翰斯·霍普金斯大学校刊》(我在过去5年常为其写文章)负责与我联系的编辑埃莉斯·汉考克(Elise Hancock)提出一个设想,即组织一篇文章,探索科学及学术中师承关系的作用。作为一个严肃的大学学刊,提出这种设想是很自然的,该刊一向追求《纽约客》杂志那种描写科学及学术课题的纪实性笔法。这个设想已开始得到学术界的注意,汉考克亦已开始收集有关资料。

但那只是一个设想,问题是,从新闻学角度该如何写这篇文章?

现在,在我采访过斯奈德之后,我发现了一个可以向师承关系这个抽象概念注入生命力的方法。斯奈德曾受到阿克塞尔罗德的深刻影响,以致现在——近20年后——只要提到对方的名字,就会激起他热烈的回忆。这种方法有血有肉,与汉考克的设想十分吻合。她指派我来写这篇文章。

我前往位于马里兰州贝塞斯达的国立卫生研究院(NIH),与阿克塞尔罗德在他的实验室商谈此事。年过七十的他满头银发、慈祥可亲,像一位亲爱的老伯。他向我谈了当年对斯奈德的印象。但很快,他也像斯奈德那样坦诚而热情地回忆往事,追述自己如何走进科学大门,以及另一位科学巨人伯纳德·B."史蒂夫"·布罗迪对他的影响。布罗迪直至10年前退休为止一直是世界最有名的药理学家之一。

我要写的文章内容如此丰富曲折,超过了我的最初想象。是的,斯奈德受到了阿克塞尔罗德的塑造。但阿克塞尔罗德的科研经历,现在看来,也由于一个类似的大人物的影响而变得光彩夺目。师承链到了阿克塞尔罗德这里并没有中止,它至少又上溯一代人,追溯到布罗迪。

后来,我了解了布罗迪是如何成为科学家的,以及他如何不仅影响了阿克塞尔罗德一人,而且影响了整整一代药理学家。这使他成为当今许多世界性师承链的关键一环。同样的评价,对阿克塞尔罗德及斯奈德也适用。他们两人都是知名的科学家。不仅如此,他们两人还"繁衍了"一大批日后的知名科学家。确实,我后来得知,在顶尖科学家中,这种"遗传"之链是无处不在的。这种影响之链已成了一种通则。

我还了解到,这些极具个人性质的关系并不是淡漠和缺乏感情的,相反,它们常常充满强烈的情感。我为了收集有关资料(先是为了给《约翰斯·霍普金斯大学校刊》写那篇文章,后是为了写作本书)在采访科学家时,总是碰到一个屡见不鲜的现象:只要我一提对方导师的名字,对方马上就停止面无表情地背诵过去的情况。其声音或变得柔和,或语速加快,或因愤怒而提高,总之是充满感情。我发现,导师不是好就是坏,极少有中性的。

加夫里尔·帕斯特纳克(Gavril Pasternak)是位年轻的科学家。有一次,他对我说,他在个人及专业上的发展全靠导师斯奈德。"我今天的一切都归功于他。我试图完全赶上他,"他说,"他在专业上是我的父亲,在某种意义上我把阿克塞尔罗德看成我的祖父。"

对自己的科学门第如此热衷和狂热的人,在斯奈德的实验室中是否还有呢?这些实验人员中午吃饭时在咖啡机旁,或在闪烁计数器旁等候数据时,是否就在谈这些事呢?

哦,是的,帕斯特纳克回答说:"**我们那时一直对自己的师门宗谱极感兴趣。**"

他们这样做有很充分的理由:与欧洲王室家族通过联姻结盟的外交手法一样,(科学家的)"宗谱"在他们的生涯中,起着中心作用。一个科学家的早期声誉,几乎一半取决于他在谁的实验室工作过——他是谁的科学后代,另一半则取决于他的科研发现。就像艺术及音乐一样,科学上的各学科亦有多个"学派"。这是一些科学"家族",其所有成员都共有一个或几个像亚当那样的先祖。有一种说法认为,在美国的诺贝尔奖得主中,有一半以上曾当过其他诺贝尔奖得主的研究生、博士后或助手。

从朱利叶斯·阿克塞尔罗德到所罗门·斯奈德的科学遗传关系,上可追溯到史蒂夫·布罗迪,下可延伸到坎达丝·珀特。在顶尖科学阶梯中,这种科学家的师承网络是十分典型的。这四位男女科学家肯定均属本领域最优秀的人才,他们每人都曾作出过里程碑式的贡献,他们每人都赢得过无数奖项和荣誉。人们认为,他们每人都做出了达到诺贝尔奖水平的科研成果,其中至少有三人得到过诺贝尔奖提名。其中一人获得了诺贝尔奖。

这一涉及几代人的宗谱链,其每一环节都是下一环节的"师父"。每一位主人公都是先当学生、徒弟、门生,然后成为这条链上下一位主人公的导师。每一位导师通过自身的经验、地位和榜样作用,对年轻的学生进行引导和影响,将自己的教训传授给对方,向对方逐步灌输对科研的把握能力,以及对成功的把握能力。

诺贝尔奖得主P. B. 梅达沃(P. B. Medawar)*在《对年轻科学家的忠告》一文中写道:"任何科学家不论年纪多大,若想作出重要发现,就必须研究重要的问题。"但一个问题怎么才算"重要"? 你遇上它时又怎么能认出它呢? 要找出以上问题的答案,从书本上去找是没用的,就算直接把答案给你也没用。这两个问题的答案更经常是通过榜样,在不经意之间传递的,通过知名科学家与门生多年密切共事的耳濡目染,通过喃喃讲出的题外话、咕咕囔囔的咒骂,通过一笑一蹙以及激动时的惊叹,而使门生心领神会。

这种师承关系链世间很多,本书讲述其中的一个。

---

* 《一只会思想的萝卜——梅达沃自传》中译本已于1999年12月由上海科技教育出版社出版。——译者

第一章

诺贝尔奖得主

他们那天早上从实验室打电话给科斯塔(Costa),告知朱利叶斯·阿克塞尔罗德得了诺贝尔奖。

但史蒂夫怎么办? 科斯塔心中嘀咕。

埃尔米尼奥("米莫")·科斯塔[Erminio("Mimo") Costa]是NIH化学药理学实验室的二把手,一直辅佐史蒂夫·布罗迪。布罗迪统领的这个重要研究王国位于马里兰州贝塞斯达,在NIH建筑的中心部位——临床中心的第7、8层。多年来,许多来自世界各地的科学家汇集到他的实验室,为的就是在他身边工作,感觉他的令人震撼的独创性思维,并汲取这个地方原始的、电一样的能量。

这时已是1970年10月,布罗迪快退休了,科斯塔即将当上一把手,但两人的关系仍很密切。他们俩首次见面是在1959年迈阿密的一次科学会议上。当时他们到了旅馆前台,发现预订的房间都没有落实。于是两人互相同情,共乘一辆出租车去了一家汽车旅馆,当天还探讨科学问题直至深夜。最后,布罗迪邀请科斯塔加入他的实验室。科斯塔开始并不愿意,因为他听说过布罗迪总是压人一头,管理也太严。但最后他还是来了,而且如他说的"从没后悔过"。

科斯塔极为感激布罗迪。"我认为我今天的成就全靠他",多年之后,他这么说。是布罗迪收留了他——一个来自意大利卡利亚里,年已36岁的无名药理学家,当时栖身于美国中西部一个偏远的实验室。布罗迪使他养成了科学发现的爱好,并教导他理解了想象力在科学中的作用。

布罗迪是举世公认的药物代谢之父。药物代谢这门学科解释了人体摄入化学药品后如何吸收、转化,并将其变成安全和有益的物质。他开拓了这一领域,使它变成了一门真正的科学。从他的实验室走出了一大批杰出的药理学家,他们的生涯由于沐浴于他反传统的智慧和令人敬畏的人格力量,因而得到了永久的改变。

阿克塞尔罗德得诺贝尔奖了?怎么是他?许多年前,他刚进入布罗迪的实验室时,只是一个技师,是执行布罗迪心中想法的双手。阿克塞尔罗德当时是个安静、谦卑的人,年纪35岁左右,还没有博士学位(那是科学家必备的"工会会员证"),而且他显然本来满足于在一个食品检验室干到退休。当布罗迪还在戈尔德沃特纪念医院工作时,阿克塞尔罗德投奔了他。科斯塔常常指出:"在阿克塞尔罗德追随布罗迪之前,没有人听说过他。在那之后,他的事业才开始走向上坡路。"

自那以后,两人的关系越来越坏,直至在是谁发现了微粒体酶的问题上,两人终于闹崩了。阿克塞尔罗德后来终于拿到博士学位,并在神经药理学方面有了重大发现。科斯塔感到,是的,阿克塞尔罗德的事业很有成就,无疑也不愧于诺贝尔奖。**但史蒂夫怎么办?**

那一天上午,科斯塔计划去布罗迪的住处,接他去机场。科斯塔心中暗想,布罗迪听到这个消息了吗?

科斯塔驱车来到布罗迪住了近10年的10层公寓楼。它位于巴特里巷,距NIH南端仅几百码*。科斯塔曾多次来NIH,参加晚上的加班。

---

* 1码=0.914米。——译者

那里是布罗迪实验室外的实验室,他在家中写论文、想问题。科斯塔停好车,走进这栋灰白色砖砌大楼的门厅。他来到布罗迪位于1层的公寓外,按了门铃,进了门。

布罗迪独自一人枯坐在那里。

两人相对无言,等在那里。布罗迪的妻子安妮(Anne)在收拾行装。

最后科斯塔问道:"你知道啦?"

布罗迪无言。

根据最初来自斯德哥尔摩的新闻报道,人们对谁与阿克塞尔罗德分享诺贝尔奖尚有一些疑问。诺贝尔医学奖通常由三位得主分享。除阿克塞尔罗德外,另一位是著名的瑞典神经药理学家冯·奥伊勒(Ulf von Euler)。据最早的报道说,另一位得主是英国科学家,名字尚不详。布罗迪终于开口问起谁是第三位得主,科斯塔告诉他是伯纳德·卡茨(Bernard Katz)爵士,一位德国生物物理学家,1935年逃离纳粹统治前往英国。

科斯塔说:"他没有因阿克塞尔罗德得奖而生气,他生气的只是'他得了奖而我没得'。"

三年前,布罗迪得了拉斯克奖(Lasker Award)。这是美国生物医学研究方面的最高奖,奖品为一张1万美元的支票,一个雕刻赞词的奖牌,以及一尊带翼胜利女神萨莫色雷斯雕像的复制品。布罗迪当时非常高兴。在纽约的圣里吉斯饭店举行了一个盛大的午餐会。大厅里摆满了鲜花,场面十分豪华。这个场面只有玛丽·拉斯克(Mary Lasker)——设立此奖的广告大亨阿尔伯特·拉斯克(Albert Lasker)的夫人——及奖项的后援势力才能搞得起来。参加午餐会的有参众两院的议员。同时还搞了一个规模极大的记者招待会,简直是媒体界的梦幻之作。

此前曾有16位拉斯克奖的得主继而又获得了诺贝尔奖,而且诺贝尔生理学医学奖又是布罗迪极渴望得到的奖项。他的朋友和同学都知道这一情况。当美国总统约翰逊（Johnson）1969年授予布罗迪国家科学奖章时，布罗迪的一位老同事曾致贺电给他说："真希望你能得到另一个大奖……"

布罗迪把他的前技师、温顺的小朱利叶斯从默默无闻中拯救出来，并把他变成了一个真正的科学家。但现在拿走诺贝尔大奖的却正是这个小朱利叶斯。

有人回忆说，阿克塞尔罗德得知自己获奖后说："这个奖本该给史蒂夫。"其他人也这样认为，或更确切地说是认为该奖**也**应有史蒂夫一份。至于阿克塞尔罗德应该获此奖的一部分，没有人提出过质疑。

当阿克塞尔罗德得知自己获奖时，正躺在牙科治疗椅上，嘴中塞着药棉。由于当天与牙医有约，他早上没吃早饭，而且也错过了必听的8点钟新闻。当他进入牙医诊所时，他的长期私人牙医威廉莫斯基（Ben Williamowsky）博士将他获得诺贝尔奖的消息告诉了他。

"获得什么奖？"阿克塞尔罗德问道。

"和平奖。"牙医笑着说。

阿克塞尔罗德回忆说："当时我**认为**他是在开玩笑。"

事实上，他当时并没有完全排除获得诺贝尔奖的可能性。和大多数科学家一样，"我曾梦想获得诺贝尔奖，但认为机会很小。"过了一会儿，他躺在治疗椅上，嘴里塞满药棉。这时一个护士走进来说，有个电台的记者想采访他获奖后的感想，他这时才意识到牙医并不是在开玩笑。

他回忆说："我当时满脸通红，非常激动，心怦怦跳。"那天是1970年10月15日。

他从牙医的银泉诊所驱车8英里左右（约12千米）回到在贝塞斯达NIH的实验室。但到了以后却找不到停车的位子。他一向被形容为

"温和"、"善良"的君子，但这次要破例了。他回忆说，那时想："管它呢！"就绕过挤得满满的停车场，将车停在了12层的临床中心大楼的入口处。他已在这楼里工作了15年。楼里如迷宫一样布满了实验室、办公室及病房。

这时，他的实验室(2D45号)门外的走廊上挤了足有几十人，都是他的助手、朋友及同事。电话铃声大作，一个接一个连续不断。他露面时没打领带，穿一件松垮肥大的格子短袖衬衣，深色的裤子，翻毛平底便鞋，样子有些狼狈，因为刚看了牙医回来——当时他就那样，正如一则报道所说，"人们大声地向他欢呼"。有人拿来了一瓶香槟，打开它，大家站着说笑，欢天喜地，用纸杯喝着香槟。

他很快又被接到总部的巴洛大楼，参加一个午间记者招待会。他面对着镜头和簇拥的话筒，照例机智巧妙地回答着问题，如他的研究工作的重大意义，对治疗精神病可能会起什么作用等。有一个记者请他拼读去甲肾上腺素(norepinephrine，交感神经系统中的一种神经递质，他过去15年的研究有助于揭示其运行机制)这个单词，他却过于紧张，总是拼不对。

后来，尼克松(Nixon)总统打来电话，说："美国人民"因他"而感到非常自豪"，称他是一个例证，"证明美国为改进人类的身心健康作出了杰出的贡献"。

阿克塞尔罗德回忆说："我就像在与一架留声机对话。"但他仍利用这个机会，呼吁总统不要在联邦预算中压缩基础研究的经费。

他自1955年以来的雇主国家精神卫生研究所(NIMH)——它行政上独立，但业务上与NIH合作——就像一个自豪的家长，看到自己的孩子得到荣誉自然感到高兴。大奖宣布两周后，即11月3日，NIMH及NIH为他联合搞了一个表彰仪式。为此事先发了通知，邀请了贵宾，订了鲜花，安排了录音录像，停车位也作了安排，还为上台的贵宾排出了座位表。

共邀请了7位贵宾上台与阿克塞尔罗德一起亮相,其中就有布罗迪。

NIMH负责所内研究的所长埃伯哈特(John Eberhart)致信布罗迪:"由于在本次诺贝尔奖所涉及的研究领域内,你个人及心脏研究所均发挥了重要作用,并鉴于阿克塞尔罗德博士早年在你的实验室工作过,我们特邀请你前来参加……我希望你能接受邀请。我相信这一定会使阿克塞尔罗德博士感到高兴。"

几天后,布罗迪打电话说他接受邀请。

仪式举行那天,临床中心的马苏尔礼堂坐得满满的。埃伯哈特致辞说:"看到我们的孩子获得大奖,真令人感到心满意足。"

一个曾在纽约与布罗迪和阿克塞尔罗德共事过的老同事说,这个奖,"真是给了一个大好人"。还有人说,阿克塞尔罗德是个"最慷慨的同事,一个极好和慷慨的导师"。

对于布罗迪来说,坐在台上倾听人们欢呼他的科学对手和前学生得到最高科学荣誉,是否心中不好受呢?"我肯定,"他的一个前同事说,"他在暗想,'这个奖应该是我的,为什么没有选中我呢?'"

诺贝尔奖"没有承认他,这是使史蒂夫有挫折感的事情之一",作为布罗迪的副手,科斯塔的前任伯恩斯(John Burns)说,"他总是处事过于要强,这常使他情绪低落。"

今天,布罗迪咧开嘴笑了一下,只是说他对诺贝尔奖评审委员会的宣布感到"吃惊"。

他是妒忌吗?

"这个问题很难回答,"他仍笑着回答说,"我要说我感到吃惊。许多人感到吃惊。"

韦斯巴赫(Herbert Weissbach)就这么认为。他曾在布罗迪的实验室与阿克塞尔罗德共事过，现为罗氏分子生物学研究所所长。他认为布罗迪应与阿克塞尔罗德一起得奖。"我认为那样就再完美不过了，"他说，"那样就不会有人问：'怎么回事？'"

韦塞尔(Elliot Vesell)也这样认为。他也在布罗迪实验室当过研究生(他还是布罗迪的一个远房表兄)，现在是宾夕法尼亚州赫希医疗中心的药理学教授。在他看来，布罗迪的情况令人想起了埃弗里(Oswald T. Avery)。埃弗里在20世纪40年代发现DNA是遗传物质，为沃森(James Watson)及克里克(Francis Crick)发现DNA的双螺旋结构提供了条件。但埃弗里并没有因其关键性的研究而获得诺贝尔奖。韦塞尔认为有"政治"因素在起作用，"布罗迪在这个领域太有名，太活跃。他主导了这一领域……，他太咄咄逼人，可能使人厌烦。他确有一些敌人。"

在仪式进行期间，人们在致辞中曾几次提到布罗迪的名字。有一位发言者介绍他是"一位科学家，也是众多科学家的导师，他本人的贡献也很多"。但这时布罗迪只是简短地站起来略表谢意，没说话，又马上坐下了。发言者仍在滔滔不绝地夸赞他的前技师。一位在场者回忆说："布罗迪看上去不太高兴，他脸上的表情显得情绪不高，而台上的其他人都是兴高采烈。"

在礼堂座位的第二排，在阿克塞尔罗德的妻子萨莉(Sally)身后，坐着他以前的一个学生，年轻的斯奈德。

正如在家族关系中，分支虽多，但都与主干相连一样，这许多师承关系的源头都是布罗迪。其中最有力的师承关系是经阿克塞尔罗德到斯奈德，在科学上影响最大的也是它。阿克塞尔罗德是布罗迪最有名的科学弟子，而斯奈德又是阿克塞尔罗德最有名的门生。斯奈德只见过布罗迪一两次面。布罗迪传给阿克塞尔罗德的思想火花——有的暗淡了,有的更亮了,但最后大都完好保存——又传给了斯奈德。斯奈德又将它依次传给自己的学生。

斯奈德是典型的**神童**,聪明而又极为雄心勃勃。虽然年纪才31岁,可他已是约翰斯·霍普金斯大学药理学及精神病学正教授。他后来与别人共同发现阿片受体——这直接证明大脑内部含有专门识别海洛因一类鸦片剂的分子——为此,电视台及《时代》《新闻周刊》等杂志专门到霍普金斯他的实验室采访他。他后来逐次获得几十项最高级别的科学奖项,包括拉斯克奖。他至今出过多本畅销书,并单独或与人合写过几百篇科学论文。霍普金斯大学后来专门为他开设了一个系,由他担任系主任。人们后来一直说他是诺贝尔奖的候选人。

斯奈德热爱阿克塞尔罗德。"斯奈德在阿克塞尔罗德的学生中是与他关系最好的一个,"斯奈德的一个学生说,"他崇拜老师,把他看成名人,为他干什么事都行。"是阿克塞尔罗德使他脱离了做一个普通精神病学家的生涯,并飞快地把他掷入令人兴奋的科研世界。阿克塞尔罗德教导他懂得,研究不是灰暗无趣的事情,而是充满乐趣、令人振奋的对未知世界的探险。他很感激老师教了他这一课。斯奈德以前的学生回忆说,当朱利叶斯获得诺贝尔奖的消息传来时,斯奈德"欣喜若狂",并致电老师:

> 知悉您荣获诺贝尔奖,惊喜万分,无以言表。一万次祝您好运!做您的学生对我及其他人来说均是如此美妙的经历。作为科学家的老师,您真该再得一个诺贝尔奖。
>
> 所罗门

开场白之后,阿克塞尔罗德被介绍给大家。在全场起立欢呼的声浪中,他先是不安地从椅子上站起来,慌乱地收拾着文件。然后,迈着小碎步走上讲台。

自两周前诺贝尔奖宣布以来,情形一直这样。万众瞩目,赞美之辞铺天盖地。阿克塞尔罗德总是说,得诺贝尔奖"就好像当上红衣主教"。记者蜂拥而至,电报雪样飞来。最典型的电报写道:"衷心祝贺你获得巨大荣誉"、"所有认识你及了解你的一流工作的人,均分享这一时刻的满足。你以你的贡献赢得此项殊荣,真是再合适不过了。"发来贺电的人中有他家乡马里兰州罗克维尔市的市长塔奇坦(Achilles M. Tuchtan),他的高中校友会主席,据这位主席讲,母校礼堂挂上了一幅大标语,以庆祝他这位苏厄德公园高中1929届校友的获奖。

接下来是到华盛顿的瑞典驻美国大使馆参加招待会。一位来自纽约的美国众议员写信给他,呼吁他提出"获得世界持久和平的最有效方案"。全国有几百名病人及其家属、朋友致信来向他求医问药(当然要回信给他们,说明这位诺贝尔生理学医学奖得主事实上并不是一位医学博士)。再接下来是到斯德哥尔摩,参加诺贝尔奖颁奖庆典。官方亦有指导册子给他,教他如何应付各种场面:与美国大使共进午餐,在市政厅参加700人大宴会,传统的圣卢西亚(瑞典光明女神)节,头戴蜡烛王冠的漂亮姑娘将服侍他在床上吃早餐,由瑞典国王授予金质奖章,等等。

现在,他站在马苏尔礼堂内的讲台上,楼上就是他工作的2D45实验室,他大多数的发现均在那里完成。在讲台下,可以看到多年来他在NIH的许多朋友和同事。今天,甚至布罗迪也来了。他许多年后曾坦言:"我的梦想是与布罗迪共同获得诺贝尔奖。"

他们两人是将近25年前开始认识的。那是第二次世界大战期间,政府搞了一个研制抗疟疾药的紧急计划。布罗迪是该计划的关键人物,他当时与一群年轻的研究人员在纽约戈尔德沃特纪念医院工作。战后,阿克塞尔罗德应上司的建议,去找布罗迪咨询一个问题。两人进行了几周的合作。随后又合作了9年。他们共同的发现使药理学有了突破。

但布罗迪一直是高级研究员、实验室主任,是大脑,是引路人,而阿克塞尔罗德只是个技师。阿克塞尔罗德很有天赋,精力充沛。但在布罗迪眼里,他只是一个技师。

后来,阿克塞尔罗德开始感到不满,在发现微粒体酶后,甚至有了怨恨。后来,两人终于分道扬镳。9年来,他们几乎天天形影不离地工作;而现在分手已经15年了,两人见面很少,算上这次大约不过10来次。

他开始致辞:"首先我要感谢史蒂夫·布罗迪。"他讲了他们首次见面的事。"我首次见他时只想用一个下午,结果我留下来了,而且一留就是9年。"台下听众大笑。"自那以后,我发现我唯一的职业就是搞研究。"

他那天的致辞几乎全是感谢的话,他感谢的人包括"我在戈尔德沃特纪念医院的所有老同事,他们使我首次了解到什么叫创造性的研究环境"。

正是在戈尔德沃特纪念医院阿克塞尔罗德首次会晤布罗迪,并开始自己的科研生涯。但从实际意义上讲,美国在生物医学研究上的领先地位也起源自这所医院。

1941年,就在这所医院的地下室,布罗迪作出了关键性的、战时急需的发现,从那时起到阿克塞尔罗德1970年获诺贝尔奖,这中间隔了30年。美国在1941年作为一个科学大国,其地位仍不及欧洲各大科研中心。到了1970年,不论从什么标准看,美国都占领先地位。

在1941年,科学仍主要是少数研究员绅士活动的王国。而到了1970年,科学已是一门职业,对杰出的人才具有吸引力,而且向每一个人开放。

在1941年,NIH只下拨了12笔科研拨款,总计7.8万美元。到1970年,NIH下拨了11 339笔拨款,总计超过6亿美元。30年前,"为政府工作"的科学家是会让人嘲笑的;而到了1970年,在NIH的院内科研计划中占一个职位是无数科技人员的梦想。那时,NIH已名声在外,用著名分子生物学家布朗(Donald Brown)的话说,NIH已是"政府机构中成本效率最高、管理最好、最有效的单位之一。其他机构无一能为世界作出如此大的贡献"。

对于NIH的崛起,举世公认要归功于一个高个子、戴眼镜的爱尔兰人詹姆斯·A. 香农(James A. Shannon)。他说话时总是声音很小,咕咕哝哝。香农是NIH 1955—1967年的第一把手,但1950年就在NIH名声大振。他的一个老同事称他是"美国最杰出的科学领导人之一"。"他扭转了美国科研的方向,并确立了NIH的地位。"

但香农在确立NIH的地位前,先确立了戈尔德沃特纪念医院的地位,是他领导了该医院的抗疟疾药计划。他曾是布罗迪的老板,是他**雇用了**布罗迪。他后来又成了阿克塞尔罗德的老板。阿克塞尔罗德在马苏尔礼堂演说中所说的戈尔德沃特纪念医院的"创造性科研环境",即是由香农创造的。

因此可以说,最初成形自该医院地下室的导师链,不仅可视为一般科学精英人物的研究活动,而且可视为美国生物医学科研事业自第二次世界大战后的整个成长及成熟过程。曾有一段时间,最多几年,布罗迪、阿克塞尔罗德及斯奈德均在一个楼里工作。恰当的是,他们都属于香农领导的20世纪60年代中期的NIH,而在此时此地,美国科学事业正取得爆炸性成长,并充满乐观主义精神。

"这里成为医学的圣地是有理由的,"公共机构保健科学大学药理学系主任阿罗诺(Lewis Aronow)指着位于贝塞斯达罗克维尔山两侧的卫生科研大楼说,"英语成为今天科学界的通用语言是有理由的。这都缘于香农和他在戈尔德沃特纪念医院开创的科研事业。"

第二章

战时紧急任务

1942年3月,即日本轰炸珍珠港及美国加入第二次世界大战4个月后,日本人占领了荷属东印度群岛,几乎完全切断了全世界奎宁的供应。

奎宁是用金鸡纳树的树皮为原料,经提取而成的。它是治疗疟疾的标准药物。而疟疾是一种由携带病菌的蚊子传播的疾病,每年夺去全球300万人的生命,并使上亿人致残。

对美国位于南太平洋地区的部队来说,疟疾与日本人一样危险。在新几内亚等地,几乎每夜都有降雨,到处是积水,按蚊(Anopheles)极易繁殖,一旦叮人就会传播疟疾寄生物。美国陆军在宿营时用蚊帐防蚊,在野外时则头罩防蚊网。另外,还发给他们驱蚊剂和灭蚊弹。然而仍有许多人患上疟疾,时而打寒战,时而发高烧——有时可高达41.1℃(106°F),而且浑身大汗,头痛,恶心,无食欲。一个典型的状况是,几次高烧发作后,似乎好了,但一两周后又会复发。

在战争初期,在菲律宾巴丹投降的美军士兵中有一半人患了疟疾。在以后的战斗中,整师的美国陆军被疟疾搞得失去战斗力。事情很明白,要打败日本人,就必须首先治住按蚊传给人体的寄生物——各种疟原虫。疟疾当时被称为"第二次世界大战中的头号医学难题"。美国国家研究理事会在珍珠港事件前的1941年春天,就对此病予以特别关注。到了1942年年中,美国推出了抗疟疾药研制的紧急计划。

这是一项大规模的计划,一个由专家小组、委员会及联席会议组成的松散网络对它加以协调。实际研制工作在几十个大学、医院、工业实验室及陆、海军单位展开。到战争结束时,总共对约15 000种可能的抗疟化合物做过筛选和试验。对中草药的提取物也给予了认真的研究。另外还曾认真研究过来自尼罗河的稀泥、棉花叶的汁液。

在位于巴尔的摩的约翰斯·霍普金斯大学,人们使金丝雀、小鸡和6万只鸭子染上疟疾,然后仔细监测它们对各种药物的反应。在伊利诺伊州乔利埃特的州立监狱,医生让蚊子叮咬犯人的腹部,以进行有关的观察。在亚特兰大、纽约和新泽西的联邦及州立监狱,犯人也被当作豚鼠用于试验。人类试验品还包括拒服兵役的反战者或中枢神经系统感染梅毒的患者——对他们来说,疟疾导致的那种高烧已是惯常的"疗法"。

对来自各药物筛选计划的药物功效进行了临床试验。其核心部门是戈尔德沃特纪念医院(位于纽约市)第三医疗部研究处,而它正是由香农所领导的。

几乎没有例外,在香农手下干过的人日后都会说,他是他们遇到的最好的老板。"凡在他手下干过的人都崇拜他。"奥尔洛夫(Jack Orloff)这样说,他现在是国家心肺血液研究所(该所是NIH如今11个所之一)负责科研的所长,这个职务曾由香农担任过。NIH中央行政大楼是以香农的名字命名的。他一生得过无数的奖励,参加过无数的颁奖宴会。他得过20多个荣誉学位。大家都爱戴他,至少并没有被他钻石般清澈的智慧所吓住,也没有因他冷静、严肃的举止而敬而远之。他被认为是一个模范的科学行政领导者,并被尊称为"一个医学和科学上的非凡之人"。

但1941年香农接手掌管戈尔德沃特纪念医院(第三医疗部研究处)时,仅是纽约大学一个年轻的生理学助教。当时他几乎没有什么行政领导经验。他的专长也不是研究疟疾,而是肾生理学——肾的研究。

Shannon, J. A. The excretion of inulin by the dog. *American Journal of Physiology*. 112: 405–413, 1935.

Shannon, J. A. Glomerular filtration and urea excretion in relation to urine flow in the dog. *American Journal of physiology*. 117: 206–225, 1936.

Shannon, J. A. Urea excretion in the normal dog during forced diuresis ....

即使翻开今天的生理学教科书,仍能找到香农半个世纪前的贡献简介。有人曾总结了他一生的成就:"他几乎只靠自己一个人的力量,就将肾生理学从观察性的定性科学,变成了极精确的定量科学。"

人的双肾,只有拳头大小,负责清除血液中的废料并调节其构成。至于其中的工作原理,仅靠观察其微小的细管及由过滤单元和微细血管组成的网络(称为肾小球),是搞不明白的。回到香农还仅是一个实验室科学家的时代,人们对肾的工作原理就更不清楚了。

香农写出一系列的论文,共35篇,说明肾产生尿的原理。他找到一些办法来监测不同药物及激素对肾的影响。他发明采用菊粉,一种用大丽花块茎制成的淀粉状物质,作为肾功能的检测方法——这似乎是一个很有限的方法论结果,但它实际上深刻影响了这一领域的研究。

香农在20世纪30年代末"已确立了自己的地位",他的老友托马斯·肯尼迪(Thomas Kennedy,80年代他是华盛顿特区美国医科院校协会政策计划处处长)曾说,香农"已成为美国最有才华的年轻科学家之一。他是一个真正的金童子"。

正如托马斯·肯尼迪所说,这个金童子"开始不安分起来"。香农在1934年结婚。然后他有了两个孩子,分别生于1937年和1939年。即使在大萧条的年代,3600美元的年薪也是不够用的。香农大约是放出了口风,何处有系主任的空缺？但是,没有回音。

后来是纽约大学医学院院长威科夫(John Wyckoff)发了一封邀请信给他。当年香农进入医学院读书就多亏了威科夫。早年在霍利克罗斯学院读书时,香农自认为突出之处是在篮球场上——他是队里的明星中锋,以及在跑道上——他还是越野长跑选手。据肯尼迪说,香农"在大学里常犯错误"。香农自己也回忆说,差10天要毕业时,他曾担心会因小违纪而被开除。肯尼迪说："他好不容易才进了医学院。"与威科夫的会面决定了他的命运。威科夫似乎上大学期间也常犯错误。他特别喜欢这个来自霍利克罗斯的年轻人,终于收他进了医学院1929级。

现在时间到了1941年,威科夫又给他的年轻门生提供了一个机会。他问香农是否愿意去领导纽约大学戈尔德沃特医院的研究处？威科夫还保证,香农想要的物质条件均可满足,包括提供病人及实验室,年薪为1万美元。香农欣然同意了。

一份1934年致纽约市医疗部门官员的报告说："不宜在一般医院收治大批慢性病病人……由于急性病病人总是优先,因此,慢性病病人会受到影响。"因此得建一所专门收治慢性病病人的医院。全美首家慢性病医院于1939年7月开张,这所医院位于纽约曼哈顿区和昆斯区之间的东河上,那里有一个狭长的小岛,医院由岛上的一座监狱的旧址改建而成。

这就是戈尔德沃特纪念医院。楼的布局是4楼一组，如同军士的山形袖章，由一条中央走廊相连。该医院沿韦尔费尔岛南端延伸了1100英尺（约330米），几乎与曼哈顿区的东57街相对。据该院的早期历史介绍，这种设计使病人可"多多享受阳光和新鲜空气，而且每个人都可看见东河上繁忙有趣的行船"。

引人注意的是，根据法律，这所新建的有1600床位的医院下设多个研究部门，每个均与一所纽约的医学院校挂钩，并分别配有专门床位。一个研究部门与哥伦比亚内外科医学院挂钩。另一个研究部门与康奈尔大学挂钩（但该大学从未落实此项合同）。第三研究部门与纽约大学挂钩。香农于1941年1月1日成为该处处长。

18个月后，香农的肾生理学科研生涯结束了，他从头开始研究疟疾。

香农上任后第一件事是忙着招人。在40年时间里，他识别科学人才的眼力一直极为出众，堪称传奇。他帮助许多年轻的博士、医生甚至是实验室技师走上成名之路，名单可以开出长长一串，令人印象深刻。戈尔德沃特医院是他初试身手之地，他日后在NIH则取得了更大的成功。

香农招到戈尔德沃特医院的一个人后来得了拉斯克奖，因为他几乎单枪匹马就开拓了一个新领域。另一个人后来当上了NIH负责科学的副院长，并继而担任一所美国顶尖医学院的院长。还有一个人参与创办一个私立生物医学研究所，并将它发展成一个很有名的研究所。据香农的一个老同事估计，香农为医院招来的约15个科研骨干中，除两个人外，全都在日后担任了研究所所长、大学系主任及其他类似的职务。

戈尔德沃特医院是新建的，开张时D楼的实验室甚至还没有完工。香农开始招人时并没有内定名单,这倒有助于他的招聘工作。他自己的科研声誉亦有助于此。最后一点是他认识许多人,这些身居高位的朋友会向他推荐人选。

以上因素无法解释他识人如神。他在第一次见面时就能鉴别有前途的科研人员。如一位仰慕者所说,他有"一种完全无法解释的能力,可以一下选中合适的人选"。用日后获得诺贝尔奖的安芬森(Christian Anfinsen,香农后来把他招入NIH)的话说,香农可以"点石成金"。

但是在1941年,香农年轻的科研队伍尚无大的建树。当他们刚刚开始扩展他20世纪30年代开始的肾生理学研究时,日本攻击珍珠港使美国加入了第二次世界大战。在战时的医疗优先课题中,肾生理研究不会排在前面。"不必解散队伍,可以[在陆、海军中]得到委托的课题,并去治疗伤病员,"香农认为,"我们应把科研人才投入战时科研。"

香农在去华盛顿的途中到巴尔的摩停了一下,访问他早年在约翰斯·霍普金斯大学的老朋友:药理学教授马歇尔(E. K. Marshall)。

马歇尔和香农的交往很有历史。马歇尔是美国有名的药理学家之一,在缅因州有一处住所,住了好多年,他总是夏天去沙漠岛山生物学实验室工作。当时与他共事的就是香农及他在纽约大学实验室的老主任史密斯(Homer Smith)。史密斯是马歇尔在第一次世界大战期间"发现"的人才,是一个著名的肾生理学家。而香农大学毕业后即于1931年加入史密斯的实验室。香农在那里待了9年,拿到与其医学博士相适合的理学博士学位,并对肾生理学作出很多贡献,因而名声大振。有人日后称他是"史密斯星座中最亮的一颗星"。

香农连着6个夏天都在沙漠岛山实验室与史密斯一起工作。他在这儿遇见了马歇尔并成了好朋友。马歇尔的传记作者是药理学家马伦(Thomas H. Maren),他也在这个实验室工作过很久。马伦说,马歇尔为人很冷淡、僵硬且拘谨,"难以深交,在人际关系方面是一个冷漠的人"。但马歇尔很喜欢香农。马歇尔的夫人曾告诉马伦,马歇尔"在所有认识的人中最钟爱香农"。

现在是1941年,香农来到巴尔的摩探望马歇尔。他在马歇尔的家里度过一个傍晚。这是一座很大的有山墙的3层楼,位于市区北部的林地。香农记得马歇尔带着查尔斯顿口音,慢吞吞地问他:"你为什么不来与我一起搞抗疟疾药的研究计划?"

当时52岁的马歇尔是这项大规模的政府计划的主要推动者。他是国家药物筛选专门小组的顾问,管理着自己在巴尔的摩的一个忙碌的实验室,另外还是疟疾研究协调委员会[位于40英里(约64千米)外的华盛顿特区]成员。现在他希望香农和他一起干。

香农感到不解:为什么这么紧急?尽管日本人占领了世界奎宁种植园,我们不是存有充足的阿的平(Atabrine,德国人于20世纪30年代研制的合成抗疟药)吗?

马歇尔说,阿的平存货是不少,但部队士兵不爱吃,因为它使人恶心、皮肤发黄,而且疗效也不太好。美军早先在瓜达尔卡纳尔群岛向日军发起攻势,但现正在撤出那一地区,原因就是部队发生了阿的平中毒问题。

香农说,好吧,他将带领手下马上开始研究抗疟药。

《纽约时报》1946年4月12日头版报道,"在经过4年研究,花费了700万美元之后,疟疾的治疗办法已经找到。这是历史上对这种病最集中的一次攻坚战——在政府投入几百万美元实施研制抗疟药计划之后,今天随着找出最有效的抗疟化学药物,那个神秘的面纱终于被揭开了。"

后来的事件证明,声称能根治疟疾是为时太早了。疟疾菌株对每种新开发的药都产生了抗药性。但对野外的部队来说,这和根治也算一码事了。《纽约时报》第二天发表社论说,"当我们书写第二次世界大战的科学史时,对抗疟药的研制是一大壮举,可与原子弹、近爆引信及雷达的发明相媲美。"

1946年最激动人心的事都涉及战争后期研制的几种药,因为它们很有希望根治疟疾。但在珍珠港事件后的黑暗日子里,1942—1943年远在戈尔德沃特医院做的研究对美军作战更具关键作用,因为在人们几乎弃用阿的平的情况下,专家发现这种药仍然大有作用。

德国人在第一次世界大战期间就开始研究,1932年终于发明了阿的平。美国化学家几年后也合成了阿的平,甚至在珍珠港事件之前,美国各制药公司就已年产5亿粒这种药。科学作家德克吕夫(Paul de Kruif)是最早的一批科普作家,写过畅销书《微生物猎人》。他于1942年在《读者文摘》杂志上为阿的平欢呼,称它是"新的疟疾杀手"。

但唯一的麻烦是,他说的并非实情。阿的平副作用太大,美国陆军曾一度停止生产并准备停用它。许多士兵不愿服这种药,它会使人皮肤泛黄,而且有时肠胃虚弱,和得了疟疾的后果也差不多。士兵们甚至传说它会影响性功能,日本人曾经空投传单对此宣传(在新几内亚,美军宣传部门的对策是树起广告牌,上面画着一个兴高采烈的苏丹,一边吃药,一边斜眼看着舞女,口中说道:"阿的平让我活力无限!")。最糟的是,阿的平无法完全制止疟疾发作,当疟疾发作时服后疗效来得很慢且不堪忍受。但有一个实际情况,即当时给病人的正常剂量只是一次0.1克,一天3次——这样做是为了模拟奎宁的正常剂量,而后者用于治疗疟疾至少已有300年历史。

这种模仿剂量的做法,用今天的标准看简直太原始粗糙了,根本说不上"科学"。但当时的习惯做法就是如此:药理学家先给病人开出一定剂量的药,然后观察疗效如何。积累了足够病例后,他们就可推测出最佳剂量。香农及其同事1944年在学刊上指出,"这样应用阿的平的疗法所存在的普遍问题，与更具定量性的做法显著不同，后者已轻易促进了磺胺的彻底的抗菌疗法。"

百浪多息在1935年投入临床应用后，磺胺药物成为首批用于抗细菌感染的"奇药"。在磺胺领域，马歇尔是个关键人物。他帮助开发了两种磺胺类新药：磺胺吡啶（sulfapyridine）、磺胺胍（sulfaguanadine）。更重要的是，他开创了一种新的更具定量性的办法来确定剂量，并是这种办法的主要倡导者。

这种新的办法的基础是，先设法测量药物在血中的浓度——更确切地说是在血浆中的浓度。血浆是指分离掉红细胞、白细胞的无色透明液体。为什么是血浆呢？因为血浆最接近人们**确实**想了解的人体组织，如肝、中枢神经系统、肾等：血中的药物浓度接近于这些特定组织对药物的"感受"水平。

有了测量血中药物含量的办法后，下一步是确定何种含量可达到治疗的愿望。然后根据人体吸收、代谢和排泄药物的情况逆推，即可设计出一个保持药物含量的剂量表。马歇尔在磺胺药物的案例中就采用这个办法，并发现它十分成功，如NIH的奥尔洛夫所说，这个办法"在今天被认为是显而易见的"。但当时的大多数药理学家尚没有掌握所谓新药理学的这一关键。对香农来说，这个办法如同福音。

只剩下一个障碍了：必须能测定血中的药物浓度，做到这一点从来不是容易的。马歇尔在磺胺一例上做到了这一点。但每研制一种新药都意味着要从头做起，如同碰上一个新的难题。时已1942年中期，陆军已打算弃用阿的平，这时，仍无人知道该如何测量阿的平或替代它的新化合物在血液中的浓度。

因此，测量阿的平在血中的含量，成了整个计划成功的关键。两个人被指定解决这个难题。一个是名叫悉尼·乌登弗兰德（Sidney Udenfriend）的技师，24岁，来自布鲁克林，刚从纽约大学获得硕士学位。另一个35岁,生于英格兰,有机化学家,是香农从纽约大学带过来的,名叫布罗迪,但大家都叫他史蒂夫。

这两人及抗疟药研制小组的其他人,均在戈尔德沃特医院 D 楼的地下室工作,面积约3500平方英尺(约325平方米),分为五六个小实验室。其中有一个图书馆,一个化学品储藏室,两三个小办公室。从现代实验室角度看,条件不是太好。

但地下室的空气中充满着电光火花一样的昂扬精神。托马斯·肯尼迪1944年作为陆军医官加入这里,他说:"大家斗志昂扬。香农是个极好的领导者。每个人都是一流的,每个人都对研究很有兴趣,都知道这是极重要的项目。"不止一人认为那是他们一生最令人兴奋的时光。唐宁(George Downing)在多年后大家聚会时写道:"我们在戈尔德沃特医院时共有的对科学的热情,激励着我们的一生。"

如香农所说,当时战争环境下恨不得"第二天"就出成果。因此搞研究必须瞄准"比现有知识多出两三步远的地方"。当时这里是一个狂热的急于出成果的地方,没有其他已成熟情形下那些熟练工人般按部就班、慢工出细活的规矩。讲求孤立、安静的感伤情调在这里也不存在;战争的危机要求大家不断交流信息和观点。传统的德国实验室制度中的刻板礼仪,在这里荡然无存。在(德国)那套规矩中,早上要向 *geheimrat*(尊敬的实验室主任)致敬,然后听他发出当天的工作指令。而现在一场战争正在进行。这一事实及这些一心想出成果的年轻科学精英们,使空气中充满令人激动的气氛。

是香农使整个研究计划顺利运行,他的角色已改变,他不再是一个在实验室里和几个助手埋头苦干的孤独科学家。到战争结束时,他指挥着5个高级研究员,约10个技师以及若干陆、海军军医。他可利用一个配有约20个护士及护工、有90张床位的病房。对他这个实验室科学家来说，就好像开始了一个新的职业。但作为一个科研行政领导人，他的成就更为杰出。

有人许多年后称他为"一个伟大的'官僚'"，并把这个词打上引号，好像是说这个常用于贬义的词并不适用于他这样的人。他确实成为一个罕见的官僚。韦尔奇（William Welch）是1944年参加抗疟药研制计划的医生，他的回忆录《其中发生了什么？》中对香农的描写是："他突然就有了一个新的并不令人同情的身份——当领导，讨价还价，指挥全局。"他没完没了地去华盛顿出差，"皮包里塞满资料，脑子里装着新方案，以供那里的各种委员会在这全国紧张的时刻予以权衡和讨论。"

后来，在当了NIH院长几年后香农告诉记者说，刚到NIH时，他还想有一天回去搞研究。他说："我从此再也没捡起研究工作，估计以后也不会了。"但事实上，这一转变来得更早一些，在戈尔德沃特医院就开始了。乌登弗兰德记得，香农一天想给一只扭动的小白鼠打麻醉药，但被白鼠抓了一下。"噢！"香农尖叫了一声，抛下了小白鼠，说道："他妈的，我没办法兼职搞研究了。"乌登弗兰德带着目击历史事件发生的自豪说，那确实是香农的最后一次实验。

香农1936年照过一次护照相，当时32岁的他是英国剑桥大学生理学实验室客座研究员。照片上的他有着长长的马脸，黑皮肤，波浪发型，领带系得马马虎虎，圆形金丝眼镜后的目光是柔和的，看上去有一种学者味，甚至是敏感的味道。这是他最后一张这样的照片。从这张照片以后，他的几乎所有照片形象全变了。领带不打了，打起了严肃的蝴蝶结领结。柔和的有点孩子气的目光变得坚定而认真。

他是个英俊的男人，体格健壮，6.2英尺（约1.89米）的身高使他进了霍利克罗斯学院的篮球队。他表面上沉默寡言，为人拘谨——在一些人看来，他甚至有些冷漠——但正如托马斯·肯尼迪说，他是一个"极好的领导者"，而且被公认是一个天然的领导者，是能与人共事并通过别人达到自身目的的那种人。当学院篮球队选他做队长时,校刊上就预言"大个子吉姆(香农)会成为一个优秀的领导者",并指出他上场时有"大将风度"。

香农外表出众、安静、坚定、强壮。用他在戈尔德沃特医院的老部下伯利纳(Robert Berliner)的话说,还"聪明透顶",这在聪明人成堆的地方非常重要。他的大脑清楚得令人敬畏,论文和评论的逻辑性极强。布罗迪有一次称他是"我所认识的人中逻辑性最强的一个"。

和许多领导不同,香农的权威并非来自威严的讲话风格。事实上他说话咕咕哝哝,句尾常常降调,好像掉进了真空。戈尔德沃特医院的一位技师回忆说:"我必须事先知道他要说什么,才能听懂他的意思。"

但人们仍然十分尊敬他。他的一个助手的夫人回忆说:"你可以感到他的存在,你知道他就是当老板的材料,你可感到他身上散发的力量。"他总能充分发挥大家的潜能。布罗迪有一次到他的办公室,哀叹有个难题没法解决。这时恰好一个陆军军官来电话,问在那个难题上有何进展。香农肯定地回答说:"别担心,这儿有布罗迪,事情能解决的。"

布罗迪感叹地回忆说:"他坚信我能解决,这真的**使**我后来克服了难关。这真是伟大的心理学。"

一个后来当了香农部下的人回忆说,香农就是那种人,"如果他挑选的人工作出色,他的自尊就感到满足……当然,最后他得到了信誉,但他是靠贡献得到的"。托马斯·肯尼迪回忆说:当战争结束,发表研究成果的时候,香农确保大家都得到了公正的评价,出席重要的科学会议,得到行内名人的接见。

他总是尽全力支持自己的部下。托马斯·肯尼迪有一次被派到格林黑文出差,那是一个陆军监狱,犯人自愿接受疟疾感染试验(托马斯·肯尼迪承认说:"我们让他们自愿搞,但我估计他们暗中有奖励。")。格林黑文医院负责提供护士和护工。"但是那儿的指挥官是个混蛋。他给我们找麻烦,不愿合作。"

托马斯·肯尼迪向香农抱怨。香农二话不说,马上打电话给一个陆军高级军官,并驱车直奔格林黑文医院。

托马斯·肯尼迪回忆这段故事时眼睛一亮,"他大步流星走进那家伙的办公室,把脚翘在他的办公桌上,说:'我刚给沃尔顿(Walton)将军通过电话,他说……'他给对方造成的印象是,如果他不按规矩办,那就吃不了兜着走。很不错,后来一切都顺利多了。"

令人惊叹的是,时局发展如此顺利——或至少如此之快。到1943年春天,当麦克阿瑟(MacArthur)上将准备让南太平洋的部队采取"蛙跳"战术攻击日本人时,布罗迪和乌登弗兰德已解开阿的平的秘密,使它成了一种强效抗疟药。

回想一下,蚊子并不直接引起疟疾,而是将寄生物传染给寄主。这些寄生物——几种疟原虫——在寄主的红细胞中繁殖,有时达到每立方毫米50万个。当红细胞破裂时,碎片和疟原虫将充斥于血液系统,这时机体的反应是发高烧。若染上一种特定的恶性疟原虫引起的疟疾,血中的寄生物就会堵塞大脑血管,从而引起死亡。

为起到治病效果,抗疟药必须打乱寄生物的生命周期。为此,它必须接近寄生物,也就是要进入血液。布罗迪和乌登弗兰德面临的关键问题是,找到一个办法测定血中的药物含量。

测定**纯**阿的平没有什么困难:在适当波长的光线照射下,阿的平和其他许多有机的、含碳的化合物一样,会发出荧光;就是说受到入射光的激发时,它本身也会发光。它发出的光在电磁波谱上属于紫外线,人的肉眼看不见。但可用实验室的标准设备——荧光计来测量它。而且荧光的强度与化合物的浓度是成比例的,这一点很重要。因此可先用一点儿淡水使荧光计归零,然后用已知的样本进行校准,即可直接测定药物浓度。

但如果手头没有纯阿的平的样本怎么办?当然,可以用基本上标准的化学方法从血浆中分离出阿的平。另一个显然不太常见的办法是,把它与它的代谢物区别开。从典型意义上讲,人服下的药物不会保持其原来形式。它的某一部分或全部会被代谢,或从化学意义上讲被人体变成了另一种形式。但怎么知道你是在测量阿的平,而不是在测量它的化学上类似的表兄呢?

布罗迪注意到,阿的平一类化学上呈碱性的药物的代谢物常比原药物更具极性。这是关键性的发现(极性分子在电荷上是不均衡的,它的两端必有一端伸出一个"量"更多一些的电荷)。他想到,能否利用这一差异呢?

极性物质会在其他极性物质中充分溶解。通过溶液中物质的密切接触,似乎解除了双方的电荷不均衡状态。例如,水是高度极性物质,极性分子会很容易溶于水中。另一方面,极性不高的分子不溶于水,但能很好地与非极性液体,如有机溶剂二氯乙烯及苯溶合。

布罗迪推测,由于阿的平的极性低于其代谢物,有可能因其不易溶于水,而将两者分开。也许阿的平可以被低极性液体析出,而其代谢物则留在水溶液中。

当时下了不少功夫去优化基本的技术,如选择适当溶剂、为提取过程的各化学步骤确定理想温度及酸度,以及解决出现的麻烦等。布罗迪和乌登弗兰德采用这一基本战略成功地完成了研究。在可以纯净地分离出这种药物后,通过荧光计来测量它,确定它的浓度就比较容易了。

《生物流体和组织中阿的平的测定》这篇论文发表于1943年的《生物化学学报》上,但他们两人在1942年冬天就完成了相关方法的研究。如布罗迪几年后所说，可以合理地说，他们研究的阿的平测定方法"起了关键的作用"。因为它意味着香农的科研班子不必再在黑暗中摸索。他们现在可以轻松地跟踪测定病人服下的阿的平的浓度。而且新技术不仅适用于血浆，亦适用于尿、粪及任何机体组织。新技术既适用于人，亦适用于实验动物。

事实上，在用狗做实验时，产生了可能是最惊人和最有意义的发现。先给狗静脉注射10毫克阿的平。4小时后解剖，检测血浆及不同机体组织中的药物浓度。结果发现肌肉纤维中的药物浓度比血浆高200倍，而肝中的浓度比血浆高2000倍。

机体组织似乎吸收了阿的平。血液中有足够的阿的平，才会有较好的疗效，但血中却没有留下多少阿的平。若按当时规定剂量给人注射阿的平，则它将主要集中于肌肉和肝等组织中。血液中的含量只会慢慢上升到每升30微克的水平，这时才足以杀死疟原虫寄生物。怪不得按当时的规定剂量给药，很久才会见效。

答案是明显的。正常剂量增加一或二倍，会很快杀死寄生物，但对士兵的副作用将加剧到不可忍受的地步。然而可以在疗程的第一天，开出大剂量的"着陆剂量"，以后每日给服较小剂量，以保持血中已达到的药物浓度。这样可使人体组织中的药物含量立刻达到饱和，后来摄入的药物会直接进入血液。

他们就这么干了，一切都成功了。到1943年春天，已解决了这个难题，制定了新的剂量表。如布罗迪后来所写，到1944年1月，"疟疾实际上已不再是一个战术或战略问题。"

布罗迪一次曾写信给香农，"与您在戈尔德沃特纪念医院共同参与疟疾项目，是我职业生涯中最令人激动的阶段之一。那是我职业生涯的真正开始。"

那也是其他一些东西的开始。布罗迪和他在戈尔德沃特医院的同事已对D楼地下室空气中的一种东西着了迷——一种狂热,一种紧急和激动的感觉。对他们来说,在余下的职业生涯中,不那么令人振奋的科学根本算不上科学。他们将把在戈尔德沃特医院达到的科研高水准传给以后的同事和部下。香农在戈尔德沃特医院培育了沃土,种子已经发芽,并将抽枝长叶,茁壮生长,而且还会伸出卷须,几年后就会到处扎根,伸展到几英里*之外。

战争开始时,布罗迪尚名气不大,战争结束时,他已是一位科学明星。戈尔德沃特医院的战时紧急研究使他精神抖擞。他信心十足,脑子里有无数的思路,他已准备向世界推出主要由自己创立的新药理学。

---

* 1英里=1.609千米。——译者

第三章

史蒂夫·布罗迪,甲基橙及新药理学

有时,布罗迪仿佛从不睡觉。他常常一连许多天每天只睡2—3小时。长时间工作时,他只偶尔小睡20分钟,然后又精神饱满地投入工作。

不论在戈尔德沃特医院,还是在NIH任化学药理学实验室主任,他都是一个夜猫子。他一般总是中午以后才到实验室。6点左右他会回家,但晚饭后他又开始工作——在家里加晚班写论文,有时凌晨两三点钟他会给同事打电话,询问实验数据,谈出一大堆新思路。20世纪50年代初与他共事的阿罗诺回忆说:"他不管夜里几点,想打就打电话。'你怎么能这么说?'他会问起你在写的论文。'为什么你不这么干?'"

对布罗迪来说,工作和玩,实验室和家均是无法分开的。时间亦不是清楚地分为白天和黑夜。20世纪60年代初在布罗迪的实验室工作了4年的韦塞尔回忆说,布罗迪有一次在地中海海滩旅游胜地圣特罗佩参加一个科学会议。他与人入神地讨论了几个小时,突然抬头四顾,疑惑地说道:"你看,这个旅游胜地人并不多。"可那时是凌晨3点钟。

普勒彻(Alfred Pletscher)是布罗迪的同事,他多年后对布罗迪说"和你共事从来不易"。他是指布罗迪不顾及正常的工作时间。普勒彻有一次日夜加班搞一个实验,布罗迪急于得到结果,于是催他:"**我们急着出书呢**。"普勒彻直视着布罗迪的眼睛说:"我工作还不够努力吗?"

"他简直是个奴隶主。"阿罗诺说。

肖尔(Parkhurst Shore)曾长期是布罗迪的助手,他说:"他心理上太要强,但他又是令人激动的家伙,因此你在某种程度上也就不计较了。"

布罗迪是这样解释自己的午夜活力的:"我有个好思路就睡不着觉。"说到思路,他的思路真是无穷无尽,虽不是个个顶用,但不论好坏却源源不断地从他的想象中喷涌而出,如同(美国西部的)"老忠诚泉"一样,而且同样不顾及正常工作时间的局限。

他很会激励人。他会像苏格拉底那样提问,"假设我们不是生物学家,而是化学家","如果我们是大自然,我们该怎样安排这个(生化机制)呢?"夜里的大把时间就在这样的推理中度过,而从中总会闪现出新的实验思路,从似乎普通的问题中也会透出诱人的破题希望。对他的大多数——不是全部——同事来说,这些已足以补偿布罗迪的无情需索、强打精神的夜里加班和劳心的智慧搏击。

与他辩论是很累人的,但他鼓励大家这么干。他的同事就是他的共鸣板,他常提出一些自己不太相信的科学思路,以引起激烈的讨论。这些辩论有时大失君子风度,常有人发脾气。一个曾与他辩论的人回忆说,讨论有时很折磨人,"十分伤感情"。

"在我认识的人中,史蒂夫可能是最专注于科学的一个,"托马斯·肯尼迪回忆说,"他每时每刻,每日每夜都想着科研。"除了实验室工作,他几乎别无爱好。当布罗迪在心脏研究所工作时,职工快报介绍过他:"科学是他的工作,也是他的休息。他只偶尔读读侦探小说(情节越糟越好),看看电影(什么主题都行)。记者从他身上找不到世俗的爱好,因此无法使大众对这位科学家有亲近感。"

肖尔与他共事期间,曾一直就《均衡生活》的价值展开争论,布罗迪坚持认为它使人甘于平庸。肖尔说:"我一直认为生活中最重要的事是活下去,而他认为工作是最重要的。"

"在我认识的人中,布罗迪工作最努力,时间也最长。"阿罗诺说。

"他并不把它视为工作。"乌登弗兰德说。

布罗迪后来到心脏研究所工作时,他奇怪的夜猫子习惯与其他科研怪癖和个人特征得到最充分的展现。但在戈尔德沃特医院工作时,无论是战争期间或之后,他常常在夜里做实验、写论文草稿。他这期间的一个同事说,他靠服用安非他明来振作精神工作,靠吃巴比妥酸盐入睡。不论他的能量来自何方,都是令人敬畏的。"大家都抱怨说布罗迪一天工作23个小时,"医院的一个技师贝蒂·伯杰(Betty Berger)回忆说,"他期望我们也像他一样充满干劲,一样振作。"

布罗迪在戈尔德沃特医院的秘书雪莉·乌登弗兰德(Shirley Udenfriend)说,如今她情愿把他描绘成一个典型的心不在焉的教授,怪诞又可爱,但在当时她并不总是能理解。他总是对人提出很多要求,让人受不了。他的桌上总是堆满来信,而他似乎总是在节假日前一天才动手拆看。到下午4时30分,雪莉准备下班赶车回布鲁克林,他却拿来一大把资料让她处理,真是把人气死了。

这个人总是强人所难。

贝蒂·伯杰说,布罗迪"他们一帮人都是这个样子",强硬、支配他人、个性过强。

贝蒂·伯杰在来戈尔德沃特医院工作之前,与布罗迪的妹妹雷切尔(Rachel)一起在纽约巴纳德学院上学。她称雷切尔是个"女布罗迪"。雷切尔后来做过社会工作者、老师、辅导顾问、钢琴教员,还生了孩子。"她和史蒂夫一样天不怕地不怕,还带点傲慢。他们俩都是雄心勃勃。"她也认识布罗迪的兄弟亨利(Henry),那是国务院的一个职业外交官,高个子,消瘦,很严肃的样子,有点像亚伯拉罕·林肯(Abraham Lincoln)。"布罗迪兄妹几个都一个性格,傲视一切,胸怀大志。和这种人共事感觉很好。"

〔有人说,在布罗迪兄妹中,哥哥莫里斯(Maurice)是最聪明的。20世纪30年代,他研制了一种脊髓灰质炎疫苗,并为此获得短暂声誉。后来未经他同意,该疫苗就试用于几名儿童,造成一人感染脊髓灰质炎。过了不久他就去世了,死因不详,年仅37岁。贝蒂·伯杰记得布罗迪一家把此事当成"家里的一大秘密"。据史蒂夫说他哥哥是打高尔夫球时突发心脏病去世的。〕

贝蒂·伯杰在她的朋友雷切尔从巴纳德学院毕业时,见到了布罗迪兄妹的妈妈埃丝特·金斯伯格·布罗迪(Esther Ginsberg Brodie)。老夫人来自加拿大渥太华的老家。贝蒂·伯杰回忆说"她给人的印象是非常坚定"。儿子布罗迪称她是"十分美妙的女性。我们几个人的聪明都来自她"。布罗迪的妻子安妮在老夫人去世之前与她很熟,她说老夫人是个"激励者,她爱说'没做出成绩就别回家见我'"。

布罗迪在年轻时学习并不出色。他大约在1907年(具体哪一年不详)生于英国利物浦,有兄妹五人,他是老三。当他4岁时,全家迁到加拿大渥太华。他的父亲塞缪尔·布罗迪(Samuel Brodie)开了一个男装服饰店(布罗迪本人是个扑克高手,他说父亲的"扑克牌技差极了")。他小时候学习成绩一般,对科学也无特别兴趣。他的中学化学老师说他将来没什么出息。他为了在暑期打工,曾央求这个老师写封推荐信。老师拒绝了。

在中学的最后一年,他与校长发生了争执。他想免掉一门课程,校长不同意。他仍坚持,结果被校长开除了。

1926年,18岁的他入伍,做了加拿大皇家通讯兵,期望军队会使他有出息。军队显然使他大有长进。他刚开始时很害羞,有时为了不与别人打照面,他宁可穿过马路。部队里的其他人捉弄他,甚至打他。一天,军士长把他拉到一边,给了他父亲般的忠告,告诉他"你必须反击"。

布罗迪开始学习战斗。他学习了拳击,学得极好并很快参加了比赛。但他首战时很快被击倒,他神志清醒过来时听到裁判员已数到"6、7、8"。他费力地把5英尺11英寸(约1.80米)的身躯支撑起来,却又被击倒3次。

他说他首战输了,但后来三四十场均大获全胜,再没有输过,成了加拿大陆军该级别的冠军。他说他的特长是动作快,有个人风格。但他说他从不喜欢拳击。他笑着说:"我的志向是不被打伤。"

以上是布罗迪爱讲的一个军中故事。另一个他爱讲的军中故事有关他的扑克牌技。他似乎曾从图书馆借出有关扑克及统计学的书通读一气,后来成了扑克高手,仅在3年军队生涯中,靠打扑克就赢了5000美元。有一次他发觉自己和一帮有名的恶棍玩扑克,有一把他赢了不少,然后站起来想走。但那帮人说:"你现在不能走。"他只好坐下又玩了一阵,基本没输。趁着一个间歇,他才又站起来走出屋子。门在他身后关上后,他才不再害怕得发抖。

布罗迪主要靠打扑克赢来的钱,进了蒙特利尔一所讲英语的大学——麦吉尔大学。入学后他对科学较感兴趣,但尚无明确的专业倾向。而在大学四年级的一天,他的生活终于改变了。

他在大学一年级时,有一次上化学课时睡着了,结果被教授赶出教室。3年之后,还是这位教授哈彻(W. H. Hatcher),在市内铲过雪的街上叫住他,说自己做实验缺人手,问他愿不愿去干,布罗迪说没问题。

哈彻的实验要求一天24小时监测,布罗迪后来才得知,教授夫人对教授半夜加班很不高兴。布罗迪笑着说:"我是他能找到的唯一傻瓜。"他一夜夜地干,记录数据。他对实验着了迷。更重要的是,他在这个地方第一次对科学家如何从实验中得到思路大感兴趣。他的头脑找到了真正的家。他的分数上升了,C都变成了A。同时他的贡献使他成了教授论文的合作者:

Hatcher, W. H. and Brodie, B. B. Polymerization of acetaldehyde, *Canadian Journal of Research*. 4：574—581, 1931.

这是布罗迪400多篇论文中的第一篇。

布罗迪向美国一些研究生院申请奖学金，有4所研究生院同意接收他，因为它们显然注意到了他的科研经历。他于1931年进入纽约大学，4年后取得有机化学博士学位，随后进了华莱士（George B. Wallace）的实验室，作药理学助理研究员。

尤金·伯杰（Eugene Berger）是个21岁的大学生，刚肄业于拉斐特学院化学系。他于1940年的一天走进纽约大学医学院院长办公室，并被告知去华莱士的实验室工作。当时尤金·伯杰对生活前途感到茫然，但有两点是明确的，一是他不想去父亲位于宾夕法尼亚州黑泽尔顿的面粉与饲料公司工作，二是他需要找份工作。布罗迪的技师那天刚刚辞职，因此需招一个人刷洗实验室的玻璃器皿。尤金·伯杰是贝蒂·伯杰的丈夫，他说："我要是早去一天或晚去一天，这份工作就不是我的了。"他后来在曼哈顿与布罗迪合住一套公寓，战后亦到戈尔德沃特医院工作，一直干到1974年。

尤金·伯杰认为，他在华莱士实验室工作的那几年是他一生中最好的时光。布罗迪教他如何使用吸量管把定量的溶液从一个试管转移到另一个试管。他还教他如何使用天平。他们开发了检验、系统测量机体中钙、镁的办法，研究了这些矿物质对狗睡眠周期的影响。尤金·伯杰回忆说："在我眼中布罗迪就是上帝，我认为他是世上最优秀的人。"但他也是个严格的工头。"你必须按他的指示办，不能有一点走样。"

华莱士的实验室在医学院，这是1897年建成的砖楼，位于曼哈顿第一大道及东26街之间。要去该实验室，得先坐上摇摇晃晃的电梯上到顶层，再穿过一个通常放满尸体的解剖大厅。尤金·伯杰回忆说，华莱士喜欢看到来客被尸体吓白了脸。

华莱士当时60岁出头,高个子,在欧洲受的教育,是美国一流的药理学家。他手下的骨干包括洛伊(Otto Loewi,曾获诺贝尔奖),华莱士帮他从纳粹德国逃到美国。对尤金·伯杰来说,每天最开心的时间就是午餐后与布罗迪、华莱士、洛伊等人高谈阔论。"我记得我们说的每个单词及事情都十分有意思。"

华莱士和布罗迪关系很好。两人深入研究了各种卤素——这类化学物质包括氟、碘、溴和氯——在人体内的分布,这在当时是一个重要的研究领域。华莱士使他了解了直觉在科学上的作用,并强调说,提出试验性工作假说会带来创造的自由,即你不必对思路有十分把握,七分把握也用不着。有良好预感就可以上马试,看实验情况有什么线索,然后再予以检验核实。

布罗迪本来的专业是有机化学,他认为华莱士使他变成药理学家,把他这个几乎毫无生物学知识的人领进这一领域。今天的药理学充满了有机化学的结构式及分子操作,但在当时这还是两个互相无关的领域,当时能看到两者必将完全合一的只有华莱士等少数几人。

实验室位于医学院的6层。香农的实验室设在5层,直至他去戈尔德沃特医院工作。从香农的所见所闻来看,布罗迪不仅是个优秀的化学家,而且是个与当时科学传统格格不入的怪人。香农于1941年在自己的新实验室为布罗迪安排了一个职位,布罗迪接受了。

两人相处得很好。例如香农并不限制布罗迪疯狂的作息时间,而华莱士则加以限制。又如,布罗迪曾欣赏地说:"香农能像苏格拉底一样引我说出想法,并当场解决问题。"布罗迪极为尊敬香农,几乎视他为父亲。托马斯·肯尼迪把这两人描绘成是"互相增强"的。布罗迪开始时接受香农的思想,认为测定药物在血液中的水平是最重要的——那时他只不过是香农的延伸。但他的转变如此自然和热情,以至于他很快超越了香农,设计了新的定量方法。

不论怎样,香农的工作班子到1942年中期已转而集中于抗疟药研制,而布罗迪也正努力找到测定阿的平的办法。

1942年的一天,布罗迪在街上偶遇了他过去的技师尤金·伯杰。尤金·伯杰在战争开始后离开华莱士的实验室,去医学院工作,而且已搞了不少研究。两人都在找地方住,因此决定一起找。

布罗迪在美术公寓找到一处房子。尤金·伯杰说:"住在那儿很迷人,**很来劲儿**。"他用了男人有时暗示刚成年时经历的黑话。美术公寓是两栋新建的16层砖楼,位于东44街对面,在第一、第二大道之间,离联合国现址不远。这两栋楼原是给艺术家住的,但忙于打工的真正艺术家都不住在这里。实际住在这里的有模特、摄影家、妓女,还有布罗迪和尤金·伯杰。

他们俩的房子在公寓北楼的3层,带家具,有一个大厅,一个小厨房,两张床是做进墙里的,可以折放出来。两人商定先上床的人为另一个放下床。有一天晚上,布罗迪出去约会姑娘,尤金·伯杰以为不必把第二张床放下来了。他回忆说:"史蒂夫那天约会不太顺利。"夜里3点左右他听见布罗迪摆弄钥匙,进了房间,带着点儿醉意,往床上一躺……当然床**并没有**打开,所以他笔直摔在了地板上。

但那次约会并不说明布罗迪与女人相处运气都不好。尤金·伯杰回忆说,女人们大都很喜欢布罗迪,他又迷人又英俊,黑眼睛深凹,眼神锐利。波斯特(Joseph Post)是布罗迪去戈尔德沃特医院工作之前的老朋友,他说布罗迪长得像演艺名人格什温(George Gershwin),但比格什温"更漂亮"。他和布罗迪有一年夏天开车去加拿大玩,令人难忘。他们在渥太华看望了布罗迪的妈妈,然后驱车穿过魁北克探访了离魁北克市不远的一个法国风格的小镇,最后经科德角返回纽约。波斯特回忆说，布罗迪是个很妙的旅伴，很有幽默感，待人随和——特别是女人。

伯恩斯在第二次世界大战后与布罗迪共事，现在是位于新泽西州纳特利的霍夫曼-拉罗奇药品研究所副所长。他也回忆说布罗迪对女人很有魅力。伯恩斯有一次介绍他认识了自己的第一任夫人，结果她后来告诉伯恩斯她简直被布罗迪"迷住了"。

但在那些岁月中，女人在布罗迪心中最多只占第二位，工作占第一位。他日夜都在工作。

到1943年中期，由于阿的平的新剂量规定已经出台，布罗迪和他在戈尔德沃特医院的同事们正忙于评估新的抗疟药物。因为尽管阿的平能使士兵们保持战斗力，但并不能根治各种疾病。阿的平可防止恶性疟引起的疟疾，并治好它引起的感染。阿的平还可抑制间日疟的发作，但无法根治它，对它引起的感染也无疗效。

由于要寻找新药，戈尔德沃特医院的抗疟药项目扩大了规模。在金钱方面，只要香农提出要求，政府就如数拨给。只要他要，陆军就增派医务军官进来。由于布罗迪做了开拓性的工作，测定人体中的药物浓度水平已变得很容易，这有助于该项目实现大规模操作。医院收进一批梅毒病人，把疟疾高烧作为治疗的手段，施以菌苗注射，计算其血中的寄生物数量，开药，记录药效，并与其他药作比较。

大量病人的积累数据记在标准的综合清单上，按药物和寄生物的门类列出结果。例如有个病人叫贝利（Bayley），被记录因间日疟引起的高烧已5天。在治疗前，他血中的寄生物是每立方毫米22 400个。先给他服下0.075克被称为SN7618的化合物（这是该全国计划中被试验的第7618种药物），然后每日给服0.025克，每12小时服一次，连服5天。用布罗迪及乌登弗兰德设计的方法测定，这种药的血浆浓度在首日服药后为每升10微克，到第3天上升到16微克——这足以说明疟疾已完全被治好了。

SN7618名为氯喹(chloroquine)，是一种白色晶体。《纽约时报》1946年曾以头版文章欢呼氯喹类新药的问世。该药的疗效类似阿的平，但时效更快，服药次数更少，副作用也更小。另一种成功的药是扑疟喹啉(pamaquine)，它不仅可抑制、而且可完全治好间日疟。这两种药推出时离对日战争胜利日太近，因此对战争无太大影响，但战后又被使用了多年。

战争结束后，导致组成抗疟药研制班子的那种紧迫性不存在了，年轻军官如托马斯·肯尼迪等，都一个个回部队去了。崭露头角的研究人员，如贝尔(John Baer)及乌登弗兰德也回研究生院了。"战争打断了我的职业生涯，"乌登弗兰德回忆说，"现在我要重操旧业。我一直想这么做。"第一颗原子弹于1945年8月投向广岛的那一天，他申请进纽约大学攻读博士学位。

同时，香农在1946年离开戈尔德沃特医院，做了斯奎布医学研究所(庞大的斯奎布医药公司的一部分)的所长。他、夫人及两个正上学的孩子搬了家，越过哈得逊河迁到新泽西州的梅塔钦。他们住的房子是白色的，上铺木瓦，紧靠着一株巨大的椴树。

但并非所有的人都离开了戈尔德沃特医院，有些留下来，仍继续做战争时开始的研究工作，或受到抗疟药研制项目的鼓舞，又开拓新的研究方向。这些留下来的人当中就有布罗迪。

战争结束17个月以后，布罗迪和乌登弗兰德于1947年1月发表了6篇论文的专集，统一命名为"对生物物质中碱性有机化合物的测定"。初看起来，在这本被称为是"方法论文"的专集中，仅详细介绍了用于分析药物及其他有机化合物的一些实验室技术，因此这些论文似乎只等于一大堆方法。但它们的重要性远远超过它表面上狭窄的专业范围。

这些论文在《生物化学学报》上发表时占了45页,它们是一套强有力的生化工具,可用于探索人体对药物的反应。

这些工具中的一个,起源自抗疟药研制计划的初期。布罗迪是这样讲这个故事的:

在发现阿的平可继续使用之前,美国政府曾拟使用南美某种金鸡纳树的树皮来制药。这种树皮含有4种生物碱(植物中的一种含氮有机化合物),统称全奎宁。其中1种生物碱为奎宁,但含量大大低于日本人侵占地区的金鸡纳树树皮的含量。另3种生物碱怎么样呢?它们有助于研制抗疟药吗?要发现这一点,就必须找到测定其在血浆中浓度的办法。这个工作交给了布罗迪。

这3种生物碱中,有1种很快被测出来了,但有2种(辛可宁和辛可尼丁)仍测不到,似乎从血浆中找不到它们的踪迹。当时科学界尚没有发明气相色谱法,而这两种生物碱也不发荧光。怎么办?

布罗迪到东河对岸的曼哈顿区第五大道的中央图书馆查书,连查了三四天,遍读各种文献,最后查到德国染料研究文献。他想,能否给化合物**染色**,然后利用其在溶液中的色度来测定其浓度呢?

他想测定的化合物均属于庞大的**碱性**(basic)化合物世界。basic一词在化学中不是"基本的"意思,而表示与酸性相对立的碱性:酸性溶液含有大量的自由正电荷,碱性溶液含有大量的自由负电荷。

当酸与碱性化合物(或碱)结合时,它们就变成盐。我们饭桌上的食盐就是这种化学结合的产物。他估计,当酸性染料与他想测的碱性化合物结合时,同样有可能变成某种携带染料的盐。

他打电话给药店及化学品商店,要求订购各种可能用得上的酸性染料。由于战争的紧迫性,各方面极为配合。他和乌登弗兰德几天后得到几百种染料。于是工作开始了:用染料逐一与辛可尼丁及辛可宁相结合。只有2—3例生成的盐带上了颜色,但很快就褪去了。这个办法不行。

然后有一天晚上他们的染料用完了。已是凌晨2点,他们已连续工作了32个小时。"我们失败了。"布罗迪想。他们正准备回家,突然一场暴风雨来临。家是回**不了**了。他们只好带着失败的感觉坐下,等风雨过去。这时布罗迪突然看到身旁的架子上有一瓶甲基橙。这是实验室常见的一种试剂,它通过颜色的急剧变化来记录溶液酸度的变化。这种试剂在实验室太普通了,他们从没想到试用一下。也许它会与那些顽固的生物碱构成盐,值得试一下。

5分钟之后,全奎宁的难题就解决了。人们只需用已有的技术从血浆中提取出药物,与甲基橙混合形成盐,然后再将溶液样本放入色度计(色度计是实验室的标准仪器,用于测定溶液对光的透射率)。色度计经适当校准,即可直接读出药物的浓度。

对布罗迪来说,甲基橙测定技术是一个转折点。1947年,他与别人合作在《生物化学学报》上发表了6篇方法论文,其中之一就是《用甲基橙估测盐的构成》。这6篇论文确立了他的声誉。但更重要的是这次经历使他坚信,只要有想象力和刻苦工作,他可以测定**任何物质**。

那只是按书操作,因而就没有基本的重要意义吗?布罗迪不这样认为。确实,甲基橙或其他任何技术之本身,并没揭示自然进程。但是如果人们可以测定药物的浓度,即可知道有关它的一切,如跟踪它在人体组织中的命运,知道它以多快的速度被代谢掉,有多少已被排泄掉,有多少聚集在哪些人体组织中,等等。甲基橙技术提供了测定药物的一个工具。其他的方法产生了其他工具。如果拥有**许多**方法——如1947年的方法论文所述——那就会拥有药理学革命的素质。

这确**是**药理学的革命。阿罗诺·戈尔茨坦(Avram Goldstein)及卡尔曼(Sumner M. Kalman)三人合写的药理学教科书《药物作用原理》解释说,在布罗迪写出论文之前,人们通常用生理学现象(如对血压的影响,肌强度等）来测定药的效力。再往前，就靠医生给药后观察：病人是否呕吐，出汗，排尿，出血——或死去。

布罗迪及他的门生们把药物作为**化学品**来研究——具体说就是**对**人体发挥作用，也**被**人体加工的化学品。他几年后在NIH建立的实验室命名为化学药理学实验室。他并不是偶然选中这个名字的。

这种把药物作为化学品的做法，使新药的合成变得比以往更可行。直到最近，大多数药物都来自天然材料。典型的有民间传说的某种有异常特性的树叶或根茎。这些材料经磨碎及适当处理后，会产生部分提纯的提取物。例如，阿托品（Atropine）作为有效的副交感神经系统拮抗药，其原料就是颠茄类植物的叶子和根茎。强心剂类洋地黄制剂，亦取材自毛地黄的干燥叶子。

在布罗迪成名之前很久，有机化学已发展到相当程度，新药的合成已成为可能。但在布罗迪成名之前，合成新药并没有什么科学**基础**。那时对药物的代谢了解那么少，怎么可能合成出一种新药，并指望它比老药更好呢？

在以后10年中，布罗迪和他的同事们改变了这一切。1947年的方法论文成了出现合适的化学方法的起点。而后应用这些化学方法，他们跟踪各种药物的代谢结局，并开发出几种疗效更好的药。

第一个成功的例子是普鲁卡因，它于1905年被合成。刚推出时用了普及的商品名奴佛卡因，牙医们直到最近仍用它做局部麻醉药。然而当布罗迪首次注意到普鲁卡因时，该药一直用于其他用途。首先，它有抗过敏疗效。其次，它还被用于治疗心律不齐。心律不齐是指心跳紊乱不规则，它常可导致死亡。但该药用于治疗心律不齐时有个严重问题：它的功效很快消失。

布罗迪及两个同事决定跟踪普鲁卡因的代谢结局。他们采用他和乌登弗兰德改进了的方法，查明人体很快就分解了普鲁卡因，在两分钟内就将它的80%变成代谢副产品。代谢物之一二乙胺基二乙醇(diethylaminoethanol)亦有抗心律不齐疗效,并一度成为他们研究的焦点。但该物质的疗效并不好。他们发现,只用该物质,就必须给服大剂量,但这会导致血压下降过多。

有无办法让普鲁卡因在效力上"更强"——更不容易被代谢分解?布罗迪研究了普鲁卡因的酯键。酯基是一种化学基团,以特别的结构包含碳和氧,并易在水中分解。当它分解时,血浆中的酶会使这种分解加速,将分子一切为二并使其失效。当时没有证据表明分子的酯区导致该药药效变短。所以他们推测,用其他更牢固的化学链接来取代酯键会怎样呢?

布罗迪向斯奎布制药公司求助,该公司合成了以普鲁卡因为"主干"的"许多变种"。最后找到的药很像普鲁卡因,但酯的氧原子被氮和氢取代了。有机化学家称这种结构为酰胺,于是人们为这种新化合物取名为普鲁卡因酰胺。它与普鲁卡因的区别不大也不小。普鲁卡因进入人体几分钟后就失效了,但这种普鲁卡因酰胺注入人体19小时后仍有95%存留在血浆中,并仍发挥抗心律不齐的疗效。

如今普鲁卡因酰胺有许多商品名称,并被广泛应用。在"阿波罗号"宇宙飞船的多次发射中,至少有一次宇航员把它作为备份药物带到月球。美国心脏协会支持了对普鲁卡因酰胺的部分研究工作,而布罗迪在谈到该协会时说:"他们为研究该药花钱是值得的。"

关于普鲁卡因的第一篇论文1948年发表于《药理学及实验治疗学学报》。同年早些时候,布罗迪的另一篇论文也发表于该刊物。随着时间的推移,该论文的重要性也许更大,因为它是将在以后10年中影响到药理学本身的科学协作的第一个产物。该论文名为《乙酰苯胺在人体内的命运》,它报告了布罗迪和阿克塞尔罗德的研究工作。

第四章

布罗迪和阿克塞尔罗德：
"让我们大胆地试一下"

1946年的一天，阿克塞尔罗德的上司来找他，给他带来一个新难题：止痛和镇静药物研究所想知道，为什么一些治头痛的药，包括溴化塞尔查（Bromo-Seltzer），有时会导致头痛、头晕、腹泻及贫血。对阿克塞尔罗德这个33岁的化学家来说，这个难题远远超过他以前遇到的难题。要不要试一试？他还没来得及说话，上司就开口说："我找个人帮你"。

阿克塞尔罗德的上司是个72岁的高个子老人，总叼着烟斗，他实际上是实验室的主席（这是个荣誉性的职务）。他在退休前是纽约大学药理学系主任，名叫华莱士。他想给阿克塞尔罗德找的人就是布罗迪。

阿克塞尔罗德给布罗迪打了电话。两人在1946年的林肯诞辰纪念日见面了，地点是戈尔德沃特纪念医院。阿克塞尔罗德回忆说："那对我是决定命运的一天。"那天他们谈了3个小时。分手时，阿克塞尔罗德的旧生活结束了，新生活开始了。

当时，阿克塞尔罗德在科学界尚无名气。他在曼哈顿下东区长大，父亲伊萨多·阿克塞尔罗德（Isadore Axelrod）和母亲莫莉·阿克塞尔罗德（Molly Axelrod）是1906年来自加利西亚（当时属奥匈帝国）的移民。

父亲靠编篮子卖给杂货店及花商谋生。阿克塞尔罗德13岁时曾学着编篮子，他不喜欢这职业，但他喜欢周六和父亲一起出去。他们赶着马车去访问客户，有时阿克塞尔罗德也能掌一阵鞭子。父亲一生勤奋，后来甚至开了自己的小店，但生意一直不太好。而且他有点钱就会去赌掉，这叫阿克塞尔罗德的母亲十分伤心。

阿克塞尔罗德家住东休斯顿街415号，是一座不供应热水的公寓，他在那儿一直长到24岁。他记得曾在厨房的澡盆中洗澡，他说："但我从没感到穷困。"邻居几乎都是犹太人。他从小就会说意第绪语，就读于希伯来语学校。他放学后进行宗教练习，但他不喜欢，常常逃课。几个街区之外是乌克兰人及波兰人聚居区。有一次他路过那里，几个男孩抢他的帽子，还打了他一顿。他们骂他"犹太杂种"。

他上过第22中学，这是一所南北战争时建校的老学校。后来又上过布鲁姆街的苏厄德公园高中，这个高中出过不少名人，如娱乐界的莫斯特尔(Zero Mostel)、马特豪(Walter Matthau)及柯蒂斯(Tony Curtis)，但其教学水平比不过施托伊弗桑特高中或汤森·哈里斯高中，这种公立高中名校他连申请都不敢。他说："聪明孩子都上这类名校。"

对阿克塞尔罗德来说，一个街区之外的图书馆比学校还重要。他7岁时拿到第一张借书卡，从此他每天下午放学后都去那里如饥似渴地看书。有时他边吃饭，边看书，还听着自己做的矿石收音机。他**什么书都看**，《皮诺曹》他童年时看了许多遍，格里姆(Grimm)的童话也老看，后来又看托尔斯泰(Tolstoy)、陀斯妥耶夫斯基(Dostoevsky)和门肯(H. L. Mencken)的书。上大学时是20世纪30年代早期，由于他倾心于左翼事业——"我们以为革命马上就会到来"，他说——因此，他读了帕索斯(Dos Passos)、里德(John Reed，他写了俄国革命纪事)等人的书。

那时的城市学院，如他所称，是"无产阶级的哈佛大学"，对几千名上不起其他大学的移民子弟来说，那是免学费的知识天堂。他在大学主修生物学及化学。他在高中时,每当读到医学研究的浪漫故事,如刘易斯(Sinclair Lewis)的《阿罗史密斯》及德克吕夫的《微生物猎人》,总是热血沸腾。但他真要**成为**一名科学家吗？当时作为职业,人们很少提到"科学"。研究科学只是人们当医生后的一小部分工作,而他的母亲则希望**他当一名医生**。她支持他的学习,当他取得好分数时她就非常高兴,并鼓励他上医学院。

他曾向几所医学院提出申请,但都被拒绝了。那时,医学是绅士的职业,是富人的专有职业。而后来的调查证明,大多数医学院对入校的犹太人都有限额,阿克塞尔罗德相信这就是他被拒绝的原因。"如果你是犹太人就要十分杰出,我成绩不错,但不是十分杰出。"他在城市学院的专业课没有得过A,只得过B和C,数学还得过两次D。

他1933年毕业。当时的就业市场正处于衰退时期,各工厂都在裁人,失业率上升到25%。他参加邮局的招工考试——每周工资40美元,相当不错——通过了。但他没有去上班。

他在纽约大学哈里曼研究实验室找到一个志愿者职位,每月工资25美元。他熬了好久,后来转正,做了实验助理。该实验室1935年关闭后,他又在市内一家非营利实验室找到工作。这家实验室负责检测食品及维生素,类似于联邦食品和药物管理局在该市的分支机构,它的名称是工业卫生实验室。他在那里工作了10年。

他的头衔是"化学家":他不仅仅是一个技师,但他也没有做如今所谓的研究工作。他的工作是修订已知的维生素D、A、B_1及B_2等的检测方法,使其标准化,能够保证上市药品的质量。他回忆说:"维生素当时很被人看重。"该市是想保护消费者,使其免受诈骗及误导言论的伤害。

他当时搞的项目之一是改进对维生素D的检测。维生素D可防止佝偻病,这是指软骨不能钙化的骨疾病。检测方法是:先给白鼠喂可以导致佝偻病的食物,然后喂食维生素D,解剖后将骨头切成薄片,浸入硝酸银溶液,曝光后即可见暗黑色线条。这表明在维生素作用下钙化已经开始。从这个线条的强度,就可看出维生素D的含量。这套程序是早已有的,甚至诸如硝酸银的曝光时间之类的细节也是早已确定的。这个工作并不要求他有独创性。

但他从不发牢骚。他过去的同学如果有工作的话,也大多干一些琐碎的事。1934年炎热的夏天,还是在哈里曼实验室时,一瓶氨水在他脸前爆炸,使他双眼暂时性失明,左眼后来永久失明了。因此,第二次世界大战开始后,他属于可推迟服役的4F类平民,后来也没有入伍。第二次世界大战期间他一直在实验室工作,晚上去纽约大学上课,并拿到了化学硕士学位。工作是不错的,挺稳定。周围科学杂志很多,他如饥似渴地阅读。工资也不算少。工作还是相当有挑战性的。当然,他的经历也就只有这些。

到了1946年的林肯诞辰纪念日,阿克塞尔罗德仍在工业卫生实验室工作。他刚接手研究止痛药研究所提出的新难题,并准备尽力解决它。他在上司的敦促下,去戈尔德沃特医院见了布罗迪博士并就此作了讨论。布罗迪问他:"这些治头痛的药的有效成分是什么?"

阿克塞尔罗德答称是乙酰苯胺,这是1886年问世的一种止痛退烧药,呈白色结晶状。布罗迪说:"把它的结构分子式写在黑板上。"

他照办了。

布罗迪仔细看着黑板上的分子式,说道:"你知道,化学药品一旦进入人体就被改造了。"

他**并不**知道这一点,或至少在布罗迪这么说之前,并没有强烈意识到这一点。布罗迪的意思是,不是药物对人体发挥作用,而是**人体对药物发挥作用**。这是一种启示。

布罗迪大声说："什么样的化合物会被转化成能组成高铁血红蛋白的化合物呢？"头痛药会导致高铁血红蛋白血症出现，即血液中的血红蛋白无法与氧结合。高铁血红蛋白是由于血红蛋白失效而引起的。

布罗迪继续说："这种化合物有可能是苯胺。"

也只是这样，有这种可能性而已。另一方面，你把乙酰苯胺和苯胺的结构分子式并列出来，就不难看出它们是相关的，两者都是在一个单一苯环的基础上发展起来的，原子排列成六角形，既像有机化学教科书上的图形，又像小孩积木中的球体或方块。

苯是1845年从煤焦油中分离出来的一种无色液体。人们一开始就公认它是由6个氢原子和6个碳原子组成，但其排列状态却一直搞不清楚。后来德国化学家凯库勒（Friedrich August Kekulé）说，他做了一个蛇吃自己尾巴的梦，并因而获得灵感，猜想这6个碳原子每个均携带1个氢原子，它们环绕成一圈，组成一个六边形的环。

虽然苯本身是一种无特征的有机溶剂，但其六角形环状排列的结构，可作为积木构成许多有机化合物。典型的情况是，1个或更多与碳原子相连的氢原子，可被一个"官能团"（一小簇原子作为一个单元发挥化学作用）代替。这一小簇原子可以是1个碳原子加3个氢原子，即1个甲基。氨基是1个氮原子加2个氢原子。乙酰基由碳、氢、氧组成，结构更复杂一些。几乎可以肯定的是，要从化合物中去掉、增加或置换这样一个官能团，就几乎必然使新的化合物具有不同的——常常是惊人地不同的——化学特性。

治头痛的乙酰苯胺，从结构上讲就是1个苯环加上1个氨基（它取代了原来的1个氢原子），并加上1个转移过来的乙酰基。布罗迪估计导致高铁血红蛋白血症产生的化合物是苯胺，它就更简单了：乙酰苯胺中的乙酰基被去掉了。这两种化合物之间的亲缘关系是易于了解的，布罗迪无须夸张地想象就猜到，由于代谢作用，乙酰苯胺变成了苯胺。

但乙酰苯胺由于代谢作用**变成**了苯胺吗？如果是这样，那么打一针乙酰苯胺，应可在血或尿中检出苯胺。为做到这一点，就需要有办法检测苯胺，正如布罗迪需要并找到检测全奎宁、阿的平、普鲁卡因的办法一样。阿克塞尔罗德在两周之内就找到一种检测苯胺的办法，它仍是基于布罗迪和乌登弗兰德在战争期间研制的办法。乙酰苯胺以及除苯胺之外的各潜在代谢物均易于检出，而工具是现成的。

阿克塞尔罗德对旧笔记本保管得很好。当年作为科学家进行首次实验的结果，他都记在活页纸上。38年后，这些活页纸仍处于原始状态，外面用厚牛皮纸做封皮，上面仅写着"乙酰苯胺"。这些笔记本加上他与布罗迪共同写就的最后论文，显示了他俩如何一步步理解了乙酰苯胺在人体中的命运。

一个显而易见的实验是，服下乙酰苯胺，然后看72小时后大便中含有多少。结果是根本没有。那尿中含有多少呢？结果是几乎没有。两人在论文中写下结论："几乎所有药物在人体内都发生了代谢变化。"药物全被变成了别的什么物质。

而且变化的速度很快。他们曾让人服下乙酰苯胺，然后每小时检查一次其在血浆中的浓度。1小时左右以后，其浓度就达到最高值。然后随着药物被代谢掉，其浓度迅速下降；7小时之内就检测不到了。它被变成什么了？变成苯胺了吗？

他们开始检测血中是否有苯胺，果然发现有。他们给狗直接服下苯胺，狗产生了高铁血红蛋白血症，狗吃下的苯胺越多，其血液中的高铁血红蛋白也越多。1946年11月25日，阿克塞尔罗德服下50毫克苯胺，然后查血中的高铁血红蛋白。1.5小时内，血中的高铁血红蛋白从几乎为零上升到8%。他回忆说："我脸都青了"，而且头晕沉沉的。他说由于反应很大,"我劝同事们不要尝试服食苯胺"。

证据已经很多,足以证明布罗迪原来的推测:乙酰苯胺的毒性副作用是苯胺造成的。但其止痛效果也是苯胺造成的吗?那倒不一定。药物经过代谢后经常一部分变成一种化合物,一部分变成另一种化合物。

确实,当时主要怀疑是p-氨基酚(而不是苯胺)这种代谢物造成了乙酰苯胺的止痛效果和它的毒性效果。另一种可能的代谢物是乙酰氨基苯酚。两者都是乙酰苯胺的不同的官能团变种。一旦掌握检测它们的办法,即可通过查血、查尿找到其存在的证据。

事实上没有找到p-氨基酚,但确实在血中查到了乙酰氨基苯酚,其浓度的升降与乙酰苯胺浓度的升降一致。24小时之后,尿中也查到它了,它已与其他某些化合物"结合"。这是在药理学上起作用的代谢物吗?似乎是的。它被人直接口服时,其止痛效力与乙酰苯胺一样。但它并没有显示出毒性副作用。

他们两人在联合论文的倒数第二页上,写明了乙酰苯胺的代谢机制:它的一个极小但很重要的部分丢失了乙酰基,因此变成了苯胺。这就是该药产生毒性副作用的原因。它的绝大部分走了一条完全不同的代谢之路:乙酰苯胺中位于苯环对位末端的乙酰基的某个氢原子得到1个氧原子(即羟化),使乙酰苯胺变成了乙酰氨基苯酚。正是这种新的化合物,而不是乙酰苯胺或苯胺,产生了止痛效果。

他们两人意识到这一科学发现的影响,在联合论文中写道:乙酰氨基苯酚"这种新化合物,并没有导致高铁血红蛋白的产生……因此,作为止痛药,它可能有超过乙酰苯胺的明显好处,而且它完全可作为一个出发点,引导人们以后合成更有效的药剂"。

乙酰氨基苯酚亦称对乙酰氨基酚,是今天广泛应用的一种止痛药,即布罗迪和阿克塞尔罗德发现的今天广泛使用的泰诺(Tylenol)。

这就是开始。现在阿克塞尔罗德是**真正**研究科学了,不再搞具体的检测了。这是科研——探索未知世界,作出科学发现。搞科研,直觉很重要,没有书可以查答案,因为你就在写书,你就在寻找答案。你长久地在未知世界的迷雾中摸索,凭感觉寻找正确出路。所以你必须不怕模糊不清和捉摸不定的情况——阿克塞尔罗德就是如此。他说:"我搞科研如鱼得水。我喜欢,也善于搞这个工作。"

他和布罗迪一块合作了多年。布罗迪是饱经风霜的科学家,后被称为"药物代谢之父",而阿克塞尔罗德是他身边的技师。在以后几年,他俩研究了其他许多药的代谢命运:止痛药类的非那西丁、安替比林、氨基比林;抗凝血类的双香豆素;咖啡因类的茶碱、地苯那明及美沙酮。

阿克塞尔罗德在回忆他早期的论文时最充满感情。他会告诉你:"人们现仍在引用这些论文,它们是经典的。"甚至在今天,他仍把这些论文存放在他那陈旧的政府配发的灰色书桌内。而且,当他急切地找论文给你看时,你会感到他主要不是想吹嘘其科学成就,而是想带着渴望和骄傲,回忆早期那不可思议的岁月。那时他刚开始搞科研,与他的良师益友布罗迪一起工作。阿克塞尔罗德谈到他们早期的发现时说:"我没有他成功不了,他也是一样。"

他从见到布罗迪的那一刻起,就知道自己不会回去干老本行了,他再也没有回去。从名义上讲,他受雇于工业卫生实验室,但实际上他在戈尔德沃特医院工作,归布罗迪领导。雪莉还记得阿克塞尔罗德首次来医院的情景:"他一下就来了,他不是来自军队(疟疾项目中有许多人来自军队),病房的事也不参与。我们不知道他是**谁**,没人告诉我们。这个新来的家伙穿着实验工作服,手中拿着试管,走路飞快。我记得他摇着试管,看会出现什么颜色。"那大概与苯胺的论文有关,因为涉及一种染料的组成。

阿克塞尔罗德干得很适应，大家很喜欢他。他为人谦和，轻声细语，用一个很合适的词形容他就是"可亲"。他在实验室显得能力很强。他刚当父亲，小孩子闹得他睡不好觉，有时来上班时显得很疲劳。即使这样，同事们很快就公认他为——用医院技师贝蒂·伯杰的话说——"超级技师，有问题总是找他。我们常说：'看阿克塞尔罗德怎么说。'"

尤金·伯杰记得如何感受阿克塞尔罗德在日常业务中隐藏的洞察力。他笑着说："我写东西总是很准确、很小心，左思右想，写得很明白给他看。他粗粗一看就**知道**了事情的全貌。"

很显然，阿克塞尔罗德是有天赋的，尽管回想起来每一个获诺贝尔奖的人都罩有一圈光环，而且布罗迪也承认这一点。显而易见，他俩之间有一种纽带关系正在发展。"很明显，布罗迪挑选了他。"贝蒂·伯杰说。布罗迪介绍阿克塞尔罗德给其周围的人，带他去会见制药公司的高级职员。"布罗迪显然在帮阿克塞尔罗德发展，阿克塞尔罗德也高兴这样。"

对布罗迪而言，几十年前的合作经历也很难以忘怀。"前三四年情况好极了，"他说，"当然头一年，阿克塞尔罗德还有点不得要领，但几个月后我已看出他搞科研很合适。"

在导师的鼓励下，阿克塞尔罗德信心大增，如鱼得水。他说："那时真是令人激动，我永远也忘不掉那一阶段。"他心情很好，热情奔放，总是迫不及待地投入工作。

他、夫人及新生的男孩住在布鲁克林区卡顿街的一座公寓，周围是一排排朴素的房子，离前景公园不远。他每天早上7时30分离家，步行去地铁站，乘GG线去上班。车上总是很挤，他就站着看《纽约时报》，报纸叠成四折，这是纽约地铁乘客典型的做法。列车在第四大道站之后会在阳光下走一小段，因此列车出站后，他可以抬头观赏远处的曼哈顿风光。

过了许多站后,他会在皇后广场站,即59街大桥旁边下车,然后乘电车到韦尔费尔岛站,坐电梯下去,走到戈尔德沃特医院开始一天的工作。

他上班后有时修改文章,有时检测病人体内的药物浓度。在他的笔记本上他会用钢笔记下:

7/19/46

病人:里祖托(Rizzutto)(男)

剂量:7月18日11时服乙酰苯胺1.0克

血:服药1、2、3、6、11小时后各抽血一次

采尿:7月18—19日,从11时至8时,共采尿1300毫升

然后,他会拿出尺子和铅笔,打好格子,以备记录数据。

他一切事情都自己去干。他订购化学品,制备试剂,对已达标的方法进行精细微调,重做早期的实验,画图表。更重要的是他一直在**思考**。例如他在做以上记录时——大约是1946年的夏末——心中在想着苯基羟胺(phenylhydroxylamine)(在本子上常只写个缩写"ph a")。他和布罗迪认为,是这种苯胺的代谢导致了高铁血红蛋白血症的产生:

思路:

1. 苯胺对狗白细胞的影响

   苯基羟胺对狗的影响

2. 测定服下苯胺后的ph OH水平

3. 用醋酐对苯胺进行处理

   1毫升醋酐+5毫升溶剂

   酸化并加入亚硝酸,使其变成苯胺

   并继续……也许这可以办到……

4. 试加抗坏血酸

5. 尝试在服下ph a及乙酰苯胺后培养血样

他有时几天都见不着布罗迪。他回忆最初那一阶段时说："我那时只是一个普通工作人员。"当时布罗迪的班子已在发展，人数约为6个，他只是其中之一。当他拿到最后数据后，会去跟布罗迪说："这个看来有希望，我继续做下一步，怎么样？"

布罗迪很少说："行，干吧。"更可能的情况是，如果数据令人满意，即明确支持了他们的思路，布罗迪会很受鼓舞，两人会很快开始讨论这个问题，它的各种可能性及其更广泛的影响。

阿克塞尔罗德回忆说，布罗迪"能真正地鼓励人。他让每一个实验都显得惊天动地"。他总是会在实验的细节中寻找要害处，找出结果背后的意义，规划出下一步的实验。他会抓住一个思路的片段、一个小数据，并发现其中更重大的意义。阿克塞尔罗德说："和他谈话会让你觉得自己的思路很伟大，自己正在搞伟大的科学。"

和布罗迪合作，你总是能跨越已知世界的局限，充分发挥自己，勇往直前，大胆地进入下一步实验。当然这样冲杀可能会碰到更多失败，但可以一扫其他研究者常常甘于的冗长乏味、因循守旧。布罗迪从来都乐于尝试新的东西，从不找理由退缩。他的名言是："噢，让我们大胆地试一下。"

让我们大胆地试一下。这句话表达的科学风格有一种魔力，一种人可以犯错误的惊人自由。阿克塞尔罗德不是唯一被这种魔力俘虏的人。科斯塔是后来在心脏研究所才认识布罗迪的，他说："每个[和布罗迪共事的]人都被他改变了，不论他们是否承认，他们全被改变了。"

伯恩斯也是布罗迪的一个学生。他说："倒不是说布罗迪的学生都是他的克隆。但确实有一种基因的传承。"被传承的"基因"是什么呢？

"就是真正热爱科学,让科学变得令人激动。布罗迪常说'当还有许多有意思的问题等待研究时,为什么要为没有意思的问题浪费时间呢?'"

布罗迪有个特点,总能从孤立的结果中发现更大的概念框架,他总是在寻求有广泛影响、贯穿一切、基本的东西。他不喜欢细节,也不喜欢光靠统计数字来揭示在其他方面尚不明确的结果中隐含的模式奥义。他认为,如果一个模式如此难以发现,那也许它**根本就**不存在。他认为最好是发现问题的原始核心,并一直研究到底。

布罗迪的这一风格,还体现在他恶名远扬的彻夜谈话上——科斯塔形容这种对话几乎是一种艺术。布罗迪通过它来表示自己的独创性——他在对话中提出思路,然后将其分成一系列小的逻辑步骤,每个步骤都可用实验去检测。韦塞尔说,这种苏格拉底式的问答法使一些人很恼火。因为布罗迪在听到显而易见的解释时从不罢手,总是要求得到进一步深入的解释。

韦塞尔个人收集了不少名贵的哈德逊河流派的油画,他把布罗迪的风格比作特纳(Joseph Turner)的油画。他的智慧可使某种现象似乎平淡的表面,显现出新的层次。任何事情除了表面都有内在的东西。用韦塞尔的话说,布罗迪认为"实在是倔强的,不会轻易暴露其秘密"。

布罗迪对生物学很有**辨别力**,知道它如何发生作用,知道什么重要,什么不重要。科学对他来说,不是一本落满灰尘没有打开的书,不是一个小小的充满事实和理论的紧密机体。相反,科学是一个因为充满可能性而令人愉快的东西。他的心在寻求万千现象之间的可能联系。他永远像一个学生,睁大眼睛,充满惊讶,永远提出问题。韦塞尔说:"他自然而然地提出问题,就像莫扎特(Mozart)写出旋律或毕加索(Picasso)画出线条。"

布罗迪早期的论文就体现了自己的风格。例如,他与乌登弗兰德在第二次世界大战期间发明的那些方法,其涉及面很窄,仅限于某一类生物碱,本可在无人欢呼的情况下单独发表。但是,他把它们汇集在一起,加上序言,解释其重要性,并记述了广泛的应用策略。他在文中仅附带地、用括号说明他的检测方法是在"搞抗疟药筛选计划"时发明的。其论文标题并没有提到与疟疾计划有关的东西,如全奎宁、阿的平、SN7618等。布罗迪挑了一个使其科研范围显得更广大的标题:"对生物物质中碱性有机化合物的估测"。

这篇论文是布罗迪的代表作——超脱凡俗的细节,升入高尚、理性、崇高的王国。对他来说,没有简单、易得的研究成果。一切事物都蕴藏着更广泛的衍生结果。因此,不管你如何陷入冗长乏味的实验,只要是与布罗迪共事,你就感到你是在热忱祈祷,与神对话。你要是不被吸引并全身心投入,那你必定是特别笨和没有想象力。阿克塞尔罗德既不特别笨,也不缺乏想象力,对他来说,与布罗迪共事是一种令人兴奋的经历。

布罗迪愿意考虑任何假设,只要你能验证它。他对科学的态度,从其他方面来说是包罗万象的,但都缜密地基于利用实验室的吸量管、分液漏斗、离心机、色度计所得到的实验数据。肖尔说:"如果你对他说,血液通过静脉离开心脏,通过动脉返回心脏"——这与公认的事实相反——"他会说,要用实验来证明。"布罗迪曾在一次记者访问他时说,他从华莱士那里学到"要去实验室研究,而不要去图书馆看别人僵硬的概念"。

有一个年轻的同事沃格尔(Wolfgang Vogel)曾找到布罗迪,对他讲了一个漂亮的理论。布罗迪听完后建议用一个简单的实验来验证一下,沃格尔认为无此必要,但还是做了实验。当实验数据出来后,他的理论破灭了。

试一下:去实验室先做一个简单的、"快而脏的"实验,它可能马上就会证明某个思路是否值得搞下去。若证明可搞,就仔细搞下去,安排好一切适当的对照物。布罗迪不喜欢像其他科学家那样,作长期的计划和冗长的准备,一次只迈出谨慎的一小步。乌登弗兰德记得听他说过,先干最重要的事,"如果一个难题是个长达5年的大项目,那就不要沾它。"

当然,愿意随时进入实验室,就意味着重要的是首先要有需检验的思路。而布罗迪对各类思路的接受似乎是绝对的,他认为世上没有荒谬的思路,他对每一思路都要反复推敲,直到发现其闪光之处。他不能容忍消极地对待任何思路,不能容忍有同事太快认定某一思路不合逻辑。他总是要求**试一下**。

高德特(Leo Gaudette)在布罗迪的实验室干了很久,他记得布罗迪有一次责备他不适当地批评一位同事的工作。布罗迪认为,人们总可以从科学文献上看到一些段落,"证明"某些思路是行不通的。但他不想听这类议论。他总喜欢说,科学文献的大部分内容都是曲解的,或完全错误的。那么为什么还要注意它呢?为什么还要迷信那些常常不准确的公认"事实",从而过早阻断求知的可能性呢?

事实上与其他一些科学家相比,布罗迪不那么相信科学文献。他认为,知识太多只会抑制新思路。因此,他总是尽力从心中抹去对某一主题的知识,假装自己是一无所知。常常他**确实**一无所知。韦塞尔说:"他有时提出一些明显(无知)的问题,让人们大为震惊。"据说有一次,他手下的人在肝的微粒体(microsomes)中发现一种重要的酶,但布罗迪却总是称微粒体为mitrosomes,结果,在实验室一时传为笑谈。

但布罗迪认为,不必先成为某一方面的专家然后才开始研究。相反,正如乌登弗兰德所说:"布罗迪总是进入一个新领域,并取得该领域的专家15年也取得不了的进展。"布罗迪不喜欢翻阅科技杂志,他喜欢了解同事们脑中的知识。奥尔洛夫记得"布罗迪会走过来对你说:'告诉我你对X和Y了解多少。'他有时对此主题早已知之甚多,但他会显出很不懂的样子"。确实,他可以显得一无所知,像个孩子一样问一些简单的,甚至天真的问题,让人失去戒心。但正如一个仰慕他的人指出的那样,"他最后问的问题是你10年前就该问的问题。"

温加登(James Wyngaarden)后来加入了布罗迪的集体。他说布罗迪的脑子"像一个猎熊的夹子。你告诉他的东西他全记得。他常领外国客人来实验室,在每人身边看看,问我们在做什么,问得很细,搞得我们很紧张"。

有一次布罗迪与他谈起温加登在另一个实验室做的研究,是与甲状腺有关的。布罗迪对甲状腺一无所知。谈话开始时,他问的是最基础的问题。不知不觉就谈深了,越谈越复杂,谈话结束时,他提的问题已很敏锐,很吊人胃口。温加登说:"我很吃惊,因为15分钟之前他还一无所知。"

奥尔洛夫耸了一下肩膀说,总之布罗迪的做法对他自己很适用。"有好多年,他触摸过的东西(在科研上)都成了金子。"他只有有机化学的专业知识,对生物学几乎一无所知,但最后在药物代谢机制、生理学、神经化学,甚至遗传学及进化方面均作出了重要贡献。

伯恩斯说:"布罗迪是个奇人,很有性格,极有天资。"他们两人在1950年首次见面时,布罗迪活泼的心态给他留下很深的印象。"他说的一切都令人激动。"这一特点最终改变了与其接触的所有人:布罗迪**令人激动**。他的思路令人激动,他表达思路的方式也令人激动,他触摸的一切似乎都充满生气。

阿克塞尔罗德说:"我比任何人都要感谢他,他使我走上了科研之路。"

但阿克塞尔罗德与布罗迪的关系也仅发展到这一步,与布罗迪共事亦有较黯淡的一面。布罗迪无限地接受新思路,但按哪个思路进行研究，得由他决定。你不能像在较松散的实验室中那样，走到一旁，跟着自己的判断走。布罗迪聪明，能鼓舞人，但他也很独裁。一个同事记得他安排工作时说："你去找这个，你就会发现这个。"布罗迪的实验室并不总是令人快乐的地方，总是有人在发牢骚，至于其影响，员工们以后才会感到。在早期的心脏研究所干过的韦斯巴赫回忆说："布罗迪为大家挑选研究课题。'实验就是这么做的，'他会说，'你干这个，你干那个。'"

尤金·伯杰说，在戈尔德沃特医院，"布罗迪为阿克塞尔罗德定了一些要他照办的职责。""他都接受了，他都照办了。"阿克塞尔罗德尽管感谢布罗迪为他开辟了新的前景，但渐渐希望有机会自己去探索这些前景。对布罗迪来说，他仍是一个超级技师。在他的科学研究领域，从业者起码要有博士学位，因而他的硕士学位没什么意义。他仍是在为布罗迪打工。

不管他们合作如何密切，他们的关系仍然一个是实验室领导，一个是技师，如此而已。布罗迪极其善待他人，甚至很可爱。他极善讲故事，很会讲笑话，也会给手下讲他在牌桌上的战绩。

但是也仅仅到此为止。布罗迪吃饭是在楼上的医生餐厅，而阿克塞尔罗德只是个技师，不能去那个餐厅。布罗迪要求别人尊重他，他不想跟别人搞得太熟。尤金·伯杰说："即使是阿克塞尔罗德，也总叫他**布罗迪博士**，从不叫他史蒂夫。"布罗迪显得很自信，几乎有点傲慢。阿克塞尔罗德说："他很聪明，比所有人都聪明，而且他也流露出他的这种感觉。"布罗迪甚至对戈尔德沃特医院的医学博士们发号施令，而那些医学博士并不习惯听从理学博士们或任何其他人的号令。这个实验室是布罗迪的表演场，但阿克塞尔罗德希望有自己的表演场。

后来有一天——1949年4月7日——阿克塞尔罗德打开《纽约时报》，看到一个大标题："任命心脏研究所科研领导人"。下面写着："公共卫生署今天宣布,新泽西州新不伦瑞克市斯奎布医学研究所所长詹姆斯·A. 香农博士已被任命为国家心脏研究所负责科研的副所长。"

阿克塞尔罗德认为自己的机会来了。

第五章

3号楼:"他做的唯一的事就是召唤"

1949年的时候,在NIH没有什么值得看的景观。如今在华盛顿特区地铁线上,专设有NIH站。全世界最大的医学图书馆设在这里。从NIH旁边的罗克维尔山放眼望去,可以看见308英亩(约125万平方米)的场区内散布着实验室大楼、低矮的动物饲养棚、面积达130万平方英尺(约12万平方米)的临床中心(其中有无数的实验室及病房)、办公楼、电站及停车楼等。

而回到1949年,当阿克塞尔罗德从《纽约时报》阅知,香农已被任命为心脏研究所(NIH的一部分)负责科研的所长时,当时的NIH基本上还是农村——这里位于华盛顿市区西北12英里(约19千米),属马里兰州蒙哥马利县,是一片青翠平坦的田野,它紧靠着一个按1940年的统计人口还不到200人的小村。在纽约这个热闹的城市生活多年后,阿克塞尔罗德来到NIH,他把自己的希望和前途都钉在这里。

他过去仅见过香农一次,而且时间也非常短。对他来说,香农堪称一个传奇:他是戈尔德沃特医院抗疟药项目的领导人,是他推动该项目取得创造性的杰出成绩,并且是他发现了布罗迪。阿克塞尔罗德想到在摆脱布罗迪的情况下搞科研的前景,因此写信给香农,约定面试的时间。他去斯奎布公司见了香农,后者答应给他安排一份工作。他已准备好去贝塞斯达。

他并不知道香农将把戈尔德沃特医院自己老班子的一半人马,包括布罗迪,都带到贝塞斯达去了。

NIH刚开创时是在1887年,当时是仅有一间屋子的细菌学实验室,设在斯塔藤岛上,这个岛是纽约市最没有都市风格的一个区。该实验室的第一批重大科研项目之一是,调查当时以创纪录数字涌入美国的东欧、南欧移民中间的霍乱及传染病情况。

1891年,已命名为卫生学实验室的这个研究机构(NIH前身)迁入华盛顿特区。到1930年,胡佛(Herbert Hoover)总统签署了一项立法,将该实验室改造为国立卫生研究院,即NIH。当时这所实验室位于华盛顿市西北部25街与E街交叉处,占地5英亩(约2万平方米),离一个啤酒厂不远,只有两栋朴素的2层楼房。

1935年,蒙哥马利县占地92英亩(约37万平方米)的"树顶"庄园部分被赠给NIH。当地民间团体一时非常惊恐,以为会发生微生物四处传播、实验室动物到处乱跑的情景。但《国家地理》杂志编辑格罗夫纳(Gilbert Grosvenor,他的房子就在NIH将来地址的北面)帮助平息了这场骚动。NIH行政楼即1号楼的建设于1938年1月开始,另外两栋朴实的实验楼也开工建设:2号楼用于工业卫生的研究,3号楼命名为"公共卫生方法及动物单元楼"。

但3号楼将发生重大事件。在香农被任命的几年之内,这里已成为世界上最丰产的科研单位之一。韦斯巴赫现在已是新泽西州纳特利市罗氏分子生物学研究所所长。他说:"3号楼是我一生所见人才最集中的地方。那真是令人难以置信的经历……3号楼的情景在我一生中从未再发生。"

当时在3号楼(面积相当于一个大型小学)工作的人中,有3位以后当了NIH的所长,有2位以后获得诺贝尔奖,有9位日后成为美国科学院院士(这几乎是目前院士总数的1%)。是什么造成了3号楼现象?几年后当阿克塞尔罗德在NIH咖啡厅吃午餐时,人们曾这样问他。他叫了起来,"**香农**!"柔和的*sh*音节如苏格兰土音在他喉中滚动,"是他造成了3号楼现象。"

香农于1946年离开戈尔德沃特医院,做了斯奎布医学研究所所长。在那里,他帮助确认了一种新抗生素,即链霉素(streptomycin)的潜力,并亲自安排这种药的扩大生产。斯特滕(Dewitt Stetten)在20世纪30年代在贝尔维尤医院第一次见到香农,而且又在NIH在他手下干了8年。他说,香农很快对制药工业丧失信心。他形容香农是个有着老式道德感的严肃的人,忠实于家庭,从没听见过他为下流笑话而发笑,他亦严守罗马天主教的信条。他说,香农在斯奎布研究所工作时,感到被"过多的上流社会生活及过多的金钱"玷污了。这一点,加上他看到自由科研被商业因素不适当地扭曲,最后迫使他离开了。

到1949年,香农是国家心脏研究所负责科研的所长,他开始了一项伟大的使命:他居然要在联邦**官僚**机构的中心地带建一所一流的研究中心。这将是再搞一次戈尔德沃特医院那样的科研项目,只不过规模更大。他开始认真而系统地构建他的科研班子。香农的老朋友托马斯·肯尼迪说:"香农在科学界认识人很多。他去找他尊重的人士,拿到最佳人才的名单。当同一人才的名字被2次或3次提及时,他就会去寻找这个人……他做的唯一的事就是召唤,他想要的人才就会向他奔去。"

当然,不全是这样。在今天,由于20世纪50年代初NIH的情况早已模糊成单一的"初期",看起来也可能会是那样,但却没有那么容易。确实,年轻科学家当时难以找到好工作,这对香农招人有帮助。另一个因素是朝鲜战争,如果一名年轻的医生在公共卫生署工作(职责分为病房及实验室），他就不必参军。美国法律规定，如果公民加入"配发制服的政府机构"——公共卫生署就是这类机构之一——亦等于执行了参军义务，而不必加入武装部队。

NIH目前的所长温加登回忆说，尽管他入伍参加过第二次世界大战，但仍有义务参加朝鲜战争征兵，因此，有人曾"邀请"他加入陆军当军医官，或以其他方式入伍。他当时必须在24小时内作出决定。香农在去哈佛大学招人时见过温加登，并想招他入心脏研究所。温加登记得香农对他说："坐稳，别在任何文件上签字。"当晚11点，温加登收到电报，说他已被委任到公共卫生署工作。

但香农面对的不利情况是，当时人们广泛认为政府主导的科研出不了非凡的成果，弗雷德里克森（Donald S. Frederickson，后任NIH的院长）1952年动身去贝塞斯达时，哈佛大学的一位名教授提醒他说："那个单位最死气沉沉了。"当时，这种情绪很流行。

当乌登弗兰德1950年收到香农的一封信时，他正在圣路易斯华盛顿大学的卡尔·科里教授（Carl Cori，他在那之前几年刚获得诺贝尔奖）实验室做博士后研究。一位后来获得诺贝尔奖的科学家萨瑟兰（Earl Sutherland）当时亦在同楼层工作。香农在信中说他要建立一个心脏研究所，希望当时32岁的乌登弗兰德去帮助他。乌登弗兰德征询了自己实验室主任科里的意见。

乌登弗兰德记得科里说："谁还愿意为政府工作？"他回忆说："科里认为我若去NIH工作，我的科研事业就算完了。"乌登弗兰德后来是罗氏分子生物学研究所首任所长，他说："对科里来说，政府主导的科研类似于国家标准局，或是农业部。"他当时已向哥伦比亚大学申请助教职位，但尚未得到回音。香农要他快作决定，最后他决定去贝赛斯达投奔香农。"去香农那儿干是最佳方案，"他说，"我没与他面谈就接受了这份工作。"

当伯利纳接到香农的电话时,他一开始也谢绝这位老领导的邀请。他在哥伦比亚大学的导师原则上对政府参与科研感到怀疑。香农仍不罢休,说:"你为什么不过来谈谈?"伯利纳记得那天他顶着仲夏的骄阳去面谈,最后他仍对香农说不来了。但事情**并没有**结束,香农坚持要他来,伯利纳说不来。香农仍坚持说来吧,伯利纳终于同意了。

过了一段时间,另一名在戈尔德沃特医院工作过的人朱布罗德(Gordon Zubrod)从圣路易大学赶来了。托马斯·肯尼迪离开戈尔德沃特医院后完成了医学进修,返回戈尔德沃特医院,再往后也来投奔香农,在心脏研究所肾与电解质代谢实验室工作,归伯利纳领导。鲍曼(Robert Bowman)是医学博士,曾在戈尔德沃特医院很出名,因为他能自己制造实验室仪器设备,他也从纽约赶来投奔香农。最后布罗迪也来了。

阿克塞尔罗德记得,香农曾来到戈尔德沃特医院,与布罗迪关门密谈两天,大概是要说服他调动。布罗迪的朋友波斯特记得他们曾就此事长谈了一下午。波斯特说:"这是件不确定的事。这是个政府办的研究所,没人知道心脏研究所的实验会搞多久,没人知道香农能否成功。"

当然,最后布罗迪判断香农会成功,因此他也去了贝塞斯达。肯尼迪解释说:"在戈尔德沃特,布罗迪统管的实验室只有300平方英尺(约28平方米)。而香农可以让他管比那大15倍的实验室,手下还可以设3—4个科长。"他怎能不接受这份工作呢?

那么,阿克塞尔罗德怎样呢?他想从香农手中得到一份工作的目的是避开布罗迪的领导,自己开拓科研新路。他得到了工作,但却是当布罗迪手下的技师!他到了一个新的城镇,有了一个新的职位,在一个令人激动的新科研单位的大楼底层工作。但他仍处于布罗迪的阴影之下。

香农招来的人中还有安芬森,他在哈佛大学也参与过战时抗疟药研究项目的后期工作。当时他的助教工资已涨了一倍,折合如今的约4万美元年薪。他说,香农是个"真正精力十足的家伙",他招人不仅看正规学历,而且看他能否激发同事的潜能,从而促进整体科研环境。

3号楼的科研环境就是如此。香农为心脏研究所招来的新科研人员都集中在该楼。就安芬森的口味来看,哈佛大学里"西服、正装太多,太正规了",而3号楼是一个3层砖楼,木瓦铺顶、屋顶窗、拱形门廊、精巧的乔治王朝风格的细部装饰,这一切使它酷似大学宿舍。但它是一个真正的工作场所。"我们在那儿很拥挤,一个实验室里挤着10个人。但我们均专注于工作,完全不感到有这么拥挤……当时有一种大家庭的感觉。"他们年轻,充满活力,思维敏捷。

有时,当天色晴好时,有一些人会在3号楼前的草地上席地而坐,讨论科研问题达几小时之久。当时每周都有一个午餐讨论会,由一个人宣读一篇最近的论文。事先会贴出名单,可以查出何时轮到自己上台。另外还有较大规模的双周或每月科研讲座,每次有40—50人参加,会议选在附近的一栋临时性建筑内。

弗雷德里克森后来回忆起,他在哈佛大学时曾遇到过许多顶尖科研人才,其中有些人是真正的巨人。"但是我们在贝塞斯达碰到巨人的数量更多,也更容易。"走进3号楼1层的冷藏室(这里存放化学和生物材料),就会碰上一大串青年才俊。他们大多注定一生辉煌,同时也乐于批评,一心助人。他说:"那儿的人很苛求。据说一个医学博士早上巡视时发现一种怪病,中午之前他就应想到涉及哪一种酶,下午3点之前去专家的实验室做实验,第二天早上巡视时就应拿出自己的应对方案。"

弗雷德里克森、安芬森及其他来自哈佛大学的科研人员,集中在3号楼1层及地下室工作。弗雷德里克森回忆说:"在那一帮来自戈尔德沃特纪念医院的人中,我们刚开始时像陌生人一样不自在。"戈尔德沃特医院那班人在2层及3层工作。伯利纳回忆那是一个能激励人的集体。"我们工作很愉快。"

托马斯·肯尼迪和阿克塞尔罗德1949年12月到NIH报到。两人在戈尔德沃特医院见过面并商定一起开车去NIH。托马斯·肯尼迪开车,但他这个纽约人去NIH的第一天,就在马里兰州的丛林中迷路了。

他们两人找的公寓都在银泉大楼。随后乌登弗兰德及夫人也住到这里。乌登弗兰德回忆起阿克塞尔罗德的地下室刚漏过一次水,但仍热心地帮他们一家安顿下来。"有一年两年的样子,我们关系特别好,像一家人似的。"但以后随着戈尔德沃特医院过来的那班人一个个迁入又都买了房子,他们分开了,尽管每天在实验室仍能见面。

当时在3号楼工作的人中,有一个定期的扑克牌局,主要人员是安芬森、乌登弗兰德、伯利纳和布罗迪等,地点每周都变。实验室内可能出现一个通知:"应用统计学协会周五晚上将在乌登弗兰德家开会"。大家都知道那是什么意思。乌登弗兰德说,周五晚上的牌局从1952年到1956年一直很稳定,以至于他夫人买了一个可放饮料杯的打牌桌子,供他们专用。他记得伯利纳是牌友中的统计学家,最会算计,而"布罗迪则靠直觉和勇气打牌"。许多时候总是布罗迪获胜。

当时,布罗迪刚结婚不久,对他来说离开纽约市到NIH工作并不如别人那样容易。他首次租的房子在普克山,离华盛顿市区比NIH还远。结果他并不喜欢那处房子。人们曾听到布罗迪咕哝说:"如果我不得不让小鸟再在早上吵醒我,我就开枪打死自己。"不久他就和新婚妻子搬到杜邦环道附近的州府公寓,那是一栋9层的砖砌大厦,隔着马萨诸塞大道与一家高级私人俱乐部相望。

布罗迪的简历说他1950年就断了与戈尔德沃特医院的关系,转到国家心脏研究所当化学药理学实验室主任。但事实上,他有好几年继续管理戈尔德沃特医院那边的业务,把它作为一项副业,因此,他定期来往于贝塞斯达与纽约之间。他在戈尔德沃特医院的左右手是伯恩斯,在他不在时替他处理有关业务,他们两人是1950年在大西洋城一次科学会议上相识的。

伯恩斯在战争期间首次听说布罗迪的事迹,那时他被派到亚特兰大监狱参加抗疟药研制计划。在纽约,布罗迪将这位29岁的哥伦比亚大学博士生收留下来。伯恩斯记得,他们见面不久后,布罗迪就带他去波士顿参加一个药理学会议。在去那儿的纽黑文线火车上,布罗迪拿出古德曼(Goodman)和吉尔曼(Gilman)合写的标准课本,开始教他药理学。火车抵达波士顿时,伯恩斯已学到不少东西,结果对摘要介绍会(会上简要介绍会议论文的摘要)上介绍的东西都能听懂。他如今笑着说:"那是我第一次接触药理学。"

伯恩斯原计划在哥伦比亚大学做生物化学博士后研究,但与布罗迪谈话后,他改变了主意,而且很快就到布罗迪的实验室搞药物研究了。他在纽约及贝塞斯达之间来回跑,长达10年之久。而布罗迪也常去纽约与伯恩斯会晤、审查研究进展并全面视察他的王国,一直到大约1954年才停止。

阿罗诺记得他第一次见布罗迪时,穿过七弯八拐的众多走廊,下了地下室,才找到布罗迪又小又挤、放满设备的办公室。

当时是1950年春天,阿罗诺刚从纽约城市学院(CCNY)毕业,拿到了化学学士学位。他说,他当时并不太懂医学研究,但**知道**自己不想上医学院,他在病人旁边就感到不舒服。所以,当一个朋友告诉他布罗迪在找实验室技师时,他就参加了面试。

布罗迪给他的印象是:迷人、知识广博、热情。布罗迪告诉他说,对药理学的实验室研究,取决于对人及动物血液成分的了解,所有科研均源于此。而阿罗诺对药理学这个词的字母都不会**拼**，更不用说知道为什么血液成分这么重要。但他在城市学院成绩不错，学校的推荐信写得挺好，因此他得到了这份工作。

布罗迪面试他是在戈尔德沃特医院，而给他的工作却不在这所医院。他被定为联邦文官GS_5级官员，去马里兰州贝塞斯达国家心脏研究所的3号楼报到。他去了。"我走进实验室，里头有个人正在打开一箱吸量管，并将其装入抽屉。他是阿克塞尔罗德。"

实验室刚开张，一切设备都是新的。阿克塞尔罗德也刚报到不久。至于布罗迪，他主要待在戈尔德沃特医院，大约1周来贝塞斯达一次，所以是阿克塞尔罗德指导阿罗诺开始搞具体工作。阿罗诺发现阿克塞尔罗德并不傲慢——"大约是我认识的最不吓人的人"，同他共事很愉快。"他从不要你做分外的事，但你感觉你应该听他的。"

在实验室工作台前，阿克塞尔罗德如旋风一样高效。韦斯巴赫加入实验室略晚一些。他说："数据从阿克塞尔罗德手下**源源而出**，困难挡不住他。若实验做不通，他出个主意就会做通。"韦斯巴赫对他最生动的描写是什么？一只眼睛上方有块斑，嘴里老叼着烟，四处跑动，忙着混合液体、称重、洗涤、设定设备。人们都不愿打扰他，他似乎被身体中某种不懈的陀螺仪所驱动。

有一次，阿克塞尔罗德为做实验，要跑着穿过一个狭小的实验室，他全然不注意周围的环境。他穿过的走廊上有一台离心泵，有人和他闹着玩，把泵朝走道推前了1—2英寸（2.5—5厘米）。阿克塞尔罗德又走过去了，却没有注意这一变化。当天泵被推前了好多次，渐渐接近了对面的工作台，走道变得很狭窄，但阿克塞尔罗德却从没注意，尽管在下午他已无法飞奔而过，只能左拐右拐地穿过去。

阿克塞尔罗德生活很有规律，但他在实验室中却永不停歇。温加登在20世纪50年代初与他共用一辆汽车达2年之久，"我还没有见过比阿克塞尔罗德更少浪费时间的人",他说。他回忆起当时合坐车就"如同参加由阿克塞尔罗德和戈登·汤姆金斯(Gordon Tomkins)主导的流动讨论会"。他说,现已去世的戈登当时是个天才的年轻化学家,有永不满足的求知欲,很生僻的生物化学细节都记得。阿克塞尔罗德永远都在向他提问题。"某某刊物上的那篇论文你看了吗?"戈登总是看过了。"可是那篇论文不是与X不一致吗?"戈登会回答说:"是不一致。但我认为A是这样做的,而B则用了一种不同的缓冲剂。"

温加登说:"我们大多数人对细节都不太注意,但他们俩对每一细微差别都在意。"他们会谈及任何议题,从某个实验室的极小细节,到鲍林(Linus Pauling)的DNA三螺旋模型,当时它尚未被沃森及克里克的双螺旋模型所取代。他们几乎从不议论别人或是名人。他们只谈科学,阿克塞尔罗德一进汽车就开始提问题。

肖尔是这一期间加入布罗迪的实验室的。肖尔从乔治·华盛顿大学拿到了化学学士学位后曾想终身从事辐射化学,但又认为它无前途。正在寻找之际,听说心脏研究所有一个新团体强调以化学方法对待药理学。他认为这很有意思,就联系与布罗迪见面。这次面试如他所说"完全改变了我的一生"。

和阿罗诺一样,肖尔报到后并没有和主要待在纽约的布罗迪共事,而是与阿克塞尔罗德共事。"他是布罗迪的副手,他的**二把手**(*el segundo*)。"阿克塞尔罗德领着他参观实验室,给他安排了第一个研究项目,为他提供咨询。肖尔发现对方很活跃,易于沟通,人非常好。

开始,阿克塞尔罗德似乎仅仅埋头工作。肖尔说,在他与布罗迪的关系上"人们很快就看出他感到有些一厢情愿"。"对于我和实验室的其他人来说,他能忍受这一点令人吃惊。"阿克塞尔罗德与实验室的其他人一样有才华,但在其他技师摆脱布罗迪成为独立科学家的同时,他似乎不为所动,仍旧只当"布罗迪的技师"。

按肖尔的形容，布罗迪把实验室的成员均看作某种仍在进修的博士后，去了就得听他这个主任吩咐，而不是各人专搞自己的科研项目。当乌登弗兰德拿到博士学位到心脏研究所重逢布罗迪时，他多了个心眼，特地与布罗迪达成一个共识。"我和他说明白了，"他说，"'你干你的，我干我的'。"为得到专业研究上的自由，他要有力、明确地说明自己的意愿。

阿罗诺与布罗迪共事两年后去哈佛读博士了，他说："我们许多人都对阿克塞尔罗德说，他留在实验室是发疯了。但阿克塞尔罗德很难下决心，他自信心十分不足。"倒不是他在科学上缺乏自信。一个戈尔德沃特医院的老同事回忆说，他在医院时对自己的能力很有自信，但现在，家庭及个人方面的责任捆住了他的手脚。此外，他知道，独立意味着他与布罗迪的最后分手。

阿克塞尔罗德不是感到难以与布罗迪分手的唯一的人。布罗迪在戈尔德沃特医院的技师尤金·伯杰说："我早先也有这个问题，就像子女离开父母一样。"当布罗迪去NIH工作时，尤金·伯杰因没让他也去感到有些宽慰。"我想独立。"但如果布罗迪让他同去怎么办？他回答说："这是个难以回答的问题，我甚至今天也无法回答。"

当一个受信赖的臣民离开布罗迪的王国时，他总把这视为对他个人的有意冒犯。科斯塔说，他60年代中期有一次晚上开车送布罗迪回家时，突然说在实验室干了6年了，下个月要去哥伦比亚大学工作。布罗迪感到受到了伤害。布罗迪说了句"你不该这么干"，就下了车。为什么科斯塔没有事先告诉他呢？他说："因为我知道我如果告诉他，他会说服我改变主意。"

阿克塞尔罗德知道，要离开布罗迪自己干，就应该去读博士学位。乌登弗兰德记得，他和阿克塞尔罗德1951年就谈过去研究生院上学的事。两家人有一两次聚会时，席中曾几次谈论过此事。但他说，阿克塞尔罗德列出许多实际原因,说明他为什么不能离开布罗迪。他工资很不错,他也爱这份工作。"他对整个体制不满意,但进了实验室总是很高兴。"他要养活夫人和两个孩子,哪有时间去读研究生呢?此外他1941年就离开学校参加了工作,他差不多都40岁了,还能回学校去重新经历考试及其他年轻人才干的事吗?

但如同韦斯巴赫所说,"阿克塞尔罗德终于感到他并不愿意一辈子当布罗迪的技师,直至自己退休或是死去。"当时已有某种方式可以使他重返学校:用乌登弗兰德的话说就是,布罗迪开设了一所"地下研究生学校",让手下的技师在保留NIH职位的同时,可去乔治·华盛顿大学或乔治城大学读博士。显然这不太合法,但布罗迪手下的人有不少在这么干。阿克塞尔罗德至少有一次或两次与布罗迪谈过这样上学的可能性。乌登弗兰德说:"他从没告诉我布罗迪怎么说的。反正我知道他没去上学。布罗迪不赞成他去上学。"

他不赞成我去读博士。至今,阿克塞尔罗德都将此作为他一直没读博士的主要原因。他承认,这不能怪布罗迪,他读博士的意愿不强。说实话,他对读博士的外语要求也相当怕。但30年之后,对于他认为的布罗迪没让他去上学,他心中仍有怨恨。他说:"如果他鼓励我去上学,我是会去的。他从没说过我适合上学,没说过我上学没问题。"

布罗迪否认曾阻止阿克塞尔罗德上学。即使在戈尔德沃特医院时,"与他共事一年后我就说过他能拿到博士学位。在NIH时,我的技师都去上学了,就他一人没去。我没阻止他去。"

但了解两人关系全局的人则认为,是布罗迪不想让阿克塞尔罗德离开。阿罗诺说:"布罗迪依赖阿克塞尔罗德。他真的认为这是理想的关系——自己出思路,阿克塞尔罗德则是出数据的最佳人选。"显然,阿克塞尔罗德是稀有而极有价值的资源。虽有一些人认为,是布罗迪使阿克塞尔罗德成了科学家,亦有一些人认为,如果没有阿克塞尔罗德,布罗迪的发现就不会那么多,其科学声望也不会那么高。

阿克塞尔罗德刚来NIH时就想脱离布罗迪,可是到了20世纪50年代中期却仍与他共事。其他人,如肖尔、阿罗诺及库珀(Jack Cooper)刚进实验室时只是学士,之后在布罗迪的鼓励下拿了博士学位,然后就离开,独立搞研究去了。但阿克塞尔罗德没有这么做。为什么布罗迪不鼓励**他**去拿博士学位呢?

阿克塞尔罗德的一个老同事说:"阿克塞尔罗德太聪明了,不会久居次要地位。"但只是在发现微粒体酶之后,他才名声大振。

讲述微粒体酶的故事,如何开头将预示着故事如何结尾——即它的发现究竟归功于谁。你是从布罗迪接到制药公司一个电话(电话中说有一种新的奇怪化合物,似乎能增加其他药物的效果,但本身却无功效)这件事讲起,还是从阿克塞尔罗德最初从文献中看到一组化合物(称为拟交感胺),因而决定跟踪其代谢情况讲起呢?

在2000多年前,中国的内科医生将**麻黄**这种草药磨碎,用它治疗咳嗽、退烧及促进循环。1887年,人们分离出**麻黄**的有效成分,并根据**麻黄**属这一名字将其命名为麻黄素。后来人们发现麻黄素是一类化合物之一,它们的结构和功效类似,每种均可在不同程度上模仿人体的交感神经系统。从化学上讲,它们都共有一个胺基,因此亦被称为拟交感胺。安非他明与墨斯卡灵(mescaline,一种存在于仙人掌植物内的致幻剂)也是这一族的成员。

阿克塞尔罗德于1952年开始研究麻黄素及安非他明,当时外界对这两种药几乎一无所知。在布罗迪同意后,他差不多是独立研究这个问题。一年后他已掌握了其代谢作用的基本特点。也就是说,他设计了检测药物及其代谢物的办法,并已描绘出其代谢路径。例如,他发现麻黄素在某些动物体内被脱甲基了,而在其他一些动物体内则被羟化了(脱甲基是指一种化合物失去1个甲基,变成了另一种化合物。羟化则指一种化合物获得1个羟基,变成另一种化合物)。阿克塞尔罗德科学生涯中的第15篇论文是《L-麻黄素及L-去甲麻黄碱的生物转化及生理分解》,布罗迪的名字首次不再作为共同作者而出现。

这时,阿克塞尔罗德的研究仍是布罗迪新药理学的一个门类。但他现在的目标更高了:这些代谢变化是怎么发生的?起作用的是什么酶?在哪里可找到它们?

酶就是一种生物催化剂,它会催化反应,但自己并不参与反应。这至少是传统的定义。但事实上这种定义掩盖了真相,因为酶通常会使生物反应加速1000万倍或更多,因此可以公平地说,没有酶的参与,可以发生的生物化学进程就无法发生。简言之,酶对生命具有关键意义。

阿克塞尔罗德想搞清楚,是哪一种酶引起麻黄素及安非他明的代谢。

20世纪50年代初的一天,布罗迪接到费城史密斯·克兰及弗伦奇实验室公司乌利约特(Glenn Ullyot)的电话。该公司发现有一种SKF 525-A化合物,当与其他药物同服时,会产生奇异的效果。若单独服用此化合物则并无效果,除非剂量很高,但若与巴比妥酸盐同服,则后者药效大增,且维持时间延长。若与吗啡(morphine)及可待因(codeine)之类的麻醉止痛药同服,则它们的药效延长。若与安非他明同服,则后者疗效也有延长。

如果SKF 525-A使各种互相极为不同的药物增强了药效,也许它通过某种共同的机制阻滞了其代谢破坏过程。如布罗迪几年后评论此事时所说:"我们似可认为,如果许多药物的代谢路径均可被同一物质抑制,那它们必有某些共同的因素。"

这些因素是什么呢?布罗迪实验室的好几个人很快就开始深入研

究此问题的各个方面。

阿克塞尔罗德这时在做他从没做过的研究,他想知道安非他明是在人体哪一部位被代谢的。更具体地说,导致代谢的酶在什么地方?他在跟踪研究酶,但他并不是酶学家。然而,他在3号楼的朋友戈登·汤姆金斯却是酶学家。

汤姆金斯告诉他:"你知道,作一个酶学家也没什么神秘的,你只需具备一个刀片及一个肝。"肝是身体发生众多酶反应过程的部位。刀片是用来切肝的。

汤姆金斯问他:"你对安非他明有办法吗?"他是问有无办法测定安非他明。阿克塞尔罗德有办法,那是基于布罗迪和乌登弗兰德10年前发现的甲基橙反应。"那么,干吗不将安非他明注入切好的肝片试试呢?"

如果按汤姆金斯的建议去做,安非他明就测不到了,那么就意味着它经代谢而变成另一种物质。果然,确实测不到安非他明了。阿克塞尔罗德发现,它已被脱去氨基,即失掉了一个氨基,变成了苯基丙酮(phenylacetone)。但引起这种转变的酶位于肝的何处呢?

超速离心机出场了。

离心机是实验室标准设备,可将外表均匀的样本的各部分分离开。它让试管高速旋转,不是围绕自己的轴心转,而是像车轮的轮辐那样转。这样密度大的部分就由于重力而集中在试管的底部,呈小球状,密度小的部分则处于试管顶部的上清液(意为"漂浮"中)。新型超速离心机转速更高——每分钟10万转,而一般机型为每分钟15 000转——因此其分离效果更好。

这一技术进步导致了全新的实验策略,即差速超速离心处理:先将怀疑的组织磨成细粉,用低转速分离出较重的细胞成分,随后不断提高转速，即可从中继续多次分离较重的部分。同时，原来的上清液亦可继续分离，将更轻的细胞成分分离出来，如此类推。肖尔回忆那段时光时说："当时主要想知道酶来自细胞的哪一部分。"是位于细胞核中，还是位于细胞膜中？人们对细胞各部分逐一分离，看哪一"部分"保存着酶的活力。

阿克塞尔罗德就是这么干的。他早已发现，若将安非他明注入磨碎的兔肝，它就会无法被测出了，它被代谢了。他先用差速超速离心处理分离出若干组肝细胞成分，然后重复以上实验。是细胞核在合适的生物化学条件下代谢了这种药物吗？没有。那么线粒体呢？也没有。微粒体呢？没有。可溶性上清液部分（即多次离心处理后的余下部分）呢？没有。把细胞核部分与上清液部分混合到一起呢？仍没有。把微粒体与上清液混在一起呢？果然**是**它们！

微粒体部分与上清液中的某种物质混合在一起即可代谢安非他明。但它们两者中哪一个含有酶呢？不含酶的一方又有何贡献呢？

为回答第一个问题，阿克塞尔罗德想到一个极简单的实验办法，并由此使他声名大振：一般酶只在人体温度下才发挥作用。温度若超过37℃（98℉）太多，它们就不起作用了。阿克塞尔罗德想到可为上清液加温，并使微粒体保持在人体的温度，看看两者混合后是否继续发生作用。然后，反过来试一下：为微粒体加温，并使上清液保持在人体温度，看看结果如何。

果然，当微粒体被加温至55℃长达10分钟后，安非他明的分解过程停止了。酶**一定**存在于微粒体中。

那么上清液中产生效应的"某种物质"又是什么呢？阿克塞尔罗德知道，有一种称为TPN（三磷酸吡啶核苷酸）的辅酶对酶反应过程具有关键作用。但他过去发现，即使有了TPN，微粒体自己也并不能代谢安非他明，需要有上清液存在才行。这是什么样的工作假设呢？上清液中的某种物质把TPN变成了另一种化合物,而微粒体酶发生效用正需要这种化合物。

由于一个同事霍雷克(Bernard Horecker,他一直研究需要TPN才能发挥效用的酶)的帮助,谜的最后部分也被破解了。霍雷克为阿克塞尔罗德提供了某些关键的底物(酶可对其产生效用的物质)。阿克塞尔罗德发现,将这些底物注入TPN及微粒体后,它们均可代谢安非他明。他日后写道:"这些底物有一共同之处,它们产生TPNH(即还原型三磷酸吡啶核苷酸)。"化学家称它们为"被还原的"TPN。

显然,微粒体酶所需要的正是这后一种化合物:上清液提供了酶——它们不像微粒体酶那样对温度很敏感,这些酶把TPN变成TPNH。正如阿克塞尔罗德之所料,当他合成TPNH并将其"喂"入微粒体后,安非他明即被代谢了。

到1953年底,阿克塞尔罗德将一切细节都证明了。后来,他对另一种药麻黄素也做了类似的实验,效果相同。尽管麻黄素是被完全不同的生物化学路径——脱去甲基而不是脱氨基——所代谢,但在起作用的酶看来它们是相同的,位于同一地点,也需要同样的辅助因素。

在1953年秋天的美国药理学与实验治疗学学会会议上,阿克塞尔罗德向人数不多的听众宣读了自己关于安非他明的研究成果。该学会的会刊在1954年以一段的篇幅刊登了他的论文摘要,该摘要并没暗示有重大意义。但他后来正式发表的论文却暗示:"事情越来越明显,位于肝微粒体中并需要还原TPN和氧的酶具有重大意义,因为它可用于许多药物及外来有机化合物的脱毒。"

由于SKF 525-A很可能成为药物代谢的共同因素,布罗迪让全实验室的人都来研究它。吉勒特(James R. Gillette)是在此期间加入该实验室的,后来他回忆说:"人们在早期认为,完全不同的酶才会催化各种反应。"因此,不同的药物被分派给不同的研究人员。

"那些人研究得很系统,"阿克塞尔罗德回忆说,"一点一点苦苦研究。"这时他关于微粒体酶的论文摘要发表了。布罗迪承认说:"阿克塞尔罗德是自己一个人搞的研究,坦白地说,我们看到论文'摘要'才知道他研究的内容。"阿克塞尔罗德的成果很快被其他人证实,而且推广到其他药物的研究。阿克塞尔罗德说:"一旦我出了成果,他们就可以很容易地继续我的研究。"

很显然,微粒体酶的发现是重大消息。这种重要的现象突破了人们惯有的概念,正对布罗迪的胃口:酶的整个概念都是它的专一性,即它只对一种或几种专一的底物发生作用。可是这里却发现了一个更类似于漫无目的的酶体系,它似乎可对许多种药物发生作用。这简直是**大自然**用于对外来物质进行脱毒的一个生物化学系统,动物在野外吞下浆果、树皮或昆虫,就等于是吸收了各种外来化合物。机体需要有个办法来不仅处理药物,也处理所有这些化合物,其中有许多还是首次"遇到"。这个办法终于找到了。

这是一个重大的发现,仅仅刊发阿克塞尔罗德的论文摘要或论文本身都是远远不够的,还应给予更多关注。而且当时,用布罗迪复述的话来说,"我的实验室完全骚动起来了"。单枪匹马的阿克塞尔罗德取得了他们心中企盼的重大成果。布罗迪说,"我把他们召集到一起",建议在一份重要的学术刊物上发一篇联合论文,大家都算共同作者。那样影响要大得多,他说,"我只能这样做"。

阿克塞尔罗德也记得这次会议,他回忆到此时嘴抿得更紧了。他记得布罗迪说:"让我们联合发表这篇论文,作者按字母顺序排列……"说到这里布罗迪停顿了一下,显然他突然意识到按字母顺序阿克塞尔罗德就会排在首位,"但是我的名字排在首位。"这是阿克塞尔罗德记得对方说的原话。

1955年4月，美国《科学》杂志（它在当时和现在都是美国最重要的科学刊物，专门刊发各学科科学家应该读的论文）发表了这篇联合论文《肝微粒体对药物及其他外来化合物的脱毒》。作者是布罗迪、阿克塞尔罗德、库珀、高德特、拉杜（Bert N. La Du）、米托马（Choco Mitoma）及乌登弗兰德。研究表明，SKF 525-A可抑制它自己引发的多种药物的代谢，这"表明引起代谢过程的组织催化剂有某些共同的因素"。这里发现的就是这样一个因素——微粒体酶。该论文提到阿克塞尔罗德的最初发现，但只作为几个类似发现之一。

几年后，布罗迪及其两位同事在《生物化学年评》发表评论文章，承认了阿克塞尔罗德的贡献："关于对胺有脱氨基作用的微粒体酶体系，它的发现起源于阿克塞尔罗德的研究。他观察到，老鼠和狗可把安非他明转变成对羟化苯丙胺，但兔肝微粒体可产生苯基丙酮及氨。从历史上讲，这是一系列氧化的微粒体酶体系中的第一个，它们的特点是既需要氧也需要TPNH。"

但阿克塞尔罗德坚持说，以上这段话只是在另一共同作者拉杜的敦促下才加上的。他强调"布罗迪故意把话说得很含糊"。另外，当时这段话说得已太晚了：在科学界看来，布罗迪的实验室又搞成功了一项研究，而阿克塞尔罗德只是布罗迪的天才所培养和引导的科学队伍中的一个无名成员。

（确实，1981年的一篇文章在对该领域——自第一批论文问世，该领域一直引起专家积极的研究兴趣——进行总结评论时，尚在称赞"NIH的布罗迪实验室"做了"首创性的生物化学研究，揭示了引起类脂可溶性化合物发生氧化转化的肝酶……"阿克塞尔罗德的名字从未出现过。）

对这个问题的研究使阿克塞尔罗德着迷，他一直在思考它。直到今天，他还认为这是"我做过的最好的研究"，超过使他获得诺贝尔奖的研究项目。而关于这个研究，他认为他的发现被别人骗取了。他被激怒了，库珀说，"他好几年连布罗迪的名字都不愿提到"。后来，他态度变柔和了。但直到1982年，他对这个问题仍耿耿于怀，以致著文介绍了这项发现。他在《药理科学趋势》刊物上发表了文章《可代谢药物的微粒体酶的发现》，端出了自己的说法。

关于优先权的争议——就发现权属而产生的论战——在科学上久已存在。正如普赖斯（Derek de Solla Price）在《小科学、大科学》一书中所说，如果贝多芬不曾存在，那个时代的伟大音乐会出自另一人之手，并且会极为不同。但在另一方面，科学家都想破解至少某一领域的神秘之谜。他指出："只有一个世界有待发现。"

不论是谁，只要他首次揭示了科学世界的某些方面，就会声名大振。科学家有时承认自己对名誉、金钱、大奖是无所谓的，但对同行的承认却几乎总是十分看重。NIH的一名科学家说："你想讲自己的故事，去到科学会议上，见了朋友，你希望他们说'喔，这很有意思，这很重要'——你不想听说已有别人讲了与你同样的故事。"证实别人的发现没什么意思。做无可辩驳的发现第一人最为重要。

是阿克塞尔罗德"首次"发现微粒体酶吗？他暗自的愤愤不平是有理由的吗？

肖尔在谈到微粒体酶的争议时说："你与10个成功的科学家谈谈，就会听说100个这类例子。"肖尔1961年离开NIH，后去得克萨斯大学工作，几年前已退休，现居住在圣菲。当他坐在新墨西哥州的明亮阳光下，回忆在NIH的时光时，他曾停下来想了一想，然后朝他刚修好的小院指了一下说："假设你要设计一个小院，有好几个人一起设计。你对大家说'这儿砌些砖怎么样？''另外，'你自己在想，'这儿可以砌堵墙。'这时有人说了'对呀，这儿可以砌堵墙！'"

"那么是谁先说的？**是谁的主意**？科学上的事也一直是这样。大家一起共事,很难说谁在想什么"。他说在微粒体酶一事上"大家都在努力研究"。

乌登弗兰德也是《科学》杂志上那篇论文的共同作者之一,他同意是阿克塞尔罗德引导大家去注意微粒体。但他说,布罗迪接着又做了进一步的研究。而且,"那是一个指定的研究项目。并不是阿克塞尔罗德在布罗迪休假时自行决定研究微粒体,从而让布罗迪面对一个既成事实。阿克塞尔罗德是按布罗迪布置搞的研究,尽管(与室内其他技师相比)他的自由度大一些。"乌登弗兰德补充道:确实,"布罗迪一生从没研究过酶,可阿克塞尔罗德也是一样"。

而论文的另一共同作者库珀认为,布罗迪对阿克塞尔罗德是不太公正,但阿克塞尔罗德亦反应过分了。

在布罗迪的手下人中,阿克塞尔罗德不是唯一指责他偷走别人荣誉的人。但实验室的前二把手伯恩斯说,这种指责是无根据的。他说,布罗迪出于天然的热情,的确常常企图夺取别人的研究项目。"开始你欢迎他加入,然后你也不知是怎么回事,到了最后你有时感到你开创的研究已经排除了你。"但布罗迪总能从开始一个简单的思路或有限的研究结果中,看到将来极大的研究潜力。"他会让这个思路**变得**令人兴奋。当然你会听见人们小声说:'嗨,我的思路被接管了。'"在某种意义上的确如此。但这个思路也已被丰富了。他说,微粒体酶的例子就属这种情况:阿克塞尔罗德提供了初步的研究结果,"但布罗迪使它变得更加令人兴奋"。

不管以上论据是否有道理,阿克塞尔罗德此时的愤怒并未减轻,并已呈白热化。他决心这次要永远摆脱布罗迪。

第六章

分道扬镳

这是一间通风良好、三面有窗的大房子，坐落在华盛顿特区西北部G街2023号原图书馆大楼的6层。它被称为理事办公室，是乔治·华盛顿大学的一部分。就在这儿，1955年9月29日晚上，阿克塞尔罗德准备在由8人组成的评审委员会面前迈出人生中的重大一步：进行博士论文答辩。布告中写着：布罗迪是委员会成员之一，正式称谓为"药理学教授级讲师"。

微粒体酶事件使阿克塞尔罗德下了决心，他不得不切断和布罗迪的关系。作为一个科学家另立门户，他还要得到理学博士头衔。

但是怎样开始？出路又在哪儿呢？他已42岁了，没有时间可以虚度。他曾考虑过上哥伦比亚大学，但校方让他学为期**3年**的课程。那根本不可能。而另一方面，乔治·华盛顿大学的要求似乎比较灵活。它虽不及哥伦比亚大学声名显赫，但确实也是值得尊敬的学府，而且它正好就坐落在华盛顿。

阿克塞尔罗德和乔治·华盛顿大学药理学系主任保罗·史密斯（Paul K. Smith）交谈过。"你已经写了好几篇博士论文"，史密斯告诉他，指的是阿克塞尔罗德曾发表过的几十篇学术论文。这样，获取博士头衔的最大难题——对论文的要求——就迎刃而解。阿克塞尔罗德已获得硕士学位,所以对他的课程要求也不多。但他仍需接受一系列复杂而严格的生物化学、药物代谢、药理学和生理学考试。此外,他的语言水平也需合乎乔治·华盛顿大学的标准。

阿克塞尔罗德说:"语言关比任何事都让我烦恼。"德语不算什么,他已于1954年通过考试。法语却让他头疼。然而,当他惧怕的考试日子终于到来的时候,他发现需要翻译的论文涉及的领域他很熟,他译得很出色。"我奇怪为什么过去法语总让我裹足不前。"

1954—1955年的一学年,是阿克塞尔罗德自1941年来第一次重返课堂。有一门课是药物代谢,他简直都能教。事实上他也确实教过一部分。现在他最津津乐道的就是在大多数课上,有几个学生怎样年轻得足以做他的孩子,功课却比他好;他碰上了一道关于安替比林(antipyrine)退烧药的多项选择题,此药物的代谢他深入研究过,并发表过数篇论文,而他居然做错了。

1955年6月下旬一开始,他就逐页练习那用螺丝装订的试卷小册子,详尽回答那些短得令人费解的一两句话的问题,比如:"描述分离化合物的方法——萃取的过程。解释它在药物代谢上的原则和应用"。他和另外4位博士学位候选人被要求分析治疗疟疾的药物;比较纸色谱法和离子交换树脂法的区别;描述药理学在精神卫生、运动医学和癌症领域里的最新发展;阐述为什么有的药物在试管里处于惰性状态,在人体里却相当活跃。不止一次——而且如果他想回答正确的话就必须这么做——他引用了自己的研究成果。

偶尔他会沉溺于想象。当问及一种药如何因另一种药而加强或延长药效时,他举SKF 525-A为例,注明它被"NIH的研究人员研究过,但我忘记了他们的名字"。当被要求想象一下1975年药理学的发展状况时,他预测说:"干蜥蜴皮、老蝙蝠的尿液和乙酰氨基苯酚构成的匀浆将会用于治疗胃癌。"药物的解毒到时也会迎刃而解,但"阿克塞尔罗德对这些进展的贡献微乎其微,因为他要为准备第9次参加药理学综合考试而刻苦钻研……这些幻想,"他补充道,"是酷热天气和疲劳所致。"

总之,他对研究生院的恐惧毫无根据。他学习勤奋,然而,正如他以后回顾的那样,年龄大、经验多使他获益匪浅:"我知道什么事重要,不在琐事上浪费时间。"而注重细节是年轻人的通病。和研究工作相比,他发现学校生活算得上轻松宜人,是从实验室的刻板生活中偷来的片刻小憩。

他的论文长达百页,题目是《拟交感神经药物异丙胺苯酯的命运》。这份论文和乔治·华盛顿大学其他学生的论文毫无二致,符合留有边格、纸张精美等项要求。至于内容,韦斯巴赫写道:"朱利叶斯只是把他过去的论文重新汇编到一起。"阿克塞尔罗德在前言中写道:"这将表明",诸如麻黄素和安非他明等在内的化合物,"经过一系列羟基化、脱甲基、脱氨基和共轭……生物化学过程,将会代谢成有效的药物成分"。这几乎是微粒体酶文章的翻版。

9月的那个夜晚,当阿克塞尔罗德有幸走进理事办公室的时候,他并没有感到特别惊惶;他知道自己比任何人都更了解那些材料。只是当他得知禁止吸烟时,脚步迟疑了;他差点掉头就走。阿克塞尔罗德曾经烟抽得很凶,那天以后便金盆洗手了。

考官们——阿克塞尔罗德不能肯定布罗迪坐在哪儿——坐在舒适的扶手椅里,围着长桌坐成一圈提问,而他坐在一头回答。他回忆说一个问题是,如何从化学上区分一种化合物的左旋和右旋两种形态,这指两种物质结构互为镜像,但其他方面完全相同。"我们几乎是同样的人",阿克塞尔罗德回忆道。他感到彻底放松了。其后,他就和两位考官一起去城中心的酒吧小酌一杯。

这就是事情的全过程。他成了阿克塞尔罗德博士。

科学博士的头衔通常要在获学士学位后4—5年,甚至更长的时间才能获得。所以多年后当阿克塞尔罗德讲学时提到,"我花了1年时间获得博士学位"的时候,他总能博得满堂彩。他通常不提那一年时间其实还是半脱产。他在乔治·华盛顿大学上课并准备论文,同时在研究致幻药麦角酰二乙胺(LSD)的新陈代谢——比利里(Timothy Leary)开始劝导年轻人关注致幻药早了十几年。

开始攻读博士学位后,阿克塞尔罗德曾致信国家精神卫生研究所(NIMH,当时它还是NIH的一部分)和至今仍属NIH的国家癌症研究所,询问有无职位空缺。在NIMH,他的求职信送到了新任所长和研究项目负责人凯蒂(Seymour Kety)的桌上。当时因凯蒂的研究计划方兴未艾,他几乎被成百上千封求职信淹没了,这些信多出自名不见经传的年轻科学家之手。阿克塞尔罗德的论文吸引了他的注意。他把阿克塞尔罗德找来面谈,"并终于确信他是我们应该要的人选"。

然而布罗迪会说什么呢?凯蒂说,布罗迪,"聪慧绝顶、育人有方,但相当专制,不肯让手下人独立行事"。他大权在握,我行我素。他会赞许阿克塞尔罗德来吗?凯蒂不太肯定。不过,布罗迪出人意料地大力推荐阿克塞尔罗德,称赞他聪明、有能力、多产,而且没问题,他已羽翼丰满,可以单飞了。

阿克塞尔罗德希望为S-腺苷甲硫氨酸的发现者坎托尼(Giulio Contoni)工作。坎托尼发现的这种化合物可贡献自己的甲基,并参与多种重要生命过程。但凯蒂根据自己对阿克塞尔罗德和布罗迪共事历史的了解,认为这并非明智之举,布罗迪和坎托尼太像了。凯蒂答应把阿克塞尔罗德的申请,送交NIMH的各个实验室。不久,心理疾病药物实验室年轻的代理主任埃瓦茨(Edward V. Evarts)找到了阿克塞尔罗德。他的研究兴趣在于将LSD导致的精神变态作为精神分裂症的模型。阿克塞尔罗德愿意加盟他的实验室吗?

阿克塞尔罗德异常欣喜。"但我从未搞过精神分裂症和其他精神疾病的研究。"他记得自己当时补充说。

"别担心,"埃瓦茨说,"你可以做任何喜欢的事。"

你可以做任何喜欢的事。在这种自信里体现了一套完整的哲学,也是凯蒂的信条:NIMH致力于解除各种精神痼疾。然而要做到这点,这位主任感到,需要超越现有水平,对生命过程具备更精确而细致的理解。若不了解汽车发动机如何工作,你能够修理它吗?通常不行。与此相似,他感到"因为大脑是一片如此神秘的未知领域,只搞与临床'相关'的研究徒劳无功"。因此,他准备让他的研究人员随心所欲地干。如果两个同样很有前途的课题摆在面前,他愿打赌,他们肯定选择更具精神卫生意义的课题。那么短期成效呢?富有创造性、富有使命感的科学家不会为此受阻。从长远意义看,基础科学的研究会更有成就,而且与直接研究临床问题相比,可引发更大范围的临床医疗进步。

几年后,两位临床研究人员,科姆罗(Julius Comroe)和德里普什(Robert Dripps)给凯蒂的直觉注入了分析的力量。他们两人着手调查了心肺医药及外科手术过去30年里十大进展的根源。他们追踪了529篇论文,回头来看,都被证明对临床医学的成功案例有举足轻重的影响。科姆罗写道,其中足足有41%的论文"报告的工作与当时任何疾病无关,但其成果日后却有助于预防、诊断、治疗及缓解某种病症"。青霉素、用于抗凝血剂的肝素以及β-受体阻滞药物都在此列。

在1955年,科姆罗和德里普什的发现尚未提出,但凯蒂对精神卫生研究的态度已和以上观点明显吻合。这个方向有点冒天下之大不韪,使纳税人或国会这样的科学外行深感不安和疑虑。然而不出几年,在香农领导下,这个观点就成了NIH研究工作的哲学基础。

1955年夏季一个周五的下午,美国军医局局长谢勒(Leonard A. Scheele)把香农叫进办公室,要他出任NIH的院长。14年前,香农被任命为戈尔德沃特医院的研究处处长;9年前,他出席了战后的新闻发布会,宣布新抗疟药的研究进展;而在6年前,他调至心脏研究所。

1952年,香农已经把心脏研究所塑造成科学机构的典范,他也被委任为NIH副院长。在此任上他曾处理围绕着新的索尔克脊髓灰质炎(俗称:小儿麻痹症)疫苗的争论,那时这种疫苗正在全国范围内应用。加利福尼亚州的一所实验室制造了一批有问题的疫苗,几个孩子接种后仍罹患此病,这成了一宗特大丑闻。香农的前任助手卡里根(Bill Carrigan)记得:"记者们坐在我们的桌上,随便使用我们的电话。"

对香农而言,那段日子他每天需工作18个小时,体重骤减至他在大学跑完越野赛时的体重。但不管怎样,他很好地控制了当时令人难堪的局势。他关闭了疫苗生产厂家,重新规划NIH的角色,采取了更为严格的安全防范措施。他在《纽约时报》上撰文预言这类事件不会再发生。事实上也果然如此。全国范围内,脊髓灰质炎的发病人数从1954年的28 000例降至7年后的798例,而香农则被列为"解救疫苗项目航船于危难中,并使之驶上正确而安全的航向"的人士之一。

现在香农被要求作NIH的最高级首脑。他接受了。

"何时走马上任?"

"星期一。"他回答道。他果然这样做了。

詹姆斯·香农,50岁,一位长岛农民的儿子,像一篇写他升迁的新闻报道所言,成为"向所有可怕病魔——癌症、心脏病、关节炎、精神病等展开实验室大战的总司令"。香农时代自此开始。

香农领导着包括许多研究所在内的NIH。它那时设有7个研究所——现有11个,每个研究所从事一类疾病的研究。随着时代变迁,它们的名称变过多次,比如国家心脏研究所,先是更名为国家心肺研究所,后又于1976年成为全国心肺及血液研究所。国家关节炎和代谢性疾病研究所易名为今日的全国关节炎、糖尿病、消化系统及肾功能疾病研究所。这个机构之所以重组、转型和扩张,很大程度上是对《华盛顿邮报》的观点作出了反应,该报称香农的NIH是"一所不受约束的非正式机构,由志愿的'非专业组织'组成。各自都有和国会山的政治联系"。各自都在为某种疾病的研究而进行院外活动,这些组织和美国癌症协会,全国心脏病协会,以及关节炎、风湿病基金会相仿。

香农的任务是,使基础研究的需要与NIH按疾病门类而组成的结构相适应。在其任期内,他提倡的战略是:千万不要狭隘地完全从事某类疾病的研究。反之,要把聪明、敬业和求知欲强的研究人员组织起来,放手让他们去研究自己选择的项目。他写道:"我们对于有关健康和疾病起因的生命现象及过程,尚知之甚少。"如果没有这类知识,那么试图解决特定的医学问题将是对时间、金钱和人力资源的极大浪费。对于20世纪30年代脊髓灰质炎疫苗的失败,他归咎于缺乏关于脊髓灰质炎病毒及其培养技术所需的知识。

他停下已获批准的人工心脏研究计划,因为他认为对心脏功能还了解不够。

他不喜欢**基本**研究这种提法,而宁愿称之为"**基础**"研究。但说到底都是一回事。正如他当院长后与别人为《科学》杂志合写的文章所说:"任何疾病研究之潜在价值,在于长期的治疗可能性,而非速战速决,一味追求对某种特定病症药到病除。"

这种关于卫生研究的看法,后来被科姆罗和德里普什有力地证明了。凯蒂早就对此深信不疑。几乎同时,毫无疑问阿克塞尔罗德从埃瓦茨那儿听到了相同的内容。这一看法在香农时代和以后的时间里,对于指导整个NIH研究工作大有裨益。

香农于1949年初来NIH时,1号楼后面的山丘上已堆满了新翻出的泥土,取代了山羊和其他实验动物在那里的笼舍。这是10号楼地基。10号楼即医疗中心,香农时代大多数科学戏剧都在这里上演。

如果说3号楼的规模和给人的感觉还是一所学院宿舍,那么10号楼则完全像大都市的医院了——一座巨大的砖结构建筑,坚如磐石,高14层,在NIH校园里矗立着,拥有和28个3号楼几乎一样大的面积,布满了咖啡屋、图书室、办公室、研究实验室和病房。这座大楼走廊曲折,宛如迷宫,世上恐怕再也找不出第二个这样的地方了。

当香农试图从哈佛挖走温加登时,他把正在建筑的临床中心比作马萨诸塞州总医院4号住院楼,4号楼是专为具有特殊研究价值的病人而设的。临床中心也将用作医疗研究场所——一个为研究需要而设计的"医院",但规模要大得多。曼哈顿的洛克菲勒学院(现为大学)医院虽可与之相比,但它不过区区40张病床,和临床中心的540张床简直无法相提并论。而法国的巴斯德研究所和英国的医学研究学会,这些杰出的国家卫生研究机构居然没有一张病床。"NIH临床中心对临床研究之意义,"弗雷德里克森写道,"就像德国包豪斯建筑学院对建筑学的意义一样。"

1953年7月6日,当临床中心接收首批病人时,原3号楼的多数老居民搬进了新楼崭新宽敞的实验室。布罗迪和他的化学药理学实验室占据了东翼的7、8两层。

这是一个规模巨大的部门,是心脏研究所最大的实验室。以后10年中大部分时间,布罗迪管辖着6—7个科主任,他们每人又有4—5名下属,包括本室科学家、访问学者或博士后——总共大概有40名研究人员。因其庞大,布罗迪干脆把日常管理交给了副手——伯恩斯、科斯塔,最后是吉勒特(他后来接替布罗迪,成为实验室主任)。他自己的办公室在7N117房间，其长度是宽度的两倍，在北走廊处被秘书的方形小间截断。沿着走廊每隔两三步，就有一间进深20英尺（约6米）的实验室，走廊一共延伸了100英尺（约30米）。在走廊尽头，是化学药理学实验室。走上8层，布局和7层相同。

LCP（这是化学药理学实验室的简称）非常多产。肖尔说："写出的论文就像这个。"他的手指着堆积如山的文件。稍后加入LCP的奥兰斯（Barbara Orlans）回忆："我们过去常嘲笑自己的实验室是何等多产……我们把布罗迪一年发表的文章加在一起，算出每个工作日平均就有一篇论文产生。"其实大概每隔两周有一篇，至少带有布罗迪署名的文章是这样。通常富有成果的科学家一年不过出两三篇论文，因此，他们真让人瞠目结舌。

从1955年左右开始，LCP的重大课题是血清素（serotonin，"当实验顺利时，我们念serotonin时重音放在后面，"布罗迪在以后领取意大利卡利亚里大学颁发的荣誉学位时回忆说，"如果我听他们念成serotonin，把重音放在中间，就知道实验不顺利，索性就待在家里。"）。血清素是血清里的一种物质，长久以来被认为能收缩血管。1953年几个研究小组在脑部也发现了它。同年，爱丁堡大学的科学家加德姆（J. H. Gaddum）证明，血清素的效用会被化学结构相似的LSD阻断。在伦敦的一次科学会议上，他估计LSD通过阻断血清素在大脑中发挥作用，从而制造幻觉，他因而推论，"血清素可能是使我们保持神志清醒的重要物质"。

那时肖尔还是布罗迪实验室的研究生，但他已得到启发。"说到'冒险尝试一下，'"他说，指的是布罗迪鼓励大家大胆实验，"这次可是非同寻常的冒险。"肖尔注意到，血清素和利血平（reserpine）之间存在某种化学相似性——而利血平在20世纪50年代已和氯丙嗪（chlorpromazine）一道广泛应用于精神分裂症的治疗。肖尔把利血平注射到狗身上，采集它的尿样，他提请与乌登弗兰德联手研究血清素代谢的韦斯巴赫来作分析。韦斯巴赫带回的尿样里充满了血清素的代谢物。

"他惊讶得呆若木鸡。"肖尔说。利血平是印度总状升麻（一种东南亚土生的灌木）中的有效成分，这种灌木几个世纪以来一直被印度医生用来治疗高血压和精神紊乱。利血平似乎可以让血清素从它在人体的藏匿处释放出来。

这只是开始。巨大的疑问接踵而来：真是利血平的药理作用使得血清素从大脑中释放出来吗？血清素是否是中枢神经系统的神经递质，因此在脑功能里发挥重要作用？

另一位戈尔德沃特医院的老手鲍曼，这时一直试图改进战争期间布罗迪和乌登弗兰德用以测量阿的平的仪器。鲍曼的荧光分光光度计和他们的一样，揭示了荧光现象，但它又能监测紫外线波段的一段连续谱，而不只是一些固定的波长。而且它更加灵敏，精确到1/1000克。

这种灵敏度现在很需要。布罗迪、肖尔和他们的同事想测量血清素在脑部的浓度，而当时的几种方法都不够精确。鲍曼的原型仪器，也是阿克塞尔罗德同时用来测量LSD的仪器，它简直是上天赐予的礼物。

有了它，他们得出了结论：利血平释放血清素，从而起到治疗精神分裂的效果，而且血清素可能就是脑神经递质。不久，布罗迪走得更加深入，作出大胆的推测，发展出一套新理论，认为血清素和另一种脑神经递质去甲肾上腺素在大脑不同的中枢进行"拔河比赛"。

"很长时间内一切都欣欣向荣。"肖尔今天说。他们正置身于一个不容错过的崭新领域的发展舞台。"一切似乎相当简单。"然而事情并非如此；他们的某些早期理论被证明只是部分正确。后来布罗迪的"拔河比赛"理论也被事实粉碎。然而不论正确与否，它引发了巨大的兴趣，使此领域大大扩展，并建立了一门新学科——神经药理学。

此后几年里，研究人员从西班牙、捷克斯洛伐克、日本、瑞典，甚至苏联蜂拥而至。有一段时间，布罗迪的实验室有那么多讲德语的人，以至于布罗迪的老部下戏称为"德国人时代"。有时，一个性急的科学家会从斯德哥尔摩或巴黎飞来，只为在此度过1周时间。肖尔谐谑地把LCP称为"药理学的圣地。成群的人挤在那里，你不得不赶走他们"。

"我躺下，陷入醉醺醺的感觉，并没有感到不适。这种感觉以想象的极度活跃为特征。当我合上双眼（我觉得阳光亮得刺眼）处于晕眩状态时，一股充满极其生动的不定幻象的汩汩溪流，伴着万花筒一般变幻不定的色彩，涌过我的全身。"这段有关药物致幻的描述，可不是引自1967年美国旧金山海特—阿什伯里式典型嬉皮士的日记，而是来自霍夫曼（Albert Hofmann）的实验室笔记。霍夫曼，这位桑多斯实验室的研究人员在1938年首次合成了致幻药麦角酰二乙胺，即LSD。

调至NIMH使阿克塞尔罗德摆脱了布罗迪在7层的统治，来到了位于3层的埃瓦茨实验室。埃瓦茨把LSD作为理解精神疾病的一种"后门"。他的思路如下：如果微克剂量的LSD可引起幻觉和类似精神病的症状，也许LSD模拟了精神分裂症的生化过程。埃瓦茨强调，阿克塞尔罗德可选择自己的研究课题。但对这位新雇员来说，LSD是一种自然的选择：这是一种药，不是吗？阿克塞尔罗德正是一个药物通。

阿克塞尔罗德把从布罗迪那儿学来的高招用于研究LSD：首先，找到测量此药物及其代谢物的方法，然后，用适当方法探寻它的代谢途径。小菜一碟；他在完成博士学业的同时做完了该研究。他早晨做实验，下午去乔治·华盛顿大学听课。阿克塞尔罗德、埃瓦茨和其他两位科学家合写了关于LSD代谢的两篇论文，第一篇发表于1956年的英国权威杂志《自然》："发展用于测试麦角酰二乙胺在生物中含量的特定而灵敏的方法，使得我们可以研究它的生理分布和新陈代谢……"

那时，阿克塞尔罗德已获得博士头衔，正如埃瓦茨所说，"很显然朱利叶斯应拥有他自己的科室"。1955年,他终于成为NIMH临床医学实验室药理科的负责人。他搬至医疗中心的2层实验室2D45房间。"拥有博士学位和一份好工作让人感觉很惬意。"他说。此后到1984年,他一直在这间实验室做着同样的工作,和政府配发的那些毫无生气的灰色钢制家具相守。

起初,2D45房间相当寂静,没有人像对布罗迪那样争着来为他工作。阿克塞尔罗德孤军奋战,偶尔机会赐给他一两个NIH的同僚,但多数情况下只是技师、博士后或其他什么人。他着手研究药物的新陈代谢,那是一组叫做葡糖苷酸的化合物。他还提出解释麻醉剂耐药性的理论。"这引起广泛的议论,"阿克塞尔罗德说,"多数人群起而攻之。"

然后时间流转至1956年的一天,在一个部门研讨会上,凯蒂介绍了加拿大精神病学医生霍弗(Hoffer)和奥斯蒙德(Osmond)的论文。它讨论了肾上腺素,一种由肾上腺神秘制造的"非战即溃"的激素。肾上腺素若暴露在空气中呈现粉红色,就氧化成叫做肾上腺素红(adrenochrome)的化合物。据霍弗和奥斯蒙德称,被注射进这种粉红色肾上腺素红的人会产生幻觉。他们还声称在精神分裂症病人的血液中发现了此物质。是否存在这种可能,从肾上腺素到肾上腺素红的异常代谢过程包含了精神分裂症的生化基础?

和抑郁型精神病一样,精神分裂症也是两大类最严重的精神疾患之一。一位精神病学学者形容它为一种"感觉综合能力的原始紊乱"。稀奇古怪的举止、孤僻离群、幻觉、妄想和偏执狂是其症状。然而至今这种病症仍令人难以确诊,不像其他疾病有相当明确的特定病因,比如肺结核,已知一种特殊的杆菌是其病因。精神疾病的发病率是1/100,而且即使用当今最有效的药物使多数病人免于住院,医院1/4的病床也会被这种病人占满。

然而直到最近,精神分裂症才被视为疾病。过去,NIMH的前研究人员罗伯特·科恩(Robert A. Cohen)写道:"任何严重的精神障碍一般均被视为性格软弱的反映,不被重视,认为它和肉瘤、心肌梗死或血管硬化这类病症性质很不同,发病率也不那么高。"妖魔鬼怪全被拉来当做替罪羊。对它的"科学"研究,在20世纪很大部分留给了精神分析学家和心理医生。但什么是精神分裂症的生物学基础?这个问题本身也是最近才提出来的。答案是什么,大家全都一头雾水。

肾上腺素的异常代谢。"这给我的印象是简直就是个奇妙的概念",阿克塞尔罗德说,而且对他来说还是一个理想的课题。一方面,他原先研究过安非他命和其他结构与肾上腺素相关的药物。另一方面,他正置身于NIMH,却仍要继续做在心脏研究所起步的许多药物代谢研究,对此他颇感内疚。从深层意义上说,研究精神分裂症和肾上腺素的联系,将使他名正言顺地处于精神卫生领域的中心。

阿克塞尔罗德意识到如果正如所料,肾上腺素的异常代谢(产生肾上腺素红)是产生精神分裂症的元凶,他应该了解其**正常**代谢是什么。在楼上5层的图书馆,他花了一天时间搜寻关于肾上腺素代谢的详细资料。结果一无所获,也缺少一般性概念。主要的观点是肾上腺素被单胺氧化酶(monoamine oxidase)分解,众所周知这种物质也在其他药物代谢过程中起作用。但这不过是猜测。

人们对肾上腺素的无知使阿克塞尔罗德大为吃惊,同时也令他激动不已:他正向一块新的科学处女地——神经系统世界——挺进。

肾上腺素*是去甲肾上腺素的表亲,而去甲肾上腺素是植物神经系统的两种神经递质之一:你抬起胳膊或开口讲话是有意为之,受意识控制。而生命必需的生理过程,却不会因意识的干扰而中断。植物神经系统便司此职,自动调节诸如呼吸、心跳和血压之类的功能。

---

* 英语中肾上腺素称为 adrenaline,也称 epinephrine;去甲肾上腺素称为 noradrenaline,也称 norepinephrine。——译者

神经学家把植物神经系统分为两类,交感神经系统和副交感神经系统。粗略地讲,两类互相对立,交感神经主司突然的肌肉活动,像运动、打仗或追赶公共汽车;它使心跳加快、肌肉紧张、呼吸加剧,而且使瞳孔放大。副交感神经则起到相反的功效,使人平静恬适,只是在消化食物的过程中它才特别活跃。

两类系统均有各自的化学信息传递者,或神经递质。一个神经递质是把神经冲动从一个神经细胞传至另一个细胞的化学物质。在1921年关于神经递质活动的经典证明中,奥地利人洛伊(此人1936年获诺贝尔奖之后,进入华莱士麾下的纽约大学药理学系任教)把两只青蛙的心脏浸在一个普通浴缸里,当他刺激一只心脏的迷走神经,使心跳的速度放慢后,第二只心脏跳动也放慢了。而它们唯一的联系便是那个普通的浴缸。显然,从第一只心脏里流出的化学物质,通过浴缸中的水刺激了第二只心脏,洛伊把这种化学物质称之为 *Vagusstoff*,以后被证实为乙酰胆碱,它是"第一个"被发现的神经递质——副交感神经系统的神经递质。

1948年,冯·奥伊勒证明去甲肾上腺素是交感神经系统的神经递质。去甲肾上腺素是肾上腺素减去1个甲基得到的结构。两者有联系,但不同。在个体的神经元突触中,去甲肾上腺素被局部释放出来,把神经元一个个地激活,取得精微神经系统的控制权。另一方面,肾上腺素则由位于肾脏上方的两个小腺体(肾上腺)分泌,并全部进入血液。它在去甲肾上腺素活动的许多相同位点起作用,而效果则是全身性的。

现在阿克塞尔罗德正投身于对这些交感神经系统化学物质的代谢研究。一连4个月,他试图证实霍弗和奥斯蒙德的假设,寻找可以把肾上腺素转变为肾上腺素红的酶。他没有成功,他的实验是一连串的失望。然而,1957年的一天,他打开了美国实验生物学学会联合会会刊

《联合会论文集》，发现一篇题为《去甲肾上腺素主要尿液代谢物的认定》的文章，作者是阿姆斯特朗（Marvin D. Armstrong）和麦克米伦（Armand Mcmillan）。他们发现肾上腺里生有某种特殊肿瘤的病人，其尿液里含有大量的3-甲氧基-4-羟基扁桃酸这种化合物，他们把它命名为VMA，并推测它很可能是去甲肾上腺素的代谢物。

阿克塞尔罗德抓住了那个简短得只有一小段的摘要。VMA中的"3-甲氧基"部分意味着，它依附于苯环的第3个碳，取代了通常情况下的氢，是1个依次和氧连接的甲基。它是这种由1个碳和2个氢形成的甲基，这些使阿克塞尔罗德灵机一动：去掉去甲肾上腺素的胺，加上1个甲基，你会得到什么？你得到了阿姆斯特朗和麦克米伦的VMA。那么增加的甲基可能从哪儿来呢？坎托尼的S-腺苷甲硫氨酸可以产生甲基，没错！

S-腺苷甲硫氨酸，或称SAM，几年前被NIMH的研究人员发现。阿克塞尔罗德原先曾请求凯蒂让他和这些研究人员共事。SAM显然是一种普遍甲基的"捐献者"，对许多生命过程都至关重要；每当代谢反应研究中某些步骤需要1个甲基时，似乎总是取自于SAM，因为它自身的甲基只是松松地附着着。若提供适当的酶，甲基就会转移到另外的化合物。阿克塞尔罗德推测，肾上腺素是甲基可以与之紧密附着的一种化合物。

但这并非确定无疑。因为若让肾上腺素（或有相似结构的去甲肾上腺素）如阿克塞尔罗德推测的那样，经某些生化步骤变成VMA，SAM必须先使它的甲基附着在肾上腺素分子已被羟基占据的位置上。也许SAM可以起到这样的作用。但若是这样，它却从没有被证实过。

就在那个下午——1957年3月10日——阿克塞尔罗德试图证明自己的推测。首先，他需要SAM，他手头没有。但他确有两种化合物，坎托尼证明过它们可以在肝脏中合成SAM：一种是氨基酸甲硫氨酸，另一种是腺苷三磷酸,或称ATP,是身体的能量分子。他把两种物质的混合物和老鼠肝脏提取物混在一起煮,然后加入去甲肾上腺素,结果去甲肾上腺素消失了。

他不能真正目睹它的消失。但当他记录代表它的数字时,却几乎能感觉到它的遁迹:混合前的数字读取为80,现在只剩下7了。

他把混合物的成分少加一种,再重复以上实验。当他拿掉ATP,但保留甲硫氨酸时,去甲肾上腺素没有消失;当他保留ATP,不加入甲硫氨酸时,去甲肾上腺素也保持完好。他炖煮老鼠肝脏提取物,使它的酶失去活性,去甲肾上腺素仍安然无恙。只有当所有组成SAM的成分都被混在一起,并且当那种神秘未知的酶完好无损时,去甲肾上腺素才被代谢掉了。"我知道我找到它了,"阿克塞尔罗德说,"我知道我得到了一种新的酶,以及去甲肾上腺素新的代谢路径。"

他如获至宝,但他仍想万无一失。他想用SAM重复一遍实验,而舍弃几乎是定论的推断——ATP和甲硫氨酸可合成SAM——他要通过实验得到铁的事实。"我隔壁实验室的德拉哈巴(Gabriel de la Haba)慷慨地给了我一些SAM。"阿克塞尔罗德这样描述事情的经过。事实上,真正的故事并非如此。坎托尼出于嫉妒,对自己的SAM看得很紧,阿克塞尔罗德一直等到坎托尼出城去了,才去隔壁要了一点SAM。他得到了,SAM起了作用。

据推测,去甲肾上腺素转化成了某种物质,而这种物质又转变为VMA。如果他是对的,阿克塞尔罗德知道这种中间物质在化学上应是什么样的。所以,假定自己是正确的,他请求隔壁实验室的有机化学家威特科普(Bernard Witkop)和塞诺赫(Siro Senoh)从零开始,合成这种物质。如果去甲肾上腺素以他预见的方式分解了,它的中间代谢副产品,即阿克塞尔罗德称之为去甲变肾上腺素(normetanephrine)的东西,应该与威特科普和塞诺赫为他合成的物质一样。

3天后,塞诺赫给他带来了新合成的去甲变肾上腺素,阿克塞尔罗德记得那是"美丽的晶体"。标准实验室技术纸色谱法——提供一种特别的大纸,上面布满小点,每一个都代表某种特定化合物在各种溶剂中移动的趋向——可使阿克塞尔罗德迅速找到答案。如果那些点不同,那就没必要再继续研究。

　　但那些点并没有显示不同,它们完全一样。那意味着化合物完全一样,也意味着阿克塞尔罗德指出的去甲变肾上腺素,就是去甲肾上腺素的中间代谢物。这意味着,某种迄今为止未被人想到的酶是造成转变的原因。

　　阿克塞尔罗德找到了这种酶,分离并提纯了这种酶。他发现,它不仅代谢去甲肾上腺素,还代谢肾上腺素和多巴胺(dopamine),所有这三种物质都属于一类叫做儿茶酚胺(catecholamine)的化合物。阿克塞尔罗德把他的新酶命名为儿茶酚-O-甲基转移酶(catechol-O-methyltransferase,O代表它移走的甲基落足在原来已被氧占据的苯环某点上)。今天,任何生物化学、药理学或生理学课本,都会在关于代谢途径的图示中,把"COMT"(儿茶酚-O-甲基转移酶)字样,标在去甲肾上腺素和去甲变肾上腺素之间的箭头旁边。

　　阿克塞尔罗德几乎还没有开始涉足对神经系统的探究。但离开布罗迪实验室两年后,他的初试锋芒的研究便结出了改写课本的硕果,而这种成绩是大多数科学家一生孜孜以求的。

　　几年后,阿克塞尔罗德说:"我曾做过的最好的事是和布罗迪共事,次好的事是离开了他。"

　　那么,霍弗和奥斯蒙德的原创理论价值何在呢?还有那篇启发了阿克塞尔罗德的论文,它提出了精神病患者和正常人代谢物有所不同的观点。凯蒂最初对它们持怀疑态度。"我们以前被愚弄过很多次,"他说,指的是关于精神分裂的太过简单的理论,"而且,我对他们作为科学家的资质没有信心。当我们还不了解正常代谢的时候,这些家伙声称他们知道异常的代谢。"

然而,他仍按霍弗和奥斯蒙德论文的说法,给一家波士顿的小公司新英格兰原子能公司打电话,订购了1万美元的含氚去甲肾上腺素。这是"热"的去甲肾上腺素,具有放射性。订购它被证明是个重大决定。

第七章

朱利叶斯实验室

它们无处不在，遍布在全国大多数生物医学实验室。大的写在冷冻室的门上，小的写在仪器和玻璃器皿上。人们可在废气罩上、储物箱和垃圾桶上发现它们——明黄色标签和警示符号，人们熟悉的3条红色弧线，均指示："小心：放射性物质。"

这些放射性物质并不会、也不能作炸弹或核反应堆的原料；它们的放射性太微弱。事实上，它们起的作用是生物医学实验中的示踪剂：用某种具备微弱放射性化合物的标记或示踪。用特定的探测器可以察觉它的发光，这样就可在复杂的生命过程中追踪到此种化合物的命运。它发光的强度显示出这种有机化合物有多少通过了某种特定的生化路径。

凯蒂1957年从新英格兰原子能公司定购的含氚肾上腺素，是用氢的放射性同位素——氚示踪的肾上腺素。许多化学元素都能以稳定或放射性两种形式存在，互为同位素。比如说氢原子的原子核，通常包含1个质子，没有中子。稀有的同位素氚也是氢，但其原子核中有1个质子、2个中子——共3个核子，这也是氚这名字的来源。从化学上讲，这两种同位素几乎没什么区别，参与同样的反应，可组成同样的化合物，等等。

但氚具有放射性，它发出的射线可以由液体闪烁计数器测得。这种闪烁计数器就是高科技盖革计数器。将试管一一放好之后，测量第一个试管的放射性，记录数值，然后自动对下一个试管重复上述测定过程。凯蒂在定购了含氚肾上腺素和含氚去甲肾上腺素的同时，也购买了这种测试仪器的早期产品。

1958年，第一批订货抵达。凯蒂计划用它测量精神分裂症患者的异常代谢物。这个主意是从霍弗和奥斯蒙德关于肾上腺素红的那篇论文中得到的灵感，而此论文也启发了阿克塞尔罗德从事去甲肾上腺素的研究。但现在，阿克塞尔罗德对于这刚从波士顿运到的昂贵放射性化合物，有了另外的打算。为什么不把它注射一点到动物身上，看看它的走向如何？凯蒂说："我得承认当时我觉得这是个荒唐主意。"阿克塞尔罗德到底想知道什么？

朱利叶斯确实弄懂了一些东西。他和两名同事把它注射到经过麻醉的猫身上，然后进行解剖，把猫各类身体器官研磨，再把样本放入试管，用闪烁计来测试，他们注意到在脑部几乎没有肾上腺素出现。肾上腺素聚集在心脏、脾和垂体，但脑部没有。结论是什么呢？肾上腺素不能通过血脑屏障。这种屏障是一种毛细血管系统，它阻止某些物质进入大脑，而允许另外的物质通过，这样就对脑部大量敏感的神经组织起到了生化保护作用。因为已知脑部确实存在肾上腺素，所以很清楚，它在脑部由**可**通过血脑屏障的起始化合物形成。

一个意义深远的重大发现，值得写篇简要的论文；此文1958年12月送抵《科学》杂志，6个月后刊登了出来。但有一些可引导人们对交感神经系统功能产生全新理解的关键性数据被保留下来，成为日后另一篇论文的重要内容。

阿克塞尔罗德首先注意到肾上腺素的这项特征，以后他又和访问学者韦尔-马勒布（Hans Weil-Malherbe）以及洛克菲勒基金会的惠特比

（Gordon Whitby），用放射性去甲肾上腺素做了类似的实验：他们把具备放射性的去甲肾上腺素注射进被麻醉了的猫的身体，两分钟后解剖，然后测量猫各身体组织内去甲肾上腺素的浓度，结果发现它在各种组织中分布极其不均。在主动脉，他们发现在每克组织里有33纳克（10亿分之一克）去甲肾上腺素，在心脏里为229纳克，胰脏中为46纳克，肾上腺中为150纳克，肾脏中为48纳克，脾脏中为229纳克。这意味着什么呢？

阿克塞尔罗德认为他知道其中的奥秘。有段时间，有一个相左的实验数据使他深为烦恼。在这之前，他已发现了去甲肾上腺素的代谢过程，它表明不单涉及单胺氧化酶，还有某种新的酶也起作用，他称之为儿茶酚-O-甲基转移酶。假定你阻断了这两种酶，阻止去甲肾上腺素分解，那么它的药理作用就应该无限期持续下去。

但当时，食品和药物管理局的研究员克劳特（Richard Crout）在做过此实验后却发现事情并非如此。即使阻断了这两种酶，去甲肾上腺素仍不起作用。个中缘由究竟为何呢？

神经传输既是电过程，又是化学过程。神经冲动以大约1/10伏的电"火花"的形式，沿又长又细的神经纤维向前传递。但它走不多远便会遭遇障碍，即神经元之间的间隙。这个间隙，也许只有1英寸（约2.5厘米）的1000万分之一的距离，被称为突触。

到达突触的电子信号释放出神经递质，它弥漫并越过狭窄的突触间隙，抵达下一个神经元，从而和接收它的受体会合。正如一把钥匙正好插入一把锁开启一扇门，神经递质和受体共同启动一系列电化学事件，结果便是下一个神经元的发放。这样神经冲动便像接力棒一样在神经元之间依次传递。

但同样的神经元是如何进行第二次乃至第三次发射的呢？只有整部电化学机器在每次发放后的几千分之一秒时间内均被重新启动的情

况下，神经纤维才能每秒传导上百个甚至更多个冲动。这意味着神经递质迅速越过突触的裂缝后，必须失活或被摧毁掉，或以其他方法被清除。当第一枚子弹的壳还未跳出来时，你能用来复枪发射第二枚子弹吗？

对植物神经系统的另一种神经递质乙酰胆碱来说，清除工作由乙酰胆碱酯酶完成，这是一种会把乙酰胆碱代谢掉的酶。如果阻止此酶发生效果，乙酰胆碱的作用就肯定会持续。去甲肾上腺素难道不可能以相似的方式失活吗？

这相当可能，而且很合逻辑，人人以为如此，但这与事实不符。克劳特的证据很清楚：即使能令去甲肾上腺素分解的已知的两种酶都受阻，去甲肾上腺素仍会失去活力，这简直令阿克塞尔罗德烦恼不已。如果酶不是身体清除去甲肾上腺素的唯一方法，那其他方法是什么呢？

从最新的实验结果中，他得出了一条线索：他和同事们发现，去甲肾上腺素没有在各类组织中均匀分布，它们集中在心脏、脾、唾腺和肾上腺中——这些都是交感神经丰富的器官。注射进去的去甲肾上腺素立即被这些器官吸收。

他们做了另外一个实验。他们等待了2小时，而非以前的2分钟，然后再杀死实验动物，检查去甲肾上腺素的分布。他们发现，这期间去甲肾上腺素的水平几乎没有下降。众所周知，2小时后去甲肾上腺素会丧失生理作用，这可能意味着它被代谢成不活跃的副产品。然而，它们仍在那里——那些数据是极肯定的——没有被代谢，安然无恙地待在交感神经组织中。

会不会这样呢？阿克塞尔罗德设想，去甲肾上腺素越过突触间隙后，和另一端的受体结合，并成功地启动下一个神经元，去甲肾上腺素根本没被酶分解，而是被前一个神经元重新吸收，以某些生理惰性的形式储存下来，以备后用？

像这样的机制在神经系统的其他方面并不存在。如果上面的推测是真的,就意味着:对乙酰胆碱起作用的机制,不适用于它的姐妹神经递质——去甲肾上腺素。这是一种出人意料的自然界不对称现象。阿克塞尔罗德将怎样证明或推翻他所称的再吸收现象呢?他和同事们交换了许多看法。然后,某天,他和前来访问的科学家赫廷(Georg Hertting)——有人称之为"从维也纳来的瘦小谦谦君子"——想到了一个简单的证明方法:他们弄来一只猫,挑断了它的高级颈神经节。

神经节是神经集束。高级颈神经节仿佛是通往某些器官的神经总站,主司眼部肌肉和唾腺。阿克塞尔罗德和赫廷把实验猫身体一侧的高级颈神经节切除,另一侧的则予以保留。他们等待了一星期,以便让被切除的神经节控制的组织中的神经死亡,然后注射含氚去甲肾上腺素。1小时之后,他们杀死了猫,检测放射性去甲肾上腺素的分布。

结果令人吃惊:由完整的神经节控制的身体一侧的眼部肌肉,每克组织中含有45纳克去甲肾上腺素;另一侧相应的数字是3.2纳克。相似的差别也存在于唾腺和其他交感神经组织里。他们重复了一次实验,这次切除一侧神经节后,他们没等1周而只等待了15分钟,结果两侧没有区别;因为神经还没有死亡,它们继续吸收注射的去甲肾上腺素。

结论逐渐浮出水面:去甲肾上腺素因为被神经末梢再吸收而失去作用。此结论如果成立,便解决了长期以来的外科谜团:为什么切除交感神经后,它们控制的器官会对去甲肾上腺素异常敏感?现在原因似乎清晰了。再吸收系统失效后,去甲肾上腺素会保留在器官里,持续刺激神经。

在接下来的实验中,阿克塞尔罗德进一步证实他最初用铅笔起草的再吸收现象。他和同事刺激脾脏神经后,发现以前注射进去的"放射性"去甲肾上腺素被释放进血液。他们发现可卡因会阻碍去甲肾上腺素的吸收,使得神经递质的作用延长。他们指出,储存去甲肾上腺素的神经末梢的解剖结构,是细小的颗粒状囊泡,可以用电子显微镜观察到。他们还表明抗抑郁药是如何起作用的:它们给脑部带来了更多的可用去甲肾上腺素。在以后几年的一篇又一篇论文中,阿克塞尔罗德和许多合作者开辟了一片崭新的领域。

然而他们的工作却并非一帆风顺。"我的笔记本上记录了无数模糊不清的实验结果,不能给人任何启示。"阿克塞尔罗德说——有时在实验室几周、几个月乏味之极、没完没了,一再受挫,甚至不能证明实验为什么**不**成功。

而今天,关于交感神经功能的基本描述,可能会占据生理学课本四五段精确权威的文字,或者占一页篇幅。看到这项发现被印成白纸黑字,硬封装帧,真理性更加确定无疑,便很容易忘记当初这个议题是怎样的神秘莫测。冯·奥伊勒曾证明,去甲肾上腺素是交感神经系统的神经递质;除此之外人们所知甚少。阿克塞尔罗德把这种自然生成的物质当做一种药物对待,并运用从布罗迪那儿学来的研究相同的基本药物代谢的妙招:找到测量它的方法,然后跟踪它的命运。

由惠特比、阿克塞尔罗德和韦尔-马勒布合著的论文《H^3[含氚]去甲肾上腺素在动物体内的命运》,发表在《药理学与实验治疗学学报》1961年第132期上。这一年距该刊发表布罗迪和阿克塞尔罗德合写的《乙酰苯胺在人体内的命运》一文,已有13年了。

工作在继续,论文接连问世。逐渐地,一个变化正在朱利叶斯实验室里悄然发生。首先是韦尔-马勒布来2D45实验室工作达数月之久,然后是洛克菲勒大学的惠特比、维也纳大学的赫廷。最早的研究伙伴之一林肯·波特(Lincoln Potter)也来了,他和阿克塞尔罗德一起发现了去甲肾上腺素在身体中的储藏处。再以后是回到剑桥大学的惠特比,要求其学生艾弗森(Leslie Iversen)研究一个自己曾和阿克塞尔罗德携手开创的题目；于是艾弗森来到贝塞斯达。阿克塞尔罗德听说过的法国科学家格洛文斯基(Jacques Glowinski,他曾研究成功把去甲肾上腺素注入脑部的方法)，也来到了2D45实验室。以后不断有新的研究人员投奔到朱利叶斯麾下。朱利叶斯·阿克塞尔罗德，长期以来一直做学生、助理和学徒的科学家，终于成为别人的导师。

从20世纪50年代后期和60年代早期开始，应该说终于有了"朱利叶斯实验室"的存在。它可不像楼上布罗迪统治的王国。阿克塞尔罗德只当过部门主任，并将继续如此，他屡次拒绝把他从实验台前拉走的升迁。后来加入朱利叶斯研究队伍的布朗斯坦(Michael Brownstein)这样解释自己导师的态度："安心做小人物，是他作为科学家保持旺盛创造力的秘诀。去实验室证明自己的任何设想，这对他意义重大。"一直到他折桂诺贝尔奖，阿克塞尔罗德每天都在自己的实验台工作。他没有驯服的部下可供调遣，没有固定的下级实验人员队伍。然而，像有人数年后评价的那样："在那间狭小、凌乱而又拥挤不堪的实验室中，他孕育了神经科学的革命。"

在阿克塞尔罗德振翅单飞多年之后，NIH及其他机构的许多科学家仍以为他是布罗迪的老技师。奥尔洛夫是这些人士中的一位。"我以为他是位超级技师，略知生物学，但精通化学。"他说。然而不久，阿克塞尔罗德就凭自己实力成为受人尊敬的科学家。维克特·科恩(Victor Cohn)在20世纪50年代末是布罗迪实验室的成员，现任乔治·华盛顿大学药理学教授，他回忆说，当阿克塞尔罗德离开布罗迪后，布罗迪实验室的一些研究人员便经常拜访他，探讨药物代谢的问题。

总之，布罗迪与自己这位原技师充满竞争(正像他对待那些年异军突起的乌登弗兰德一样)。当阿克塞尔罗德的论文出来时，布罗迪会冲向它，怀着特殊兴趣仔细阅读。他并不鼓励自己的7层王国子民和2层人员自由交换科学见地。"畅所欲言很困难。"科斯塔记得。当他1960年初次加盟布罗迪实验室时，布罗迪曾要求他组织一次学术研讨会，天真的他邀请了阿克塞尔罗德。千万不要重复类似的错误，他记得布罗迪这样警告他。

与此同时，年轻的科学家不断跑来和阿克塞尔罗德一起工作，几年后离开时对他的轶事津津乐道，如某些人曾称他为"一个极其有趣的土地爷似的小个子男人"，他的自由，凭感觉研究科学，不仅富有成果，而且称心快活，充满乐趣。奥尔洛夫记得在20世纪60年代访问欧洲时，他"惊奇地发现他在欧洲是如何地受尊敬，朱利叶斯·阿克塞尔罗德堪称那里**响当当的人物**"。

戴利（John Daly）和阿克塞尔罗德相识已有1/4世纪，他微笑着说："我所知道的所有生物化学知识都归功于他。"继而他补充道："我欠他太多了。"

在戴利位于NIH 4号楼的窄小、贴瓷砖的实验室，其利用空间的方法是摩天大厦式的：往高处发展。各种论文和书籍沿墙根码放得很高，离心机、箱子、杂志和分子模型几乎要顶破天花板。透过威尼斯式软百叶帘照射进来的光线，由于摆放着试剂瓶子的黑铁架子的阻碍，变得朦胧暗淡。一只荧光照着的大饲养箱里盛满了各类颜色鲜艳的青蛙，它对面一张不长的干干净净的实验台旁坐着的便是戴利。单薄，留着胡须，一袭条纹牛津衬衫加上棕色皮工作靴，使他看上去像个超龄的研究生。他就这样回忆起20世纪50年代末60年代初和阿克塞尔罗德共事的往事。

最初他感到在朱利叶斯实验室里有些像局外人；他不是朱利叶斯的弟子，他来到NIH是为有机化学家威特科普工作的。而威特科普实验室合成了朱利叶斯做COMT研究用的变肾上腺素晶体。戴利参与了这项研究,而且不久就开始每周在朱利叶斯实验室待两三个上午。他当时25岁,刚取得斯坦福大学的化学博士学位,但对生物化学知之甚少。阿克塞尔罗德手把手地教他。

"朱利叶斯穿着实验室大褂,亲自给我示范,自己用吸量管吸东西,一项一项地教给你技巧。这样很令我满足。因为研究人员那么多,你来到一个科学大人物的实验室,若能一周或一个月看到他一次那你就深感荣幸了。"威特科普就是这样的,戴利在他那儿待了两个月都未能亲睹他的真容。而朱利叶斯实验室的面积不大,气氛随和。你不必事先约定时间和主任谈话;他就在你身边,在旁边的实验台那儿,总是兴致盎然,总是热情洋溢。

在朱利叶斯实验室甚至写论文的方式也与众不同。在许多实验室,你得写好草稿,然后交给主任,他会告诉你应如何修改,然后你回去改。但阿克塞尔罗德则不同,你是坐下来和他一起写,就坐在窗下他的那张灰金属书桌旁。戴利没想到朱利叶斯会乐意为他投入那么多时间。

有3年时间,他经常造访2D45实验室;另外3年他和阿克塞尔罗德断断续续地合作。结果他们共同发表了8篇论文,多数探讨的是甲基化的路径问题。"那是黄金岁月",戴利回忆说,在那些岁月里,他看着年轻的才子从最初涌入朱利叶斯实验室,成长为阿克塞尔罗德的"科学之子",并在后来的20年中,成为全美甚至全世界的科学精英。

"他们是一大群人,"阿克塞尔罗德评价自己的第一批研究伙伴和访问学者,"他们全成了著名人物。"

第一位研究伙伴名叫林肯·波特。作为耶鲁医学院的研究生,他刚刚完成了在波士顿布里格姆及妇女医院(Brigham and Women's Hospital)严酷的实习医生工作,在那里他每天只有4小时的睡眠时间。现在作为研究伙伴(NIH此举旨在招收有培养前途的年轻医学博士致力于科学研究），他成为公共卫生署的官员了。他可以自己支配时间，生活体面，可以有荫蔽妻儿的住所。贝塞斯达和灰色阴沉的波士顿不同，太阳好像永远照耀着。对他和其他在此实验室工作的研究伙伴来说，"那是我们生命中辉煌而愉悦的时光"。

在林肯·波特的回忆中，2D45是间狭小的实验室。朱利叶斯坐在一角，一个用来混合各种物质的试管振荡器永远在咔嗒作响。"嗯，这就是这儿发生的一切。"阿克塞尔罗德向他介绍说。不一会乔治·赫廷递给他一个注射器，于是，他就在离朱利叶斯办公桌很近的地方开始工作了。他要把具有放射性的去甲肾上腺素注入老鼠体内。"朱利叶斯每分钟都了解实验的最新结果，他就在实验室与我们待在一起。当我和乔治研究去甲肾上腺素时，他在研究甲基化的酶。"

当你步入朱利叶斯实验室，首先映入眼帘的是坐在桌前的朱利叶斯·阿克塞尔罗德。你直接走过铺了瓷砖、干净整洁的地面，便可来到他身边。他懒散地坐在政府发的转椅里，下巴垂在胸前，眼镜推到额头上，杂志举到视力尚好的那只眼睛前面。他这副样子似乎太一般，没有秘书，没有单间，就和大家挤在一起。然而，他这样度过了近30年。

萨韦德拉（Juan Saavedra）记得自己在1971年初加入朱利叶斯实验室前，一位朋友曾这样警告他："你唯一能看到有关他的东西就是紧锁的门，上面写着：朱利叶斯·阿克塞尔罗德，诺贝尔奖得主。"然而萨韦德拉讲："他这儿不仅没有紧闭的门，甚至他连自己的办公室都没有。他不是阿克塞尔罗德教授，他是亲切的朱利叶斯。我不但能看见他，还能每天和他共进午餐。我可以向他请教任何问题，甚至提出愚蠢的问题。"

当那些年轻同事混合化学物质，做实验，并记录数据的时候，几步之外的阿克塞尔罗德专心做自己的事，丝毫不被打扰。"我把这归功于纽约地铁。"他说。他曾喜欢在乘地铁去学校的路上学习。获诺贝尔奖后，他可以拥有自己想要的任何一间办公室，他却选择了不要。究竟什么是办公室的概念：一个远离实验室纷扰、可以专心写作的地方？然而他喜欢实验室的噪声和人来人往，喜欢被打扰。"如果有人来打扰你，"他推理说，"他们肯定要告诉你重要的事情。"

告诉朱利叶斯重要的事情。这就是他的学生们孜孜以求的东西，是他们彼此竞争、努力达到的目标。

当阿克塞尔罗德为某事而感到兴奋时，好像整个天空都被点燃了。他对有趣数据的热忱，和对提供数据的研究人员的褒奖简直成了传奇。一位弟子曾说，阿克塞尔罗德最特殊的才能就是他总能让你坚信，你做的一切都惊天动地般了不起。另一位实验室的资深人员（现已是另一家实验室的主任）认为，年轻人最需要的是"有人告诉你你是一流。鼓励让人振奋，对培养年轻人才非常重要"。在阿克塞尔罗德实验室，他曾获导师很多鼓励。

朱利叶斯有一次在解释一场关键实验的设计时，我也有亲身体会。有时我可以轻松理解他对自己研究的叙述，有时理解上有些困难。而这一次，我只是勉强跟得上，但是当他陈述的内容正要切入要点时，我接上去说出了他还没出口的话。他立即赞许："完全正确！"而且兴奋得满脸发光。我知道他的喜悦不是因为我个人的聪明，而是因为那个能有共识的交流瞬间。然而我还是深感荣耀，好像我是让他大为高兴的特殊人物。

布朗斯坦说，在朱利叶斯实验室里有"一种非正式的等级制度"。他后来在NIMH拥有自己的实验室。按他的说法，你在朱利叶斯实验室的地位每天都不同，它取决于阿克塞尔罗德怎样评价你的工作。如果他一天在你身边逗留两三次，你的地位就水涨船高；你知道他对你的研究有兴趣。他会和你一起分析数据，欣喜异常，不久就会告诉你此后两个月里所有你能做的伟大实验，而且新设想层出不穷地涌出。

有时,他的这种做法使人心烦。"朱利叶斯招人烦",布朗斯坦说,用了一个犹太用语noodge。你可能刚刚开始一个实验,他就来了,兴致极浓,急不可待地要你的实验数据。

不过,若他觉得你的实验索然无味,那就更糟。无庸说,他的鼓励极具分量,因为他从不轻易赞美别人。布朗斯坦说:"如果你听来听去,他只说'噢,这非常有意思',除此之外再没有其他内容,那这句套话就没有什么价值。"但阿克塞尔罗德的嘉勉从不会贬值。如果你的努力不值得炫耀,你从朱利叶斯的脸色上就能看出来。那仿佛太阳突然收敛其光芒一样。正如最近的合作者梅里利·波特(Merrily Poth)所言,实验室"通常会有一位金发少年",朱利叶斯的光芒会带着特别的热情倾泻在他身上。"啊,你可曾看到他的那些实验数据?"朱利叶斯会兴致勃勃地跑来问你。于是你除了也想成为朱利叶斯表扬的人,"还想冲进办公室,更加奋发地工作"。

阿克塞尔罗德首次收学生时备感不自在;他毕竟自己做学生做得太久了。特内(Hans Thoenen)是个长得像林肯一样瘦削的高大德国人,曾在20世纪60年代末和他共事。他评价阿克塞尔罗德"具有宽广的胸怀。他接受我们的弱点,把我们视为卓有建树的、有能力的和平等的合作者"——无疑,布朗斯坦说:"朱利叶斯深知老板学徒式关系的祸害。"

阿克塞尔罗德试图给学生们能胜任的研究课题,但课题不至于简单到琐细无聊——这是很难掌握的技巧。你的第一个项目,布朗斯坦说,是"你一两个月内就可达到的目标,然后你可以站稳脚跟,起跑,得到朱利叶斯关爱。同时,你能够考虑下一步做什么"。

布朗斯坦补充说:"对于大多数人来说,这种策略很奏效。"

阿克塞尔罗德的年轻同事们通常是从医学院初出茅庐,在校期间他们负荷沉重,要学习大量新材料,头昏眼花,苦不堪言。阿克塞尔罗德说,多数人需要向他们保证这儿没有考试,只要放松和快快乐乐地做事就可以了。这儿不是在学校,正确答案都是现成的,只需要消化它们。相反,实验室研究人员要去探索未知领域,甚至没有什么路标。研究不是什么苦差事——至少不必如此——而是对未知世界的探险。

现供职于蒙特利尔大学的德尚普兰(Jacques de Champlain)说,阿克塞尔罗德向他们表明,科学"可以是充满创造性的活动,发现是快乐之源"。林肯·波特则说:"阿克塞尔罗德展现的科学恰如我们儿时的感觉,惊奇、魔幻、发现和欣喜。"

"跟着鼻尖的感觉走。"阿克塞尔罗德会这么说。他认为研究并非宏大有序,结构井然,不必预见一切并谨慎从事。不,研究是试试这个,再试试那个,朝缪斯指引的方向走,引导你的是直觉,是逻辑。

若要在一个新鲜重大的问题和一个已被人挑烂的小问题之间作出选择,许多科学家会选择陈旧琐细的小问题。也许因为这样更安全,研究途径相对明确,而结果也更确定。阿克塞尔罗德以其在同伴眼里百试不爽的本能嗅觉,总是选好的研究课题,那种"胖鼓鼓"而内容丰富、还未被别人触及的课题。"你要在适当的时间提出重要的问题,"他说,"一年之后再提出,答案可就太明显了。你要在问题的答案不明显时,就提出来。"

按布朗斯坦的说法,阿克塞尔罗德会关注最强烈显著的现象,研究起来比较容易,又很重要,其他的留给别人去研究。"他的主意是,你应用大手笔挥毫泼墨,然后,如果有人觉得需要补充细节,那就让他去做。"换言之,他在科学上只做"撇奶油"提取精华的工作,而且他的一批又一批学生把这个教义传了下去。

你需要的一切就是好的思路和尝试它的决心。你不必也不想做的是对已有的文献读得太多——因为,正如一位他过去的学生所言,"所有文献都只告诉你不可做什么"。在他的科学风格的许多方面,似乎布罗迪正在隔代传话，或至少是在10号楼7层演讲。

阿克塞尔罗德会说："你不能靠冥想取得任何进展，只有去实验室动手去做。"实验没有支持你的思路吗？太糟了，尝试一下别的方法。你总要时刻准备放弃珍爱的理论，无论你曾为它奋斗了多久。不能太感情用事。"在事实面前你不得不放弃。"他的适应能力无穷无尽，对有些不太清楚的东西他并不去追究。研究，对他而言，是热衷于一个又一个机遇。他可谓"没有原则约束"，仿佛无舵的船，随风飘流。

"假如你的一只脚能踏进门，就会知道朝哪儿走。"阿克塞尔罗德会说，"你只须跟从自己的嗅觉，从一件事到另一件事，一次只走一步"，永远不要做不能胜任之事，麻烦和困难会拖住你的脚步。在10号楼与朱利叶斯同一层楼工作并偶尔和他合作的布朗说，如果朱利叶斯能够测出某物，他就会去测它。那就是他迈过门槛的一只脚。掌握了方法之后，他会问："在脑部有多少？在肝脏里又有多少？"那么他为求得答案会严谨到什么地步？"够用即可。"布朗微笑着说。阿克塞尔罗德搞的生化研究，可不是遵循传统，把一切提纯到最后一粒分子。

阿克塞尔罗德从不去证明什么，从不真正这么做，而是满足于用各种方法证实某种推论，然后完事大吉。这往往意味着对一个问题还未研究透之前，他已转向研究下一个问题去了。对不能肯定自己的科学直觉或不准备冲击新难题的人来说，这么做可能令人不安。好比走在冰上，随时有滑倒的危险。有些胆战心惊吧？"太对了"，扎茨（Martin Zatz）说，他在20世纪70年代中期作为研究伙伴首次加盟阿克塞尔罗德实验室，现供职于NIMH的迈克尔·布朗斯坦细胞生物学实验室。"我能以朱利叶斯的方式工作吗？"他有时自问，"我想，'我也想那样做，只是做不到。'"

"朱利叶斯对待思路就如同孩子玩玩具，"布朗斯坦说，"他并非智力上让人五体投地；他在布朗克斯科学高中的班上从来不是独占鳌头。但他有跟踪重要问题的天赋。"像布朗斯坦所言,他的特别之处在于,"根据自己的特别见解做快而脏的实验"。而对企图模仿他的科学作风的人来说,危险不言自明——"你没有他那样好的见解,你会错过一些东西"。

你永远不能从书中学到,而他的学生时刻耳濡目染的,便是阿克塞尔罗德的科学直觉。科平(Irv Kopin),现在在NIMH是自己领域内的杰出研究员,20世纪50年代末和阿克塞尔罗德共过事。"我记得他书桌后的小黑板,"他说,"那是神经科学领域里的多数基础性突破首次出现的地方……朱利叶斯可以从空中抓到思路,你不知道他的感觉来自何处,甚至连他自己也解释不清。他只是说,'跟着自己的嗅觉走。'**但你总得先有个他那样灵敏的鼻子**。他有。他不仅有慧眼识人的嗅觉,还有辨识科学难题的嗅觉。他知道什么时候一个项目太困难生涩,无法下咽,而另一个什么时候开始成熟。但他永远不讲因为A、B、C、D等原因,所以某事太难了。这更是个直觉的问题。"

甚至在实验台旁,他也"拥有与众不同的嗅觉"。有时他整天都在用同一支吸量管,这样草率的做法,很容易造成污染。然而他清楚,一点污染并不能影响他通过实验痛快地找到最佳结果。从任一方面讲,他都是一个大师,能把复杂问题简化成有清晰答案的简单实验。

现在斯坦福大学工作的恰尔内洛(Roland D. Ciarnello)说,他现在一读《纽约时报》就想起自己的导师。他们曾坐在阿克塞尔罗德桌旁检查实验数据,每当恰尔内洛说一些无用的细节,阿克塞尔罗德的注意力就会分散。"当你一谈到微分方程,他的眼睛就在桌上的《纽约时报》上扫来扫去,这时我就知道我要进一步简化自己的叙述。"

"我不喜欢做复杂的实验,我不是个复杂的人。"阿克塞尔罗德说,他以你能想象出来的平静方式说着话,态度温和,像讲述一个无关的事实。但另外的时间里,当他赞扬科学的简洁之美时,他的谦逊少了许多。"毕加索,"他说,"就画一根线条——但它耗费了他许多时间和思索。"

阿克塞尔罗德的科学论文有时简单到可笑的程度。几个数字、几张方框图,看上去好像是从小学六年级算术课本上照搬来的。他不使用统计数字;向那些数字求助使他感到实验本身的设计很糟。好的实验可使结果清晰明了,其本身就把"真相"讲出来:去甲肾上腺素在神经节控制的身体一侧的含量是45纳克;在神经节被切除的一侧呢? 3.2纳克。

他在科学会议上的发言也同样简洁:从不压服人,讲的都是最根本的问题。有些科学家把每个细小的证据都写进申请科研经费的报告中,以反驳评审人可能提出的质疑。这些人在发言时也采取同样策略。阿克塞尔罗德注意到这些,但他认为没必要。省去麻烦的细节,使发言简洁。"他们反而会相信你。"他说。

埃瓦茨说,在阿克塞尔罗德事业早期,因为他看上去不那么智力过人,竟然饱受某些人轻视。他崇尚简单,不受细节左右。"他做事井井有条,总是做能有回报的实验。"但他并不像旅鼠走向海边时那样"一步接一步"步伐呆板。相反,他是在未知的雷区中探险,时常要停下来仔细探测,然后再前进。

另一种研究策略,埃瓦茨说,是事先仔细设计方案,制定出实验的步骤,没有创造性,按部就班,以保证最后能得出结论。但阿克塞尔罗德不是如此。他依靠直觉,而非僵硬的逻辑和周密的计划,他从不强迫自己去做实验,而不顾一些更早的实验的结果。

他的实验策略松散,灵活多变。"他每天下午都研究实验策略。"

而且每天下午——5点或4点,有些星期五甚至更早——他便结束一天的工作。"我不是个工作狂。"他喜欢说。在家里,他会和两个儿子嬉戏,或读书报杂志、科学期刊。"有时,"他补充说,"也会思考我工作中遇到的问题。"

他是在轻描淡写。他在1971年其母校乔治·华盛顿大学150周年庆典上的讲话却暗示,"有时"这个词用得不够充分。取得成功的关键,他那时说,不是巨额奖学金,也非超常智慧,而是动力和执着投入。那"并不一定意味着夜以继日地在实验室工作,但不论你做什么,你要无时无刻不在思索你的工作,与你参与的其他活动无关。我妻子偶尔会抱怨我对她的问题回答得牛唇不对马嘴,因为我心不在焉。我还想补充一点,有些最好的思路不是在实验室产生的,而是在我试图入睡时,在听枯燥无味的报告时,或在刮胡子时想出来的"。

他的论述再现了在他身上一种罕见的生活及职业的融合。他不像布罗迪那样把两个领域不加以区分。现任NIH所长温加登记得,甚至在他们合用一辆汽车的那段日子里,阿克塞尔罗德就和妻子有了类似约定。星期六上午属于他自己,但一到中午,他就会合上书、推开笔记,在周末剩下的时间里变为顾家的男人;温加登有时会在周六下午看见他洗衣服或购物。他记得他和妻子为达成这项约定,甚至特别举行了"协商"。

其妻子萨莉·阿克塞尔罗德(Sally Taub Axelrod),是不折不扣的看重隐私的平等主义者,甚至倾向于禁欲主义,讨厌浮夸和抛头露面。她相当注意保护隐私——比如,她拒绝接受我为写作此书所做的采访。

作为匈牙利犹太后裔,她和朱利叶斯一样来自曼哈顿下东区,同样渴望知识,同样有进步的社会价值观。而且据阿克塞尔罗德称,她一生都保持这种风格。他们由共同的朋友介绍,于1938年结为伉俪。她是纽约亨特学院毕业生,一位训练有素的教师,教小学二年级,并曾致力于文盲和弱智儿童教育。她丈夫形容她为"一个好女人,一个做事投入,肯负责任的人",她痛恨伪善,喜欢看到事物是非分明。

1970年宣布诺贝尔奖得主的那一天,她正在巴尔的摩参加一个教师会议。"阿克塞尔罗德夫人——有急事找你!"公共大喇叭里有人高声宣布。在回华盛顿的路上,她深感不安的是:公开的场面、扰人的电话和诺贝尔奖对她个人平静生活的破坏。后来据说,获奖带来的喧嚣和烦扰令她不禁希望折桂者是布罗迪。

但几天后,在NIH的庆功仪式上,阿克塞尔罗德向自己的爱妻表示诚恳谢意,"她是实验未成功时支持我的人";萨莉坐在第一排聆听他的讲话。他说在研究微粒体酶的痛苦时期,她"每天晚上都要听我絮叨",包括听他讲许多技术细节。她鼓励他去获取博士学位,之后又努力管好孩子,使他的学习不受干扰。在斯德哥尔摩辉煌的颁奖典礼上,她极力抑制自己的激动,"她应付自如,"阿克塞尔罗德夸赞道,"表现不凡。"

据说萨莉有时会因没有更好地款待丈夫的同事们而感到自责。的确,甚至那些最亲密的朋友也说,从没有频繁造访过阿克塞尔罗德寓所。他们从导师身上学到的东西都是从实验室得来的,而不是通过工作之余的小酌和便宴。"朱利叶斯与你谈话的焦点主要是数据。"布朗斯坦说。个人生活方面呢?"他是我认识的人中在那方面最没兴趣的。"同样,他喜欢把自己的个人生活保护得滴水不漏。

不过,他深受几乎遍布全世界的弟子们的尊崇,许多人说,到他手下工作是自己一生中最出色的选择。如果实验室里对布罗迪的主导感情是尊敬,对朱利叶斯则是热爱。

"朱利叶斯的故事"是如此之多,而且无一例外地感人肺腑。一次,恰尔内洛回忆道,两个人在楼下的咖啡厅共进午餐,检查阿克塞尔罗德建议做的实验的各项结果。"朱利叶斯,"他激动地说,"这证实了你的理论……""只有爱因斯坦建立了一个理论,"阿克塞尔罗德打断道,"我们其他人只是尽力罢了。"

他温文尔雅,讲话轻声细语,而且从不生气。埃瓦茨讲述了自己、凯蒂和阿克塞尔罗德在科罗拉多参加某科学会议的往事。从山中驱车回来的长途跋涉,令阿克塞尔罗德感到晕眩,当他们正要走出汽车时,车门一关,撞到阿克塞尔罗德的手上,把他的手指撞破了。"但他的反应却只是疑惑地四处看看,"埃瓦茨说,"他甚至没有说'天哪',或说句骂人话。我猜他很高兴那趟累人的旅行终于结束了。"

几年后,在为阿克塞尔罗德举行的一次表彰宴会上,格洛文斯基千里迢迢从法国赶来向他的导师致敬。阿克塞尔罗德和他一起第一次把关于神经系统的研究延伸到了脑部。那晚在切维蔡斯妇女俱乐部举行晚宴,坐于首席的有来自NIMH的凯蒂和科平,众议员霍耶(Steny Hoyer),参议员伊格尔顿(Thomas Eagleton),以及里根(Reagan)总统的科学顾问基沃思(George Keyworth)和其他许多人。每个人都站起来说了几句话。NIMH所长古德温(Fred Goodwin)主持了晚宴,规定给每人两分钟的讲话时间,但格洛文斯基却并不打算遵守这项规定。

"要用两分钟时间倾诉我20年来的感受太难了,"他边说边漫不经心地向古德温点头示意,"所以我要不受时间限制。"这位法国人如此肆无忌惮的突然袭击,一时使全厅静默下来。他说自己将要做的,是"当场写作",写一本有关"指导人们如何研究"的书籍。当然,是朱利叶斯的实验风格。

第一章,"怎样布置实验室"。他开始自己的宏论,他对英语成语的运用有点生硬。"首先,"他说,"你必须有间很小的实验室。你必须置办一张书桌,一张很旧的书桌。然后,在靠书桌的地方放一架天平,这很关键。你还必须有玻璃器皿,但不要太多。你应有SAM[当然,这是指S-腺苷甲硫氨酸],否则,你将永远敲不开成功之门。"

"你不需要设备,它会发生故障,从别的实验室借用更好,而且你不需要网罗很多技师。自己做,简化一切。"

接下来的章节提供了许多建议,同样,出处都是朱利叶斯,关于工作时间啦,雇用初级同事啦,以及研究策略等。他引用阿克塞尔罗德的话说:"永远不要在做实验前就写论文。"而且,"如果论文只因初创而遭拒绝(阿克塞尔罗德获诺贝尔奖前也曾有过这种遭遇),不要痛哭流涕。"

在第五章也是最后一章里,他提到了一句在同事中间广为人知的阿克塞尔罗德格言:"对一个科学家来说,究竟什么更好一点呢?是一个好实验,还是……"他在脑海里搜寻字眼,想既有礼貌又能体现原话风味,这时听众席里发出了窃笑声。格洛文斯基终于找到了词儿,"……还是一场酣畅的风流韵事呢?"

他的大作最后提了一点小建议:"你不必追逐诺贝尔奖,"他说,"只要等待就行了。"

"还有",他又补充一句道,"去看牙医吧。"

阿克塞尔罗德于1970年12月问鼎诺贝尔奖。

几乎与此同时,在巴尔的摩市离高速公路40英里(约64千米)处,一名年轻的研究生珀特,刚刚加入了约翰斯·霍普金斯大学某位药理学研究员的实验室。实验室主人的名字叫做所罗门·斯奈德。

31岁的斯奈德是霍普金斯大学有史以来最年轻的正教授,也是珀特从未遇到过的与众不同的科学家。他的实验室充满了令人兴奋的、不顾一切的气息。和他在一起,实验好像更具冒险性,结果更难预料,错误更加常见;但是当3个彩条在吃角子老虎机的荧幕上显现时,上帝啊,你就真的赢了满堂红大奖了。科学对她来说,一度是"那样严肃,充满技术性",永远穿着灰色外衣,现在却爆炸开来,发出橙色、绿色和金色的火星。

她注意到斯奈德从不亲手操作实验。他更喜欢作一个出谋划策的人——提出其他各种研究策略,建议使用何种技巧,在繁杂的数据中找到隐藏的暗示,在全景图中为项目的每个小部分找到合适的方位。他让自己的学生完全独立,但仍轻拉缰绳。他会在实验室逡巡,指导着各个研究生和博士后,甚至到实验台前询问,提出建议,而且有时就一个棘手问题会大声问道:"朱利叶斯遇到这种情况会怎样做?"

"朱利叶斯"自然是指朱利叶斯·阿克塞尔罗德。斯奈德研究科学的方法就是阿克塞尔罗德的方法,正如阿克塞尔罗德师承布罗迪一样。

斯奈德在1963—1965年是阿克塞尔罗德的研究伙伴,成为他忠心耿耿的弟子,最信奉他的科学风格。斯奈德并非阿克塞尔罗德的克隆版本;他们个性迥异。他虽然遇到过布罗迪几次,但并未在布罗迪实验室工作过。然而,在2D45实验室工作的两年期间,阿克塞尔罗德从布罗迪那儿禀承的部分科学遗产又传给了他。他放弃了自己在精神病学领域安全稳定的职业,他发现自己被推进了神经科学的世界,这一领域风险更高,竞争更烈,肾上腺素自由地流动。

那段时间,阿克塞尔罗德和斯奈德搬到了10号楼的2层。布罗迪在7层,是化学药理学实验室主任。香农是布罗迪的引路人,他在1号楼,统管全局。在20世纪60年代早期的几年时间里,这种师承链一直保持完好。

第八章

黄金时代

1957年的一天,布朗走进了一间卖吉他的店铺,询问有关学习吉他课程的事。这家乐器店在华盛顿特区市内18街与M街之间,站柜台的是18岁的所罗门·斯奈德。他按店主定下的收费标准讲清如何收费。他说的学费比布朗愿付的要高。"嗨!我可以教你,收费要少得多。"斯奈德讲道。更好的是,他可以到布朗在贝塞斯达的寓所去授课。布朗想:"为什么不这么办呢?"

布朗说,年轻的斯奈德作为教师"很有耐心,他真心希望能教我一些东西"。不过,布朗认为自己不可能学好吉他。在他学了一段时间之后,吉他课变成了音乐讨论课。布朗,26岁,在芝加哥大学获得医学博士学位之后,来到华盛顿,已经在NIMH当研究员有两年之久了。斯奈德是乔治城大学的一名大学生。不久,这两个人不再谈音乐了,而谈起了科学。

半年之后,这种每星期三晚的夜间授课结束了,但他们成了朋友,而且,斯奈德成为了布朗工作的玛丽昂·基斯(Marion Kies)实验室的暑期学员。后来,布朗离开这个实验室,去了巴黎著名的巴斯德研究院。斯奈德上了医学院,每到暑期,就去NIH当技师。当他成为大学四年级学生时,做实验已成为他的第二天性,实验室对于他,有过于学院本身,已是他的家了。

玛丽昂·基斯实验室(斯奈德工作的单位)是在10号楼的2层,在D走廊的南翼,从阿克塞尔罗德实验室穿过大厅,就到这个实验室了。

斯奈德1938年出生于华盛顿特区,是家中5个子女中的老二。他在该城西北部的一个中产阶级聚居区长大。他的父亲是政府密码分析家。他的母亲曾参与过一次比赛,比赛内容是辨别神秘的乐曲,还要求至多用25个字编写出赞美家庭用品的话。她获胜了,得到了大奖。这奖项包括去牙买加旅游、一辆赛车,还有一大笔钱。

年轻的斯奈德是家中的音乐家。在5岁时,他的钢琴演奏就获得了广播剧《巴德舅舅的业余时间》中的一项最高奖。不过不久他就厌倦了钢琴,改吹单簧管,后又改为练祖父(一个来自俄国的移民)给他的曼陀铃琴,最后又改学古典吉他,从此他一直弹这种乐器。他能成为一个古典吉他演奏家,至少他的老师[他是塞戈维亚(Ardrés Segovia)的一个朋友]是这样认为的。母亲劝他到意大利去学习。但是斯奈德认为自己的音乐才能并不够好。此外,能够靠古典吉他演奏来维持生活吗?古典吉他名家塞戈维亚能那样做,但其他人也能吗?

斯奈德有对音乐敏感的耳朵,此外他还很有头脑。在他小时候,亲戚们认为他长大成人后应成为一位犹太教教士,他在犹太宗教学校学习了《塔木德经》。他喜欢哲学,读了尼采(Nietzsche)与弗洛伊德(Freud)的书,并对心智及其复杂深奥极感兴趣。他进乔治城大学全靠教吉他挣钱付学费。他未曾获得学士学位,而直接转入了乔治城大学的医学院。他计划——斯奈德总是有他的计划——成为一名精神病学医生。

当他在医学院学习时,他的同窗卡尔·梅里尔(Carl Merril)还记得,斯奈德"聪明敏捷,在各方面都拔尖"。在他的心目中,从来是把智力上的成就列在首位。在乔治城大学念书使他感到自己好像是个二等公民。他强烈地感到这座医学院尽管也很有声望,但比起哈佛、斯坦福、或是约翰斯·霍普金斯大学的医学院,却还差一截。有一次,他和梅里尔甚至驾车去了耶鲁大学接受面试,他们还以为可以转学。

梅里尔说,斯奈德知道比起大多数同班同学,自己更为敏捷、更为聪明,而且他愿意帮助那些学习不及他的人,其中包括梅里尔本人。有一次,斯奈德就帮助他通过了一次大家都害怕的病理学考试。这场考试,他们必须能一一辨认出实验室中100多个广口瓶里盛着的病理组织。斯奈德有着过人的记忆力,他还选修过一些课程,学习如何记忆大量数据。于是,斯奈德提出来,为什么不能把每种必须记住的组织和瓶子的大小、外形、颜色以及其他可辨认的标记联系在一起来记呢?那个瓶底部磕掉了一小块的暗绿色大瓶里盛的是什么?那是患肝硬化的肝脏!到了考试的那天,他们两人在别人还未做完时早已交了卷!

梅里尔现在是NIMH的一个部门领导。他把斯奈德在乔治城大学时的表现描绘得像个很有活动能力的事业家。有一次,他设法当选为学生精神病学俱乐部的主席,在他之前这个俱乐部仅仅徒有其名。梅里尔率直地讲:"这使他有机会邀请凯蒂到医学院,而且同他一起进餐。"他又加了一句,"不过要为斯奈德说句公道话,这件事他干得不赖。他把一个好人引进了学校。"

斯奈德这人,用梅里尔的话讲,他的特点是爱竞争,有时在他们两人之间也是如此。梅里尔有时可能说出一句颇有深度的话,于是斯奈德就会打趣说:"我可不再告诉你什么了,卡尔,你肯定会比我强。"他开玩笑地说出这些,梅里尔从来不明白他讲这话时是否当真,甚至直至今日他也说不准。

1962年斯奈德以优异的成绩毕业。他到了旧金山,在凯泽医院当实习医生。一年之后,他打算开始当精神病学医生。但是他的新婚夫人伊莱恩(Elaine)必须回到华盛顿去完成大学学位的教学要求。斯奈德于是申请NIH临床助理计划中的职位,但是没有空缺。

"那时,你看,"斯奈德不无夸耀地讲,"阿克塞尔罗德正好要招一个研究助理。"

运气真不错。有可能引发一场战争的古巴导弹危机刚过去不久。NIH的研究助理计划可以让你去搞科研,而不必扛枪习武。因此许多敏捷的年轻人为这有限的几个位置争得不亦乐乎。斯奈德学业成绩优良,但他就学的医学院是二流的。他每谈到这点时常用一种夸张的口气说:"其他所有申请人全是哈佛出身的优秀生。"通常确实难以拿到这份工作。阿克塞尔罗德那儿的空缺位置本来早已有人,但是那个获此职位的人又改主意了,其他原来在等候的人也都有了其他工作,于是阿克塞尔罗德需要另找一个人。

同时,斯奈德一直想在NIH谋一个职位。梅里尔回忆说:"斯奈德能与人合作,也能通过别人搞好工作。"他好奇心强,知识面广,认识所有的人。他听说阿克塞尔罗德那儿有空额,就去申请工作。

阿克塞尔罗德向布朗打听了斯奈德的为人,当时布朗正在巴尔的摩,工作单位是华盛顿卡内基学院的胚胎学系。他至今记得布朗当时告诉他,"他是一个聪明的小伙子"。

1963年,斯奈德加盟阿克塞尔罗德的实验室。"我职业生涯中每件事情全要归功于朱利叶斯,"斯奈德日后曾对大厅中坐得满满的阿克塞尔罗德以前的学生和老同事们这样说,"这个大厅里还有很多的人也可以这样讲。"

阿克塞尔罗德首先让斯奈德研究组胺(histamine),一种在过敏反应中或受伤的皮肤里释放出来的激素。阿克塞尔罗德认为斯奈德搞它可望迅速成功。第一,他研究过组胺的前身组氨酸(histidine),这是一种氨基酸（构成生命的化学成分）。第二，他本人患哮喘病，要靠抗组胺药物来治疗。

对于阿克塞尔罗德来说，研究组胺是他研究儿茶酚胺的自然结果。几乎长达10年之久，他一直在用他发现的这种酶，也就是COMT（儿茶酚-O-甲基转移酶）作为研究去甲肾上腺素的一个工具。COMT通过把1个甲基附着在儿茶酚胺上来分解它。有没有可能存在其他这样的甲基化酶呢？阿克塞尔罗德曾这样考虑过。果然他和布朗在1959年又发现了一种，这种酶被命名为组胺-N-甲基转移酶，也就是HIMT。而现在他思考的是找个办法利用它来测量组胺。

要斯奈德干什么呢？就是完成这项测量研究。

以前用到过的方法，是把组胺收缩平滑肌的能力当做一个生物学的量度工具来用，或者是要靠那些灵敏而却麻烦的荧光技术。现在，阿克塞尔罗德想出了一个更好的办法：众所周知，SAM提供了那个由HIMT嫁接到组胺上的甲基，并构成了甲基组胺。好啦，如果你用的是热SAM（放射性碳制成的SAM），那会怎么样呢？你如果测量一下这种甲基组胺最终产品的放射性强度，你就可以知道最初含有多少组胺了。你可以做到，除去一个因素：如果你不知道原始样品中到底有多少组胺参加了这种反应，那你完成不了计算。

为了回避这个问题，阿克塞尔罗德把已知数量的第二种放射性示踪化合物含氚组胺加到实验样品中去。该化合物中有些会与SAM结合——而且其比例与非放射性示踪组胺的结合比例相同。之后即可计算出甲基组胺的放射性强度中多少是由氚引起的、多少是由碳引起的。大致说来，含氚组胺起的作用越小，原始样品中所含的组胺起的作用就越大。

如今，斯奈德喜欢回忆说，当时在他们楼上工作的科平非常肯定地向他们讲，这种双示踪技术行不通。这话由科平讲，就很有分量了。斯奈德说:"因为他比朱利叶斯聪明,比我聪明。"科平断定他是在浪费时间,并使斯奈德承认他很合逻辑。"他最后断言这个方法不会成功。"

结果这个方法却成功了。它大获全胜,以至于组胺的含量少到20亿分之一克都能被查出来。斯奈德说,这开辟了对组胺的研究,而且这个方法直到20年后仍在使用。阿克塞尔罗德现在把他们这项工作称为"真正锲而不舍的生物化学"。"斯奈德自称为实验室中的一个莽汉,不过他知道什么时候应当小心翼翼。"

维特曼(Richard Wurtman)和阿克塞尔罗德曾在《科学美国人》杂志上发表一篇综述,介绍他们研究大脑松果体的情况(松果体是极小的圆锥形器官,深嵌于人脑中)。其开场白是:"我们与斯奈德合作,研究了血清素循环机制。"但是事实上他们两人并没有合作。维特曼研究松果体,斯奈德也研究它,而阿克塞尔罗德又与他们两人一起合作。但是斯奈德并不曾和维特曼一道工作过。据大家讲,这两个年轻人都容忍不了对方。

阿克塞尔罗德曾在一次科学会议上见到维特曼。会上维特曼讲,鸽子被注射了肾上腺素之后,会有一种奇怪的动作,他把这归因于药力达到了鸽子的中枢神经系统。但阿克塞尔罗德说这是不可能的。他认为肾上腺素是通不过血脑屏障的。事实上肾上腺素只是在神经末梢起作用,**惊吓**了鸽子,使维特曼误以为药物直接作用于脑子了。但是,这种不同见解使得他们两人交谈起来。不久,维特曼这个高挑身材、有着宇航员一般挺拔姿态的哈佛医学博士,就成为了阿克塞尔罗德的研究助手,他们一同搞起了松果体研究。

松果体是脑中唯一不成对的器官,千百年来,这种腺体对于医学界始终是个谜,古代人把它看成是"第三只眼"。笛卡儿(Descartes)想象它是理性灵魂的所在,通过两眼来接受影像;通过长长的管道直达肌肉来调节"体液"的运行。1965年,阿克塞尔罗德和维特曼在《科学美国人》杂志上著文,介绍了这种腺体。他们指出,仅仅6年前,对于松果体还是众说纷纭,有人说它是青蛙体内的光感受器;有人说它在老鼠及人体内起"性功能"方面的作用;也有人说它含有某种能对蝌蚪的色素细胞起漂白作用的物质。换句话讲,松果体很神秘,是一个谜团。

有一件事是大家都知道的:松果体能抑制性腺的成长。但是在松果体内什么物质能起到这种作用呢?维特曼和阿克塞尔罗德写道:"我们计划把牛的松果体提取物一步步提纯,然后检验提纯出来的物质,通过加速老鼠发情期的周期来检验它阻止这种诱导的能力有多强。"这项工作,像对它的描述一样,十分烦琐乏味,但是如果志在获得答案,就必须做。

他们一直没有做这事。"我们两个十分懒惰",阿克塞尔罗德说,当他想到更加聪明、更加简单的方法时,他总是这么说,"我们决定冒险试一下……"

几年前,有人发现可以从松果体中分离出一种化合物,使蝌蚪的皮肤变白,它名叫褪黑激素,这是因为它能对黑色素产生影响而得名。它是一种很强的物质,10 000亿分之一克就能够褪去好几平方英寸*皮肤上的颜色(有些人认为或许它可用于皮肤病学)。如果褪黑激素有其他效用,则还不为人所知。

现在,阿克塞尔罗德希望绕过长年累月乏味的实验室工作,他们不想再苦苦搜寻到底松果体中什么物质抑制了性腺的增长,而要用布罗迪的典型方式,去猜测它究竟是什么——"咱们来看看是不是褪黑激素吧",阿克塞尔罗德这么说。果真是它。

维特曼和阿克塞尔罗德两人搞松果体研究一年之后,斯奈德加入

---

* 1平方英寸=6.451平方厘米。——译者

进来。此前不久,加利福尼亚大学伯克利分校的夸伊(Wilbur Quay)已证明,鼠松果体中的血清水平在一天中间有升有降,最高大约是在正午,最低是在午夜。在20世纪50年代,先后曾有布罗迪、乌登弗兰德、韦斯巴赫和肖尔证明,血清素是一种脑神经递质。后来,韦斯巴赫和阿克塞尔罗德又发现,它是褪黑激素的代谢预兆。于是,阿克塞尔罗德希望深入了解夸伊关于血清素全天起伏节律的说法。

但是有一个大障碍阻挡了研究这个问题的任何途径。当时还没有任何方法,其灵敏度可测出极少量的血清素,血清素确实在松果体里高度集中。不过,尽管如此,要测量血清素仍嫌不足,即使一个人体重200磅(90.8千克),他的松果体也仅有1/10克重,一只老鼠的松果体小得肉眼几乎看不见。乌登弗兰德的小组1956年发表了一篇论文,提供用荧光分光光度计来测量的方法,其灵敏度足以测量大脑中的血清水平。但老鼠的松果体太小了——3万个才有1盎司(28.35克)重——以至于做一次测量就需要几十个松果体。要追踪一天24小时内,在不同情况下的血清素变化,几乎不可能办到——不是由于理论上的原因,而只是后勤供应上的原因。

斯奈德说不清他们是怎么知道瓦纳布尔(J. W. Vanable)的文章的,这篇文章给了他们一个线索;他认为,阿克塞尔罗德可能是在这篇文章发表之前就已经看过了。无论如何,瓦纳布尔曾发现,如果在水中加入血清素与茚三酮的混合物并且加热,溶液将发出很亮的荧光。茚三酮是实验室中到处可见的一种化学药品,它能形成深蓝色,从而显示氨基酸的微量存在。斯奈德回忆说:"我开始因为它而搞得乱七八糟。"不久他与阿克塞尔罗德就改进了一种方法,比当时任何已知方法要灵敏10倍之多:这是一种测量血清素的方法,过去需要用20个松果体,现在仅仅需要2个。

有了这种新办法之后,斯奈德与阿克塞尔罗德两人证实,松果体血清素每天的循环周期确实恰恰与褪黑激素的周期相反。这种每日的循环是不是动物对昼夜光照周期的一种反应？为了回答这个问题，他们两人使一只老鼠失明，希望发现血清素的升降不再发生，但它们却并未消失。正午时的血清素水平仍然比半夜时高10倍。斯奈德回忆道："我几乎不能相信这一点。"他们发现似乎有一种生物钟，由于环境照明而同步化了，但是除此之外，这种生物钟并不依赖于光照。只有一直不断地给动物以光照，才能使这种生物钟停止。

随后搞了一系列的实验。他们发现，进入昼夜颠倒循环的老鼠能够适应外在环境变化，其血清素变化周期在6天之后就与新的昼夜循环同步。他们懂得了，神经释放的去甲肾上腺素神经不断供应给松果体。他们因而把这种器官看成是一种神经化学转换器，能把进入眼睛的光能转化成激素分泌。这样就一点点揭开了笼罩在认识松果体上的面纱。

在这一期间，斯奈德和维特曼之间不断发生冲突。有一位了解他们之间矛盾的知情人说："维特曼向东，斯奈德就会向西。"阿克塞尔罗德回忆道："他们两人不是在讲话，他们是在向对方大喊大叫。"他认为干预也没有用。"我不想为这事烦心，"他承认这一点，"我可以出面阻止，可是我知道我无能为力。我又不是一个精神病学医生。"

科平在这段时间常在这个实验室进进出出，他回忆起，维特曼总是敢作敢为，有时接近傲慢。而斯奈德，相形之下却是为人随和。"他不拘小节，易于相处，十分热情，总想尝试新东西。他使我想到阿克塞尔罗德。"但是据当时的实验室主任凯蒂说，斯奈德这人和阿克塞尔罗德一样，马马虎虎，"不是一丝不苟的性格"。他时常无法把他干事的原因交代清楚，这就把具有冷静分析头脑的维特曼惹恼了。"你正在干什么你自己都不明白！"有一次，他一气之下冲着斯奈德大声嚷。

维特曼也同样对阿克塞尔罗德感到失望，但是阿克塞尔罗德年纪大些,比斯奈德能容忍些。另外,如凯蒂说的,"阿克塞尔罗德很喜欢维特曼",是维特曼把他引入了松果体研究,而且在斯奈德出现之前,"他早已深受阿克塞尔罗德的喜爱了"。

凯蒂感到,斯奈德或许是阿克塞尔罗德带过的博士后中最聪明的一个。阿克塞尔罗德至今记得年轻时的斯奈德求知欲强,而且很热切,"很有才华",脑子惊人地敏捷。而科平认为,维特曼在这两人中可能是更聪明的一个,不过斯奈德更富有创造性。"迪克[维特曼]对于一切都斟酌再三,而斯奈德往往是凭直觉干事。他们好像两个小孩,各有其个性,而阿克塞尔罗德对他们两人像家长一样。"至于他们两个,对于他也是十分恭顺的。

斯奈德把阿克塞尔罗德描述为"一个了不起的导师,或许是全世界最具有创造性的科学家之一"。他在NIH的时光是NIH的"黄金时代",也是他个人的黄金时代。时至今日,他常回忆起当年在导师实验室的令人陶醉的日子。他参加实验室之时正是在它充满活力的时期,那真是使斯奈德至今谈也谈不够——"真令人激动!"、"真了不起!"等多种最高级的赞美词在他回忆时不断被用到。"大家一心搞科研,一旦你有所发现,导师总是大为激动,比你本人还激动……"

"阿克塞尔罗德教给学生的最重大的一课,或许就是:科学是有趣味的,而且令人激动。"斯奈德在一次赞颂他的导师时这么说。他叙述导师探身盯着闪烁计数器,盼望它达到所希望的数字,好像十几岁的孩子对着一个弹球游戏机一样。阿克塞尔罗德可以从表面看上去微不足道的数据里看出科学发现的可能性,而又总是"以那样简单得难以相信的方式"来提出他的想法,"乍一看,这些想法好像过于幼稚"。

斯奈德知道,有些人认为阿克塞尔罗德在工作上太喜欢催命。举例来说,上午指定你去做一个需要3天才能完成的实验,可当天中午饭后,他就跑来问你是否已有所发现。但是斯奈德喜欢这样。"这给我一个机会回答,'是的,朱利叶斯,让我做给你看。'"

阿克塞尔罗德使年轻的斯奈德感到他们一同做研究是世界上最重要的事。他教导他"科学同任何艺术一样具有创造性"。他也总讲到有些理论是"美妙的、均衡的,你可以为它激动,甚至夜不能寐"。

如今,当斯奈德叙述他和导师早年在2D45室度过的时光时,他办公室墙上挂着一幅配上镜框的照片,上面写着"亲爱的所罗尔",签名是"朱利叶斯·阿克塞尔罗德",正文是"感谢你,由于你的帮助,我才能有今天"。这张照片拍的是瑞典的诺贝尔故居,日期是1970年12月10日,是阿克塞尔罗德获诺贝尔奖的那天。

斯奈德的朋友梅里尔讲,阿克塞尔罗德就好像是斯奈德的又一位父亲。斯奈德在导师的实验室中一共干了两年,发表了20多篇论文。当他离开之际,已感染上了他所说的"研究病毒"。他生来注定是一个科学家。他决定要为他的事业奋斗终身,不单是与就医的病人谈话,而且要揭示困惑病人心灵的化学关系。

斯奈德在与导师相处的两年间,曾有一两次遇到过布罗迪。他后来才逐渐认识到布罗迪是药物代谢之父、神经药理学的先驱以及这个领域众多卓越人物的导师。不过他说,当时他对布罗迪一无所知,只听阿克塞尔罗德讲到布罗迪时骂了一声"那个狗娘养的"。至于他与布罗迪的亲身接触,那都是亲切而较短暂的。"我是无名之辈,他可是大人物。"

至20世纪50年代后期及整个60年代,布罗迪已经成为一位享有国际盛名的科学家。大约自60年代起,各种奖励、访问教授的头衔以及荣誉学位等开始纷至沓来,而且以后10年间也始终不断。1960年他被任命为美国科学促进会的研究员;同年又任纽约科学院院士;1962年他获得了"盐野义纪念讲座奖"及巴黎大学颁发的荣誉科学博士学位;

1963年又获得托拉德·索尔曼药理学奖；1965年他被捷克斯洛伐克国家科学院聘为院士；后来，他又成为美国科学院院士、巴塞罗那大学荣誉科学博士。他接受了拉斯克奖，又接受了约翰逊总统颁发的国家科学奖章——荣誉源源不断地到来。

从20世纪50年代中、晚期起，他的科学名望越来越高，外国科学家也不断涌入他的实验室。例如，在1956年，瑞士巴塞尔大学研究生比克尔（Marcel Bickel）在写博士论文时遇到巴比妥酸盐代谢的问题。因为对该药物代谢所知极少，他就到图书馆去查看这方面的文献。这一来，他首次接触到布罗迪这个名字。

5年之后，他本人成为布罗迪实验室的一个成员。后来他提醒布罗迪，"我是1961年来到室里的，当时被贝塞斯达春天的满树繁花，被NIH那庞大复杂的机构，也被和你初次见面就长谈几小时之久给震撼了。"他又补充说，他们是在一天中午谈话的，"从后来发生的事情来看，这次谈话是少见的例外。"

布罗迪典型的一天是这样的：他在中午走进他的实验室，先到7N117那间满是文件资料的办公室里报个到。然后和他的秘书一起查对当天的事，记下已定好的约会，打几个电话。之后，下午大部分时间就用来与下级谈论科学，交流想法，为实验提建议，查看大家的工作进程。午饭时，只不过是在傍窗的桌旁吃那种棕色牛皮纸袋装的食物。六点来钟，他夫人就开车来接他回家；晚餐后，到了八九点钟，同事们会陆续来到他的寓所，他的寓所实际是实验室的延伸，大家研究最新数据，讨论想法，以及撰写论文。

布罗迪认为是香农向他灌输了注重科学论文写作质量的信念，而他自己也同样努力教导他的学生遵从完美的写作原则。他劝导他们要多查字典，少用被动语态。"要让动词发挥作用。"肖尔说，他热爱文字，他还记得布罗迪总是起身去查字典。"他的论文写得十分流畅优美。"

布罗迪是一位善于推销自己想法的推销员。他务使自己的论文不仅要提出事实,还要有可读性。吉勒特说:"这是他能够享有盛名的原因之一。"吉勒特后来接替布罗迪成为实验室主任。"他能够做到深入浅出,而且他想方设法使文章写得活泼,以激发人们的想象力。"

凡属该实验室出的论文都要经过无数次的修改,他会逐字逐句地仔细推敲。他戴着老花镜,并会从眼镜的上方看着你,他会一直修改到自己满意为止。尚克(Lewis Schanker)是20世纪50年代加入布罗迪的实验室的,至今还记得他从布罗迪手中取回第一份原稿时,只见每一页上都标有各样的符号,勾勾改改,原文几乎都难以看出来了。

奥兰斯是在布罗迪寓所里奋战至深夜的常客。他讲述说只有当论文的第一稿被丢到废纸篓里,这一夜的真正工作才算开始进行。当时,"我们与头儿共同切磋,对一个词有疑义,就会研究它10分钟,查同义词词典,为了避免用某个词,我们会重新编写句子,然后把整整一段重新改写。时间就这样过去了。什么约会都给取消了,一忙就忙到半夜三更……"

在布罗迪家中上这种"夜班"的人总会发现削好的铅笔及食物,布罗迪夫人亦会热情地招待大家。普勒彻回忆说:"她是我们大家的天使,多亏了安妮,我们大家才能在这样放松、祥和的气氛中开展工作。"布罗迪在NIH工作的这些年里,夫人对他工作的影响也够得上这个评价。

他是在20世纪40年代后期遇到她的。那时他俩同住在纽约的美术公寓中,她是一位漂亮的金发女子,刚刚40岁出头,做秘书工作,住在第12层,常陪楼里一位老年女士外出散步。这一天又是散步归来,时值8月盛夏,但她仍头戴一顶大帽子,手上戴着白手套。她在大厅里遇到了布罗迪。不久他们就经常会面,并于1950年8月31日结婚。

[布罗迪在此之前曾经结过婚,娶的是一位名叫哈里斯(Frieda Harris)的妇人,但双方的婚姻关系持续得并不太长。到1939年就正式离婚了,甚至在40年代的初期,据一位当时认识布罗迪的人讲,"布罗迪好像根本没结过婚一样"。]

安妮·史密斯出生在一个六姊妹的家庭,她家住在纽约格林尼治村韦弗利街区。当时,曼哈顿街头跑的还是马车。当她在1905年出生时,她父亲因为热爱俄国文学,就给她取名叫安娜斯塔西娅(Anastasia);孩子们拿她的名字取笑,于是她就只叫安妮了。她年纪稍大时,常梳布斯特·布朗(Buster Brown)发型,即童式发型,这使得她在一次演出时上台扮演一个男孩,她有个妹妹也同台演出。有一段时间,她在各个专演轻松喜剧的戏院里巡回演出,每次日场结束之后,就要乘火车到下一个城市去赶场。她总爱讲,她是8岁那年"退休"的。

安妮并不是布罗迪的妈妈盼望自己儿子娶的那种"犹太乖女子"。当布罗迪的父亲去世后,他把母亲接到纽约,而母亲则与安妮很亲近。安妮至今还记得老夫人曾向她提出:"我要是死了,你可以代我照顾他吗?"

她不久就真的去世了,而安妮就一直照顾布罗迪。她总埋怨他太爱吃土豆烧肉,她则爱吃精致的美食;她还埋怨他那种深夜工作的习惯——不过这种埋怨从来不产生任何效果。但是对于她来说,他从来都是"博士"。她为他买机票,收拾行装,通宵达旦地为他的论文打字。但凡报纸上有关于他获奖和参加活动的讯息,她都一一从报纸上剪下来,贴成剪报册子。她很爱他,"死心塌地地照顾他",正如吉恩·伯杰(Gene Berger)回忆起他俩早年的关系时讲的。有人说他们这种婚姻像一种母子相依的关系,或者话说得难听一点,就像一种主仆关系。但是,安妮本人,作为一位聪颖、饱读诗书的妇女,对一切社会、政治问题都有其坚定的意见,她把这种关系解释为:"我对他是奉献一切。"

她把布罗迪领导化学药理学实验室的岁月称为"黄金时代"。在它的全盛时代,布罗迪好像是个科学界的君主,在全球旅行,参加各种会议。他除了睡眠,其他全部时间都是用于揭示自然的奥秘,而不为世俗的旅行琐事费心。他的朋友科斯塔回忆道,有一次在去华盛顿国家机场途中,他们两人只顾着谈论实验,错过了一个转弯,结果车毫无目的地开到了阿灵顿公墓。

另一次,在日内瓦,布罗迪本应登上飞往纽约的班机,但他却想事情出了神,他走过荷枪实弹的士兵,上错了飞机,并没有人阻拦他。他在座位上坐下来,飞机起飞了——飞机驾驶员报告了到达莫斯科的时间。(布罗迪叫来了空姐,结果这架苏联民航的喷气式飞机又飞回了日内瓦。)

在华盛顿,布罗迪最喜欢光顾的餐馆是布莱基牛肉馆。这是一家在华盛顿闹市区的有名餐馆,常来就餐的人不少是名人,光彩照人的名人照片就贴在四周墙上。在这里他可以叫上一份厚厚的美味的烤牛排、沙拉和烤土豆,外带酸奶和细香葱,价格只需4美元。布罗迪总是带上书本、论文和铅笔前往这家餐馆,一待就待上好几个小时。所有的侍者都认识他。

有一次,在20世纪50年代,他与一位公共汽车司机聊起天来。这位司机有化学专业的学士学位。布罗迪给他提供了一份工作。"布罗迪夫人好像我的'养母'一样,而你成为我后半生的父亲与向导。"这是内夫(Peter Neff)若干年后写给他表示感谢的话。当他们在布罗迪的寓所里一边看电视《枪烟》,一边吃饭时,布罗迪辅导他,督促他,极力地使他成为科研人员。这件事并未成功,但是布罗迪的榜样和信念使内夫深受鼓舞。他后来终于成为乔治城大学的一名口腔医学教授。

无论是在实验室内还是实验室外,布罗迪都挺愉快。他喜欢与别人自由交流思想,对很多事情他脱口而出,发表自己的看法。这一点他挺自我欣赏。有一次,他为科斯塔的儿子转录了一个垒球比赛的实况录像。每当讲解员叫着宣布哪个大联赛的球星打出本垒打,或者攻垒成功,布罗迪总是大叫着用科斯塔儿子的名字代替大球星的名字,这可让那个男孩高兴坏了。

有一段时期,布罗迪为一个医学新闻刊物写专栏文章,以笔名署名。他就一些伪科学的主题撰写故作严肃的文章。在这一专栏系列中,有一篇叫做《人工制品与畅想》,他把标准的"双盲法"*这种药物检验常用的办法改成了"三盲法"。他说:三盲法是"受试者不知道服用的是什么药,护士也不知道给的是什么药,而研究人员也不知道在干什么"。

他在专栏系列的另一篇文章中就"他的研究"作了发挥,声称香蕉树有神经系统:"高剂量的LSD激发了香蕉树的精神病行为,其特点是与通常的物理定律无法吻合。例如,在暴风雨中,香蕉树会**逆**着风向弯腰,而不是**顺**着风向弯腰。这表明了一种脱离现实的情况。"在这一系列文章中,诸如此类的可笑的、冒傻气的例子比比皆是。

布罗迪特别喜欢捅破"官僚主义气球"。只要有一份满是套话的政府备忘录放在他的桌上,他就要写上一封短信,向心脏研究所那位任职多年的行政秘书阿蒂斯(Evelyn Attix)提抗议。最后这位秘书把他的抗议信剪贴成册,取名为《支持布罗迪成折磨行政人员的冠军的系列文件》。

例如,1962年7月,布罗迪从NIH副所长那儿收到一份特别难看懂的备忘录。他把这份文件退给了秘书阿蒂斯,而且用铅笔重重地写了两行字:"我极力奉劝把这份有趣的备忘录翻译出来。我知道它肯定很重要,因为我一个字也看不懂。"又有一次,阿蒂斯说NIH有个人通情达

---

* 双盲法是药物实验在实验阶段或临床检验时采用的一种方法,即研究人员与受试者本人双方都不知道谁是受试者,谁正在接受何种医疗或正在服用什么药物等。这么做是为了免除偏见。——译者

理地退回了一笔为数25美元的讲演酬金,这是他讲演后错发给他的钱,她以为此人堪称模范。但布罗迪很轻蔑地讲了一句:"不诚实的程度与诱惑的平方根成反比。"他随之做了模拟计算,以证明此种行为无须赞扬。

又有一次,阿蒂斯问布罗迪是否还要继续接受政府的某些出版物。不,他回答道。"请尽力阻止毫无意义的杂乱无用信息的狂流,"他回信写道,"**我们必须拯救我们的森林**。"

这就是布罗迪的黄金时代。

同时,在山下的1号楼,香农已经把NIH成功地变为实现其科学理想的工具。

20年前,在戈尔德沃特医院,人们认为香农是"突然发现自己还有一种新的令人不无同情的能力,就是当一个单位的领导"。现在,当上了NIH的领导后,这种能力已发挥到极致了。有人曾这样描写他:"一方面他有点像圣诞老人,另一方面又有点像不择手段的政治人物。"说他是圣诞老人,是因为他支持自己的部下,他们需要什么,他就给什么。把他说成不择手段是因为,**他**需要什么成果,就非要部下搞出来不可。

每年香农都要到国会要钱。他不善演讲;在预算听证会上,他能把大家讲得昏昏欲睡,他发言时含糊不清,这对他也没什么帮助。(曾有人可能是开玩笑地讲过,香农那么善于从国会要到经费,是因为从来没有人能听明白他讲的是什么。)在他讲完后的提问过程中,香农表现得比较好了。他回答敏捷、权威,没有一点含糊,往往使提问者听得目瞪口呆。

但是在香农步入国会会议室之前,他才表现得最为精彩。有人曾这样说他:"在我所遇到的人中,他有最为令人惊愕的性格。他科学知识渊博,极可敬佩——不过好像只须把外衣脱去,他就成为一个喧闹的爱尔兰人了。"在非正式的场合中,只和几个人围桌而坐时,他会表现出真正的魅力与智慧,如鱼得水,十分惬意。而围桌而坐正是他每年在拨款听证会之前须做的事。在这种小会上,他与他的朋友希尔(Hill)参议员和福格蒂(Fogarty)众议员一同制定NIH的预算。

在今天的NIH,16号楼被称为约翰·E.福格蒂国际卫生科学高级研究中心。第38A楼是一座166 000平方英尺(约15 400平方米)的高层办公楼,名为利斯特·希尔国家生物医学交流中心。这两者体现了NIH如何使国会议员们得以名垂青史——福格蒂是来自罗得岛州的众议员,希尔是来自亚拉巴马州的参议员。在香农掌管NIH期间,他们两人为批准NIH的经费做了大量工作。当1号楼在1983年命名为香农楼时,斯特滕称:"这两人都是NIH很有影响力的好朋友。但是这个小组的领头人、真正的策划人是香农。"

他的成功是惊人的,先是几亿美元,后是上10亿美元的研究经费每年进入了NIH的账户。在香农任职之前的5年间,NIH的每年预算仅从5200万元慢慢升为8100万元。但他就任后5年间,经费预算已达原来的5倍,即43 000万美元。等到他1967年离开NIH之际,已达14亿美元了。

香农为申请到更多经费,采取了一种被助手卡里根称之为"三条腿凳子"的策略。这三条腿——科研、培训以及物质装备——是NIH要完成任务所必备的条件。如卡里根所说,"当然,总有一条腿短一些。"也就是说,香农总要讲三条腿中有两条令他满意,而第三条腿则十分脆弱。几年之后,那条不好的腿长结实了,他又可合理地宣称其他两条腿中有一条,相形之下,是比较短些了。

从正式意义来讲,呈交国会审批的是总统的预算,但是香农通常总能使国会再添加不少钱。据说,有一次在年度预算审批的程序结束之后,香农参加了一次官方宴会,艾森豪威尔(Eisenhower)总统也出席了。香农喝了两杯马丁尼酒之后,拍了一下艾克(Ike)*的后背,说道:"嗨,头儿,今年在预算方面我们可又把你打败了。"

不过,更加典型的情况是,香农总是为人极其严肃的。他通常早6点起床,上班之前先在家工作两小时。斯特藤回忆道,参加每天香农主持的晨会可绝非轻松。他可能向你发脾气。你要是提出一个他认为傻气的问题,他就会发怒。肖尔对他的回忆是,"一个不好亲近、令人敬畏的人,头脑极为清晰,精力十足。"

由于他坚持人人都要争先,终使NIH摆脱了过去给人的那种松松垮垮、效率低下的形象。他对于平庸丝毫不能容忍。有一个十分钦佩他的人在这一点上不无微词,他说在香农眼里,非黑即白;你不是很优秀,就是没出息。"如果你出了成绩,"托马斯·肯尼迪说,"他就要你再接再厉;否则,他连你的名字也会忘掉。"

在《最年轻的科学——医学观察手记》一书中,托马斯(Lewis Thomas)介绍了他目睹的医学教育与科研领域内的巨大变化,这些变化是随着NIH在第二次世界大战后的巨大发展而出现的。在20世纪50年代中期,托马斯一度是国家卫生咨询委员会的成员,这个委员会旨在帮助制定NIH的政策。"我们有过一生中这样的时光,"他写道,"什么事似乎都是可能的。"国会对科研很重视。各医学院一心扩充他们的研究力量。金钱大量流入这一领域。"而NIH的院长香农十分清楚NIH应朝何方向发展,以及如何领导它完成其使命……"

"现在回顾往事就能看出,扩大NIH及网罗医学人才来履行其国家使命,是历史上任何一个政府最智慧、最有想象力的行为之一。而NIH本身,主要由于香农的意志力及制定超前规划的能力,成为世界上最伟

---

* 艾森豪威尔的昵称。——译者

大的研究机构。"

1965年,27岁的斯奈德想离开NIH。他曾打算做一名精神病学医生,现仍想获取一个精神病学住院医生的职位,以增加经验。然而,与阿克塞尔罗德干了两年之后,他明白自己也想搞科研了。他能同时做两件事吗?

他了解到,斯坦福大学有这种机会:也就是既能在实验室工作,但同时又能给病人看病。而且,收入不坏,比精神病学医生区区250美元的月薪高多了。"那是我想去的地方。"他想。

但是斯坦福大学的实验室没有空缺给他。等这一点弄清楚之后,其他地方的住院医生位置也已没有了。

他去见了阿克塞尔罗德。没问题,对方告诉他,如果他愿意待下去,可以再待上一年;这样至少压力免除了。

他去看了凯蒂,对方认为或许约翰斯·霍普金斯大学能够与他达成一个斯坦福式的协议。但是当凯蒂真的为他打听这件事时,却发现不成,霍普金斯大学做不到这一点。但该大学问他是否愿当一名正式的精神病学住院医生,斯奈德说他要考虑一下。

他去了克利夫兰市,与西部保留地大学面谈找工作的事,会晤了该大学药理系的一些人,作了报告,给周围的人留下了良好的印象。最后走时,人家答应让他如愿以偿——既当精神病学住院医生,又同时任药理学系的助教。

他回到了华盛顿,打电话给霍普金斯大学,说自己不一定会来了,因为已经得到其他地方提供的职位。

约翰斯·霍普金斯大学的那个人说,他们也听说了西部保留地大学同意用他。不过,他们已决定和他达成类似的协议。斯奈德面带微笑地说着,显然很高兴回忆这件事。他说事实上,他们同意给予的条件更为优厚,薪金给得更多,还有其他很好的福利待遇。

于是斯奈德想,这该差不多了。下一站:巴尔的摩。

第九章

约翰斯·霍普金斯大学

她与他见面的地方,是在高大雪白的大理石耶稣塑像的脚下,在象征霍普金斯医院百年历史的巨大拱门下面。当时天正下雨,斯奈德一手打着伞,从他在伍德基础科学大楼的实验室匆匆赶来欢迎她到霍普金斯医院工作。医院中到处是迂回的通道,当他们闲谈着走过这些回廊,她已"开始因霍普金斯医院的各种声响和繁忙景象而受到震撼。这儿使人们感到有一种难以置信的巨大能量,有一种热烈的滋滋的声响"。

她的名字是戴安娜·罗素(Diane Russell)。她32岁,刚刚从华盛顿州立大学获得博士学位。她来巴尔的摩是要在斯奈德手下进行博士后学习。斯奈德虽比她还小3岁,但已经是药理学系的助理教授了。

谈到科研事业,罗素起步很晚。她出生于爱达荷州一个小镇,在那儿长大成人。她进入大学时24岁,已是3个孩子的妈妈了。在博伊西初级学院,她很快对科学产生了极大兴趣,并有了长足的发展,大显才华。在拿到大专艺术学位之后,她到爱达荷学院去念大学本科,那是一所长老会学院,虽小,但是享有盛名。她以优异成绩毕业。其后去华盛顿州立大学读研究生,师从法尔纳(Donald S. Farner)。他是个严于律己、古板、像日耳曼人一样一丝不苟的鸟类学家,致力于研究鸟类的昼夜节律。法尔纳指导她有条不紊地完成多项课程,拿到了大学博士学位。

她是在1967年9月到约翰斯·霍普金斯大学的,该校的附属医院和医学院相互交错,到处是一栋栋有大理石门廊的两三层小楼。这正是她想来的地方。她知道在她想进入的学术界精英行列中,大多数都曾是东海岸顶尖大学(如约翰斯·霍普金斯大学)的研究生及博士后。她申请当威廉斯-阿什曼(Guy Williams-Ashman,霍普金斯大学一位顶尖的内分泌学专家)的博士后。不过,因为他的实验室没有地方了,他就把她的申请转给了斯奈德。

斯奈德搞的研究不属于她学的领域,而且是刚刚起步。她回忆道,这就像给一个不知名的人工作一样。"但是我仍抱有希望,因为如果他能在霍普金斯大学工作,就有可能从他那儿学到一些东西。"

斯奈德在两年前到达巴尔的摩,他既是一个精神病学住院医生,在他的办公室里接待病人,又是一个药理学研究人员。而且他已经开始建立他那初具规模的实验室。亨德莱(Edith Hendley)当时在霍普金斯大学威尔默眼科门诊部,她曾经饶有兴趣地追踪对交感神经功能的最新研究,这是由NIH的阿克塞尔罗德实验室做出来的成果。他的实验室可称为"全世界最激动人心的神经化学实验室"。而斯奈德是它培育出来的人才,这两点因素使她感到他可以当她的导师;她也就成为了他的第一名助手。后来又来了3个年轻的医学院毕业生。现在,有了罗素,他就有了第一位博士后助手。这些人可以帮他着手研究鸟氨酸脱羧酶。

从NIH时代开始,斯奈德的科研课题之一就是组胺的代谢。不久前有一篇在瑞典发表的论文吸引了他的注意:有一种酶(组氨酸脱羧酶)能把组氨酸变为组胺,这种酶显然对创伤愈合过程中随之而来的细胞快速增生起了重大的作用。罗素回忆起斯奈德曾讲过,在其他细胞快速增生的例子中,是否有与组胺以外的其他胺类有关的?

有好几种证据的线索指向多胺,这是一组化合物,其特点是其链状结构的一端都有氨基,而且,它的名称也有"胺"的字样,这是因为在发现它们时有几个特点,如明显具有不好的气味等。在化学上,它们的起点是鸟氨酸(一种氨基酸)——这种化合物,在鸟氨酸脱羧酶的帮助下,变为腐胺,它是多胺之一,又是其他胺类,亚精胺及精胺的前体。腐胺首次是从霍乱细菌中分离出来的。亚精胺是3个世纪之前,首次由列文虎克(Anton van Leeuwenhoek,荷兰显微镜学家)在人类精子中发现的。

传统智慧认为,多胺只是在细菌过程中起作用。但刚好在罗素到巴尔的摩之前,《科学》杂志有一篇文章报道:在再生的鼠肝中,发现有腐胺存在(鼠肝切出部分之后,又会恢复原来的大小,好像传说中火怪的腿能再生一样)。肝的再生意味着细胞迅速增生,创口愈合也是如此——在这一方面,组氨酸脱羧酶被发现是"限速"酶。斯奈德注意到《科学》杂志上报道的结果,又通过类比来推理,认为或许鸟氨酸脱羧酶(腐胺制造酶)对肝的再生起了类似的作用。

这是背叛行为,是一种"冒险"。但是在他们首次晤面的9月的一个雨天,斯奈德与罗素讨论的就是这种可能性。两周之后,罗素就开始切下老鼠的肝脏做实验了。

实验计划:麻醉老鼠,切除部分鼠肝,激发他们希望研究的再生过程。几小时之后,杀死这只老鼠,把剩下的肝脏取出来,并且磨碎,用离心机甩掉肝的固体部分,留下来的物质中有一种酶会制造腐胺,这就是鸟氨酸脱羧酶。在这一混合物中加上鸟氨酸,对它的羧基进行放射性碳示踪。

当时的设想是,当鸟氨酸的羧基被鸟氨酸脱羧酶切掉后,它就形成带放射性的二氧化碳,于是可以用闪烁计数器来收集及检测其放射性。如果鸟氨酸脱羧酶确实能在细胞迅速增生方面起作用，就应能大量收集到有放射性示踪的二氧化碳。

罗素立刻遇到了问题：她用通常剂量的戊巴比妥来麻醉实验室老鼠，并且切除其肝的2/3，但老鼠却昏睡不醒。一天又一天过去了，它们仍然在睡着。这个问题一直使她困惑不解，直到她回忆起阿克塞尔罗德（尤其是布罗迪）所熟知的事——正是肝脏，利用其微粒体酶，代谢掉了药物。当大部分肝脏给切掉了，戊巴比妥就不能得到分解，也就继续起麻醉作用了。最后，罗素以乙醚来代替，这是一种气体，达不到肝脏。

在那之后，数据以令人满意的速度出现。作为比较，又一组老鼠接受了"假手术"，也就是并未部分切除其肝脏；因此，这些老鼠不会有过分迅速的肝细胞增生。在手术后4小时，杀死这些老鼠，实验计划上的其余项目即可一一完成。最后，二氧化碳的读数确实低到仅为3.2；而那些被切除了部分肝的老鼠，其肝部正在迅速再生，读数是38.9——高过11倍之多。在手术后16小时，双方差异更为明显。

关于此事没有任何微妙之处，无须再作解释。这是一个黑白分明的结果，并已把他们的假设验证得一清二楚。就斯奈德而言，带放射性的二氧化碳气泡滚滚而来，这种令人激动的实验结果他早已经历过多次。对于罗素，它可意味着多得多的东西："它使我永远与科学拴在一起。它把我变成了一个被科学迷住的人。"

他们两人利用鸡胚胎与肿瘤证实了他们最初的发现，这两者都可展示出迅速的细胞增生。他们的论文《在迅速增生的组织中胺的合成：鸟氨酸脱羧酶在再生鼠肝、鸡胚胎及各种肿瘤里的活动》，于1968年在《美国科学院论文集》上发表。在此后15年间，它被630篇其他论文引用过，并帮助开辟了一个全新的领域。在此领域内，罗素是当今一位公认的领先人物。多胺已证明是病理学状况（包括癌症）的一个重要标志。围绕多胺的研究，召开了很多会议。今天，在位于图森的亚利桑那州大学罗素的实验室里,在她办公室外边有一个牌子写着:"世界多胺之都"。

罗素说,头一个实验"是本着对未知世界坚决试一下的态度做出来的",她认为此实验应完全归功于斯奈德。把组氨酸脱羧酶与多胺连结在一起么?"真是太棒了。"她说。"他总是从这儿或那儿把东西拉过来,"她一面说,一面拖着假想的物体在桌上走,"然后,再进一步提出问题。这就是他的风格的激动人心之处。"

他们两人的实验体现了与她第一位导师法尔纳的风格截然不同的东西。她那位华盛顿州的博士生导师从来都谨小慎微,十分仔细,每次只迈出一步。她把他的做法比做"沿着神经元向前匍匐爬行的"神经冲动。而另一方面,斯奈德的作风则像是神经元突触传导时的突跳。

他有一张瘦长的脸,皮肤半透明,眼神安静,好像是在倾听而不是在看东西。他站立时背弓着,哈着腰,挺大的头侧向一边,仿佛极力倾听。要是他坐着,总是两手托着额头,从交叉在眼前的指缝中看着你。他的态度从来彬彬有礼,他的言谈字斟句酌,流畅而缓慢。

至少,这是斯奈德休息时的姿态。因为他马上就会像压紧的弹簧一下子松开,他突然活跃起来,好像突然间变成了另一个人:有个想法使他心驰神往,也许是有了引导实验的思路,也许是过去与人谈话的两三片段一下对他有所触发。他四下走动,好像在演自编的智力剧,他激动万分,有时突然提高嗓音,精力十足,如痴如狂。

他的朋友梅里尔回忆说,甚至当年在医学院时,他的神情习惯就与众不同:他上课总搔着后脑勺,当他注意倾听时总是从指缝中注视你。亨德莱则描绘说他爱揉鼻子,面部抽动,骂人,来回走动不已。

"尽量在他站着时跟他谈话吧,"另外一位他过去的学生说,"如果你是坐在屋中央,他就会围着你绕圈。这时唯一的办法是你背靠着墙而坐,这一来他就只能绕上半圈了。这样你才不会被他绕来绕去地搞得头晕。"

容易激动,精力无穷,因此,和他一起工作有时太累了——这就是罗素所回忆的斯奈德。"有时他那么激动,我简直怕他要垮掉了。你不得不关注他手头的工作。他总是要把实验的结果再向前推进一步,总要问,'下一步是什么?'有时也太过分了。有时你真想到棕榈海滩去轻松几个星期。"

甚至在早年,他就被认为是一个说干就干的人。人们一致对他的头脑敏捷与想象丰富留下深刻的印象。但是他还年轻,他的名声也出不了巴尔的摩市东区。他的论文常常被退稿。"啊,他们的确是不懂我们要搞些什么。"罗素回忆他当年常这么讲。于是他会分析退稿的原因,依此修改论文,并再度寄出去。失败从来不会减弱他的热情——无论如何,不会影响很久。罗素领悟到,如果你干一件重要的事,你必须不怕被人拒绝。

当时实验室规模不大,只不过在伍德基础科学楼 3 层楼上有两间屋,两屋之间有一桥式通道相连。有一段时间,他一直保持他不寻常的双重角色,既是精神病学住院医生,又兼研究员。他有两天待在实验室,当技师按他的指示工作时,他就回去看病人。他喜欢给病人看病,但更喜欢搞科研。后来他给病人看病的负担逐渐减轻,降低到每月只有两三个下午应诊。

甚而在早期,他也并不亲自做实验室操作。后来他出名后,霍普金斯大学公共关系办公室发布了一张他的快照。在照片中他身着白色实验服,坐在一架大的电子显微镜跟前,手持铅笔,笔记本放在一旁,显然是在记录实验数据时被抓拍的。这张照片符合公众对于科学家的概念。但是具体到斯奈德本人,这却大错特错了;在他到了霍普金斯大学之后,他极少走近一支试管。"我动作太笨",他描绘着,化学药品爆炸和玻璃器皿被摔得粉碎,是他做实验时难以避免的后果。

阿克塞尔罗德说斯奈德的伪装很有魅力,他记得斯奈德必要时会亲身精心做实验,不过也许并不完全如此。有个过去的学生帕斯特纳克回忆起,有一次他要给老鼠注射(这工作通常是由一个人按住老鼠,另一个人握住注射针管),当时是晚上7点钟,别人都已下班离开实验室了。因此,他看了一下斯奈德的办公室,请他给帮个忙。

"你想给老鼠注射吗?"斯奈德问道,一面抓住这个小动物,"**我来做给你看怎样给老鼠注射。我做给你看我们在朱利叶斯·阿克塞尔罗德实验室时是怎么干的。**"当帕斯特纳克在讲这件事时,眼睛睁得大大的,声音尖起来,又带着鼻音。斯奈德最兴奋时就这个样子。

"你抓住……这老鼠,"斯奈德说着,劲头十足,"现在你拿着……针……"

但是,斯奈德抓老鼠的姿势错了,它一下子挣脱了,扭头就咬了他一口。"该死的老鼠!"斯奈德尖叫起来,把它朝墙上扔过去。"那是我最后一次要求斯奈德帮我做实验。"帕斯特纳克说。

斯奈德曾谈到霍普金斯大学一位著名的科研人员,这人比他年纪大得多,可是仍在实验台前亲自做实验。"他喜欢实验,"斯奈德说,"可这不是我的风格。如果这样做,是我没有把时间用好。"他感觉更好地使用时间是去设计许多实验,让许多学生去做,因此而扩大他的影响。

当然,这样就要求有大量想法存起来备用,数量之大足以使学生们忙个不停。他过去的学生们说,在这方面,斯奈德是没有人能比得了的,多种思路源源不断地从他的头脑中涌出来,像是银币从拉斯维加斯的吃角子老虎机中吐出来一样。"他头脑中所知的东西无边无际。"亨德莱说。他通晓不属于自己专业领域的东西,而且能够把它们同自己实验室的工作联系起来。"他懂得分子生物学,能像个物理化学家一样摆弄分子模型,"亨德莱讲述着,"他是一个真正的天才。"一般的实验室主任一次可以上马三四个实验项目。他却能同时安排10来个学生搞实验,而且能记住每个人在半年前曾发现了什么。

他的思想在科学文献的各个领域漫游,不为学科专业所局限,先到这边,接着又转移到另一个似乎并无关联的领域。他说:"现在有一种倾向,人们喜欢讲'我是一个神经学家,因此我不能研究癌症或肝'。但是我不是这样。一**切**领域都是令人激动的,它们对我都是一样。"

罗伯特·古德曼(Robert Goodman)参加斯奈德的实验室时,还是霍普金斯大学的一名本科生,后来他读硕士及博士学位时仍然与该实验室保持联系。他说,斯奈德可以在免疫学或遗传学的文章中,发现一个美好思路的火花。"或许我们能试试这样的东西",斯奈德会在文章空白处匆匆写下几句话,把有关的章节用笔圈出来,并将其塞进古德曼的信箱中。每个月这样的事总会有几起。

他与人的互动交流是不间断的,斯奈德总想知道你的工作进行得怎样了。他可绝不是那种高高在上的实验室主任;相反,可以说,他是与学生一同工作,并且通过学生来工作的。有一个学生说:"人们常把导师想成是在角落里咕噜着拉丁语的孤独的科学家——斯奈德可绝不是这样。"

而且与有些科学家不同的是,他在社会人际交往中也如鱼得水。有个学生曾把斯奈德描述为他所见到的兴趣最广泛的科学家。"你可以和他就任何事随便闲谈,"另一个学生说,"我最愿意晚上与他一起聊天。"他常在位于巴尔的摩市区西罗杰斯路的住宅设下晚宴,欢迎他实验室新来的工作人员:大家吃饭、饮酒,还有十分有趣的谈话。古尔德(Robert Gould)是最近在他的实验室工作过的研究生,现在MSD制药公司工作。他回忆起他时说:"导师这人和蔼、宽厚,总使客人有宾至如归的感觉。"

斯奈德常在实验台旁坐下来与学生谈他们的科研项目。亨德莱回忆道,他和每个人都相处得很好,技师和秘书都很爱他,他对每个人都很礼貌。斯诺曼(Adele Snowman)是在20世纪70年代初加入进来的一名技师,她令人敬畏的实验效率是出了名的。斯诺曼认为斯奈德是她所有的上级中最好的一个。1978年,她因丈夫到了另一个州工作而离开了实验室,但是后来她又回来了。她说:"他让我充分自主,他给我机会去发展。"

斯奈德过去的学生们把他描述为一个很会处理人际关系的人,他知道什么时候应当赞扬,什么时候不应当赞扬,而且他有罕见的本事,可使大家充分发挥潜力。有个人讲:"他对每个学生都特制了一套专门的胡萝卜加大棒的做法。"他很少发脾气,甚至也不表现出失望的情绪。"每个人都在自我加压,"古德曼说,"每个人都在力争上游,以便能被他拍拍脑袋,予以赞许。"一个女学生回忆,有一个晚上,她工作得很晚,正在给装入闪烁计数器的小玻璃瓶盖盖子。这时他走了进来,"呦!小姑娘!你在干什么,搞得这么晚?"他大声叫了起来。很显然,甚至多少年后,这一回忆也是十分宝贵的。

良好的实验数据会使斯奈德大为振奋,热情高涨。"嘿,你真了不起。你是实验室里最聪明的人,"古尔德记得在这种时候斯奈德会对他讲这种话,"当然,明天又会有另一个人被夸成实验室最聪明的人。"不过,当你和斯奈德待上半小时,分手时你会感到仿佛你已解决了宇宙之谜。

当古尔德第一次到实验室当博士后时,他深感实验室主任十分友善,而且能敏锐地体会部下的需求。不过,过了一段时间,他逐渐感觉到其中有几分是对方刻意培养出来的习惯。斯奈德很清楚他希望别人如何看待他,他也努力给人留下良好的印象。"斯奈德是很精明的人,"古尔德曾这么讲,"我想他的精明,要超过我所认识的任何人。"

这是很多与斯奈德合作过的人的共同反应。大家都认为他为人热情，能够支持别人，而且待人大方。但是有些人对他的动机有疑问，把他那种讨人喜欢的个人品质看成是为了操纵别人，认为他善于激发别人的最大潜力只是一种技巧而已，这种技巧他一直在努力提高。"我感到他这种热情是为了达到一定的目的，"曾在他早期实验室里工作过的罗素说，"他待人接物十分有效率，全靠他那种热情和渴望。"

但是不管斯奈德是否工于心计，古尔德像有些人一样也承认，"多数情况下这对双方都有利。斯奈德会讲，'嘿，干得不错，不过我们现在还不能够出论文。为什么我们不再向前一步呢？'我想他会讲，'你知道大会就要开了，在波多黎各开。可惜你的工作还不到能作报告的地步……'"最初，人们可能会不高兴，但是，从长远看，他这套策略会促使你发挥出最高水平。

古尔德把斯奈德描述为一个无比亲切随和的人，你可以随时给他打电话，你知道如果他能够帮助你，他就会这样做。结果"许多人都受到过他的恩惠"。古尔德知道这样评论带有一点影射他有马基雅维利式权谋的口气，但他却坚持说他没有什么更深的含义。事实毕竟是事实："有许多人感到他曾经帮过他们，所以他们也愿意帮他。"

确实，很多人把斯奈德看成是十分完美的政治动物，善于互施恩惠，互通信息，十分了解权力中心的意向。据说，斯奈德认识各大科学协会中的**每一个要人**，而且广交朋友，不论其职位高低。有一位认识斯奈德有15年的人（此人惯于发表严峻及单色调的评价）说："斯奈德政治性很强，他总是小心翼翼，只做政治上有利的事。如果世上最大的傻瓜能对他未来有利，他也会对他很好。"甚至有些并不把他描述得过于功利的人，都认为他周身贯穿着深刻的政治倾向，而且似乎也乐此不疲。罗素记得有一次他告诉她，他要"搞到那些精明人的脑力成果"。

众人一致认为斯奈德很喜爱获得多种奖项，作为科学界超级巨星的"装饰"。有一个他20世纪70年代早期的学生说，他甚至在那时就对诺贝尔奖十分着迷。古尔德说:"人人都知道他若得了诺贝尔奖肯定高兴死了。"亨德莱回忆说,在斯奈德到霍普金斯大学的早期日子里,作为一位刚离开NIH一个充满竞争的实验室、终于有了自己的实验室的人,他决心凭自身实力建功立业。

这正是他所做的事。早在1969年,当他31岁时,斯奈德被授予马里兰州科学院杰出青年科学家奖。第二年,他获得了约翰·雅各布·埃布尔奖。这个奖以霍普金斯大学那位发现肾上腺素的先驱药理学家命名。这只是他一系列获奖清单上的前两项罢了。

有一次,阿克塞尔罗德获悉斯奈德获得一个大奖时讲过:"哦,好啊,他喜欢获奖。"在公开场合里,斯奈德总是贬低诺贝尔奖的重要意义。他说这只不过是一种隐喻性的衡量标志,人们衡量某个实验值不值得一做时,往往会说:"它能获诺贝尔奖吗?"

他想获得诺贝尔奖吗?"喔,那很好呀!"他微微一笑地回答。

在1966年夏季,斯奈德的实验室只有他本人和一个技师亨德莱,但到1970年已发展壮大为16个人了。他那个拥挤的实验室里,有许多小小的隔间提供了一定的个人的空间。艾弗森是个英国药理学家,曾与斯奈德在阿克塞尔罗德的实验室里共事过。他有时到巴尔的摩来拜访他,给这个实验室起了个外号,叫做"所罗门实验场"。在建设实验室时,斯奈德说他有意识地采用了导师阿克塞尔罗德的方法:不在实验室安排永久性工作人员,以免使科学的动脉硬化;相反应使用年轻的博士生和博士后,让他们干上几年,然后就换上新的一茬人员,以保持生机盎然。

在这些年月里,斯奈德构想的这个"神经科学"领域仍在开拓中。它不是一个界限分明的学科,它与精神病学、药理学、生物化学、神经学都有联系,人们时常通过非正统途径来追随他。

例如，科伊尔（Joseph Coyle）在大学时开始是念法文，后决定当一名精神病学医生。当他申请念医学院时，人家问他搞没搞过科研，他回答搞过——是研究贝克特（Samuel Beckett）的戏剧。不管怎样，后来医学院要了他。他在霍普金斯大学的第3年，听了斯奈德一个有关大脑的讲演，他说他的讲演"使我心驰神往"。他参加了斯奈德的实验室作每10周轮换一次的医学院实习生。其后，他在阿克塞尔罗德在NIMH的实验室做了两年的研究助理，然后又回到霍普金斯大学学斯奈德的样子：既当科研人员，又当精神病学住院医生。

库哈尔（Michael Kuhar）在宾夕法尼亚州斯克兰顿大学曾念过数学及物理。他作为霍普金斯大学的生物物理学博士生，不断听说有一位叫斯奈德的精神病学住院医生，不但年轻聪明，而且对精神疾病的分子基础很感兴趣。库哈尔改变了自己研究生学习的专业，于1968年进了斯奈德的实验室，1970年获得博士学位，1972年在耶鲁大学完成博士后研究，回到霍普金斯大学任神经科学副教授。"当我回来时，"他回忆道，"坎达丝·珀特已经在这儿了。"

在这些年月里，斯奈德还有其他学生。他们同样聪明向上，富有想象力，受到斯奈德深刻的影响，但没有一个能比得上珀特——由于一个空前的重大发现，以及其后暴风雨式的公开争论，斯奈德与她建立了牢不可破的联系。而且，可以断言，她的性格之独特，再没有一个学生能比得上。

"开会时你总会知道珀特什么时候进入了室内。"帕斯特奈纳说。例如，报刊在报道她的文章里也讲过："她的性格似乎不停地改变，像水银泻地一样形状不定"，她"很容易感到没趣儿，永远在追求刺激"。另一篇文章则说："精力与乐观精神简直像罗马蜡烛（一种手持燃放的焰火筒）一样，随时有爆炸的危险。"

以上两篇文章都说轻了。有个老同事讲得更加贴切:"她有这样一种强有力的性格,在和她打交道时,我有时感到好像被她碾过似的。"

在第一次见面时,她总是走上前来,与你很近,歪着头,斜睨着她的眼直视着你,很快拉近距离,使你感到不安、亲近。当她讲话时,头不时地向两侧摆动来表明强调。她满头卷曲的棕发长长的,摆来摆去,好像西班牙弗拉明戈舞女下摆带褶的长舞裙。各种想法、意见、设想和奇想由她的口中滔滔不绝地讲出来,虽不总是十分精确、条理分明,但非常鲜活,直接从脑中涌出来,不加修饰,也不造作。亨德莱曾与她一道工作过,谈到她时说:"对,她太棒了,头脑十分聪明,但是不太有条理。她往往脱口而出,而不知道应该更加审慎一些。她往往不加深思就干出一些疯狂的事。当然啦,都是挺有意思的事情。"

珀特曾在万圣节晚会上化装成一个雷利牌的月经棉塞。她遇到同事的一个男实验室助理,她微笑着说:"你光站在这里扮可爱,别的还干什么?"甚至于她谈及科学事物的发言也很吸引人:"疯癫忧郁型精神病就好像多巴胺受体的糖尿病",大脑是"一个湿乎乎的小微型接受器,用来收集现实情况"。

有人听珀特讲过,癌症研究最大的障碍是:"所有那些壮汉们互相竞争,总想打败对方。"

至于一般男性如何呢?"我喜欢他们各安其位,"她说,"他们的位置是在卧室里,你让他们出去,他们就要打架了。"

珀特娘家姓是毕比(Beebe),1946年6月26日生于曼哈顿,在长岛的旺托长大。她的父亲罗伯特·毕比(Robert Beebe)很有创造力,干过多种行业,曾为音乐乐队谱曲,画连环画,以及做无线电广告。她的母亲米尔德丽德·毕比(Mildred Beebe),是法院的文书。珀特高中毕业之后,申请了三所大学:史密斯大学、瓦瑟大学和密歇根大学。这三所大学全录取了她,她却另外选中了第四所大学:惠顿学院(在马萨诸塞州)。她后来不喜欢这所大学,上了几个月就辍学了。

她转到霍夫斯特拉大学,这是离她长岛的家不远的一个走读学校。她希望先搞清楚自己到底要学什么,然后再到其他地方去。她有了一份工作,做心理系的秘书。就是在那儿,在1965年9月,她遇见了大学生阿古·珀特(Agu Pert),他是爱沙尼亚人,幼年在收容所待过。阿古对动物在学习方面上的进化很有兴趣,她和阿古接近了。有时,当专职管动物的人离开时,他们就一同清扫实验室的动物笼子。她说在1965年11月9日,也就是美国东北部大断电的那天,她在霍夫斯特拉大学心理学实验室007号房间的地板上受了孕。她与阿古在来年3月结了婚。

过去,她曾想做一个杂志编辑,但是现在,虽然英文仍是她主修课,但她却越来越感到幻灭。危机终于来了,这一天她交上一份论文"希腊人的思想",她认为这是篇石破天惊之作。而她的教授却只评了一个"C-"。她与他争论开了,却没有用。"他说C-,我说A+。没有客观标准。无论谁怎么讲都可以。"她开始讨厌这门专业,发现自己逐渐喜欢上了阿古搞的科学,一门更坚实的专业。

阿古大学毕业后在布林莫尔学院读研究生。这所学院在费城郊外,它的大学部是一个只招高才生的女子学院,研究生部却男女兼收。阿古上学的第一年,坎达丝——没有人称她为"Candy"(蜜糖)——留守家中,照看他们的孩子埃文(Evan)。阿古回忆起,她并不快乐。几乎一开始就打算重返校园。

而且也不念英文系了,要学科学。过去在霍夫斯特拉大学,生物学是唯一她真正喜爱的课程。现在,和阿古在一起,她发现自己常置身于生物学家和心理学家之中。白天在家里,她开始阅读,看阿古的过期的《花花公子》杂志,还有他的老教科书。

有一段时间,她在当地的餐馆里找了一份鸡尾酒招待员的工作。

有一个晚上,她同一个顾客谈起话来。这人居然是布林莫尔大学管招生的助理教务长。坎达丝告诉这位女士,她一直在考虑去念书。教务长问道:上哪个学校呢?或许是坦普尔大学吧,珀特这么回答,指的是费城那个很大的私立大学。噢,为什么不上布林莫尔大学呢?教务长想知道原因。

这是她第一次考虑上这个大学。在开学前两周,她申请了,而且被批准入学。

念英国文学课的日子过去了,现在取而代之的是物理化学和精神药理学,还要哄着那些给她带孩子的人。阿古记得,坎达丝对学习十分热情,讨论科学问题可以通宵达旦。在这一阶段,她通常是从早上6点睡到中午。她终日忙于听课、实验、自习、吃饭和照看埃文,仅有这么一点睡眠时间。

布林莫尔这所只收女高材生的女子学院,授予坎达丝**优秀毕业生**学位("我知道她天赋极高。"阿古说)。几乎自一开始就很明确,她会去上研究生院。问题是上哪所大学。阿古必须服兵役,他计划到埃奇伍德军火库,那是马里兰州的一个陆军化学战研究所。

但是到底是在马里兰州什么地方,他俩都不知道。他们找出地图,摊在面前,埃奇伍德大约离特拉华州35英里(约56千米),离巴尔的摩25英里(约40千米)。不论珀特进哪个研究生院,都必须位于基地可通勤的范围之内,费城是太远了。可能去的研究生院一个是特拉华大学,另一个是巴尔的摩的约翰斯·霍普金斯大学。这两个大学她都申请了。

特拉华大学接受了她,霍普金斯大学则没有。

坎达丝把这种拒绝归因于"公然的(性别)歧视"。她说霍普金斯大学与她面谈的那个人问道:"你讲讲你丈夫在埃奇伍德的情况。"如果他被派往越南了,她要怎么办?而且被问及,如果她要上研究生院,那怎么带孩子呢?

就在当时,她出席了"美国实验生物学学会联合会"年会。该联合会共有20 000名科学家参加,他们代表了生命科学的所有学科。大会在新泽西州大西洋城召开,在那儿她遇到了一位杂志编辑。据阿古讲,这个人提到了"一位极具吸引力、大有前途的后起之秀,名叫斯奈德"。这是她第一次听到这个名字。

其后不久,一位霍普金斯大学的行为生物学教授布雷迪(Joseph V. Brady)来到布林莫尔大学讲演。那天晚上,系主任在家中举行宴会,布雷迪被邀请参加,坎达丝也在被邀之列。两人跳了皮博迪舞,这是20世纪20年代流行的舞蹈。("我或许是60岁以下唯一能跳这种舞的人。"她笑逐颜开地讲。)之后,她向布雷迪谈起她计划念研究生院,想研究生物学和行为学,她告诉他不是分别研究,而是合而为一;她对大脑有兴趣。

她记得对方告诉她有关"怪才斯奈德"的通过表面研究大脑、看起来似乎是旁门左道的药理学。**又是斯奈德**。他将开设一门崭新的研究生课目,与她不喜欢的那种研究课目迥然不同。为什么不给他写一封信呢?

不久,通过非正式办法,她的学历证书等材料已放到斯奈德的书桌上了。3天后,将近半夜时,她在家里接到了一个电话,是斯奈德打来的。"我们接收你了,"他说,"现在正式申请吧。"她在1970年春季的一天到了巴尔的摩。"这里太棒了。"她记得她当时这么想。她从没有见过真正的科研实验室,至少没有见过研究气氛像霍普金斯大学这样浓的实验室。"实验室里非常繁忙,非常激动人心。"而斯奈德做的事正是她感兴趣的。在此之前,她一直处在麻烦之中,想学的专业不能学:"他们说它太复杂,没有大脑分子生物学这门专业。"然而这恰恰是斯奈德与他的一班人所从事的研究。

当时,斯奈德似乎对他的学生们很感兴趣,也对她有兴趣。他的友好态度及对人的温情,使她第一天初次见面就留下深刻的印象。他甚至借钱给她。她由于没算好巴尔的摩之行的花销,回程的钱不够了。他从钱包中掏出20美元给了她。

她回到费城时精神焕发。阿古记得她告诉他,这个斯奈德是"一个非常好的人,一个非常大方的人"。

1970年夏,是阿古夫妇最富诗情画意的一个夏天。金秋降临时,他将去埃奇伍德工作;而她则去霍普金斯大学。但当前,这光辉灿烂的三个月间歇,是摆脱学校、婴儿和金钱压力的大好时光。阿古那时驻扎在得克萨斯州圣安东尼奥接受培训,但与前几年相比,培训这段时光简直像假期一样。阿古已是一名陆军军官,他们有了些钱,世界正敞开大门……而这时她不幸落马摔了下来。

她那时一直在向一位老骑兵上校学习骑马。一天,她跌了下来,造成第一腰椎挤压性骨折。医院当时挤满了刚从越南回来的伤员,有的人是大半身烧伤,很多人都服用麻醉药上了瘾。对于医院大夫们来讲,她这种病例是不会排在前面来看的。有两星期的时间,他们让她服用杜冷丁(demerol),这是一种阿片药剂。她喜欢上这种药了,它能够止痛。之后,她感到对这种药上瘾的最初症状,而且学会说服自己不再服用这种药。

到了这年夏末,珀特一家搬到了马里兰州,她开始了研究生的学习。她沿着这条路走了3年,成为阿片受体的发现者。其后她讲,在得克萨斯州医院的那几个星期,先是饱受病苦及药物带来欣快感,随之又对药物上瘾。这也就激发起她的科学探索决心,这种决心带有亲身经历的迫切性,而不是任何单纯的求知欲所能提供的。

她到霍普金斯大学当研究生的当天,就向斯奈德报到。一方面,"我想他们有了我是很幸运的";另一方面,她也很惊恐不安。他使她镇定下来。他向她保证,她能获得博士学位。他们要让她选修一些课程,但是他以为少学为佳；课太多了往往分散精力，是一种不得不做的坏事，这同她为何到这儿来没有什么关系，她来这里是为了搞科研。

无论如何，他是打算让她立即搞科研。"很简单，"他告诉她，"你就跟着肯·泰勒(Ken Taylor)学。他教你组胺测定中所需的任何事情。"

她到了实验室之后不久就做出了第一篇科学论文：

> Young, A. B., Pert, C. B., Brown, D. G., Taylor, K. M., and Snyder, S. H. Nuclear localization of histamine in neonatal rat brain. *Science*. 173:247-249, 1971.

她补充说，肯·泰勒是澳大利亚人，而且那时"帅极了"。"当我看到他时，我以为自己要晕倒了。"她在他旁边工作了几个月，学基本的实验技术，搞测定，研磨，并且用离心机处理大脑样品。

"我成了肯的奴隶，"她说，"我几个月都见不到斯奈德。"

第十章

阿片受体："疯起来,去研究它"

每个工作日早晨,珀特从她住的埃奇伍德弹药库陆军基地,驱车25英里(约40千米)去巴尔的摩上班。"那是一个陆军贫民区,没有文化,十分丑陋。我能挺过来是因为我总在想'早晚有一天我会离开这里'。"她丈夫阿古负责搞家务、带孩子。早上用自行车把儿子送到基地托儿所,晚上则做好晚饭等她回来。

她总是早上9点到达约翰斯·霍普金斯大学,很少晚上7点半以前回到家,有时要到9—10点。她在医学院内,会把车停在麦迪逊街和伍尔夫街拐角处的小巷,她为这个固定车位每月付20美元。医院附近是治安危险区,她停下车后会快步走向实验室。但即使这样,5年内她仍被抢劫了3次。

一段时间以后,长途开车成了下意识的事,就好像"开车不用脑子",她说。她开始有效地利用时间,在7-Eleven便利店买一大杯咖啡,边开车边盘算着当天的工作,脑子中想着实验的每一步骤。

在上了一年多课,增长了实验室工作经验(这是她博士学位计划的一部分)之后,珀特不再是泰勒的"奴隶"了。她现在有了自己的研究项目,该项目日后将为她及导师斯奈德在科学界带来世界性声誉。她正在试图发现阿片受体。

从1905年开始,在差不多一个世纪里,药理学一直基于一个假设。打开任何一本教科书,就能看到这个假设:药物之所以产生效用,是因为它会抓住"受体",只有该药物或有关的化合物才适于这种受体。

这个提法,最早出自埃利希[Paul Ehrlich,抗梅毒药物洒尔佛散(Salvarsan)的发现者]及纽波特·兰利(John Newport Langley)。兰利于1905年提出假设,认为有一种"感受性物质",尼古丁及箭毒(curari)均对其产生作用。他在一篇早期论文中写道:"在描述尼古丁及箭毒作用现象时,我将用感受性物质这个词,尽管还只是理论上的推论,但这个词可以用最快捷和最简单的方式描述这种现象。"

在整个20世纪,药理学的理论家们经常提到受体概念。但从没有人见过、摸过或证实过它的存在。一本1974年出版,在其他方面堪称严肃的药理学教科书称:"这里给想与教授搞好关系的学生们一个友好的忠告……不要要求他用样品瓶带一个受体到教室来,也不要让他写出受体位置的精确化学结构。在目前,除极少例外情况,受体只是一个概念化的东西。"总之,它仍处于"理论阶段"。

到了20世纪60年代后期,毒品滥用成了报界关注的问题,因此把受体理论变成现实显得更加紧迫了。据说在越南的美军士兵中有1/4吸食海洛因。而在美国国内,毒品问题导致了街头犯罪率的惊人上升。同时,甚至白人中产阶级的青少年也开始大规模服用毒品。尼克松总统在1971年6月17日的一次记者招待会上宣布向毒品开战。但许多知名科学家指出,只有在分子水平上更好地了解了毒品成瘾机理,世界各戒毒中心才能真正解决毒品问题。

每个人都"知道"海洛因及其他鸦片制品的一个特点是:它们必须对某种东西产生作用,这种东西就是阿片受体。正如一些对此极感兴趣的报界文章日后所称,证实阿片受体的存在并不等于可以治好海洛因成瘾。但证实其存在,仍是朝着理解成瘾机理方面迈出了一大步,据此有可能最终找到治疗办法。

存在阿片受体的相关证据一直在增加。首先,人们已知存在着阿片拮抗药——这些药本身不产生欣快感,也不能镇痛,但可以阻止海洛因及其他鸦片制品产生效用。例如纳洛酮一类的药物:给一个吸食海洛因过量的病人打一针这种有效的阿片拮抗药,针头还没从静脉中拔出来,他就几乎可以醒来四处走动了。对于这种近乎奇迹的复苏,最好的解释就是纳洛酮把海洛因从受体中挤出来了;它挤占了受体的位置,使海洛因无处发生作用。

另外还有饱和现象的存在,如果存在受体,它应有一定数量。那么注入药物越多就会产生越强的药理现象,直至全部受体都被占用了。确实,大部分药物(包括阿片)都是这么发生效用的:药少,药效就小;药多,药效就大;但过了一定水平后,再加药也无反应了。

但是,最能吸引人的线索是在立体化学方面,这是有关原子的空间排列如何影响分子特性的研究。首先,所有阿片类药物在分子水平上的结构是类似的。其次,结构上的细小变化会使一种兴奋剂变成拮抗药,或使拮抗药变成兴奋剂。例如,若仅把兴奋剂吗啡的甲基改换成烯丙基,那它就变成了一种有效的拮抗药烯丙吗啡。这两方面的立体化学证据均表明,有一种特定的受体几何形状,所有阿片类药物(兴奋剂及拮抗药)都必须满足它。

使这一主张确定无疑的因素是阿片类药物的立体特性:两种物质可能是一样的,但实际并不一样——同样的碳、氢和氮,以同样方式排列,只不过一种物质是另一种物质的镜像。但这一微妙的不同却造成了差异。一种物质可在人体中发生作用,另一种却无效力。为什么呢?这就好比右手的手套不适于左手;尽管(左手)在其他方面与其伙伴(右手)相同,但无论怎样扭曲和弯曲都不能使两者在三维空间中重合。

（这种左手和右手的说法不仅仅是比喻，从一个层面上讲，它符合物理实在。药物据说有**左旋**（levorotatory）或**右旋**（dextrorotatory）形式，这源自拉丁语的左右两字，它是指一种物质的溶液使偏振光向左侧或右侧偏转。在药物的化学式中常见的L或D——有时则用正负号代替——会告诉人们这种药是左旋还是右旋。）

对生物系统发生效力的大部分物质都是左旋的。阿片制剂也是如此。例如，羟甲左吗喃是一种合成麻醉品，效力比吗啡高5—10倍。右羟吗喃是右旋的，其他特点与羟甲左吗喃一样，但它没有止痛效用。**它没有效力是因为它不合适**——大约是不合适于阿片受体。

所有这些因素让人感到，一定存在某种实际的东西——一个分子、一个位置、某种特别的条件或形状——而且它对阿片极为敏感。但在科学领域，如人类事物其他方面一样，人们总是要求证实阿片受体的存在。但直到1971年，尚无人证实它的存在。

斯奈德谈到他1971年对阿片的了解时说："我几乎不知道海洛因与辣根（horseradish）的区别。"但由于总统已向毒品开战，政府可能提供赠款资助，他的朋友、尼克松政府向毒品开战的"主将"贾菲（Jerome Jaffe）也向他不断游说，斯奈德终于开始对阿片受体课题感兴趣了。1971年夏天，他出席了一个关于分子药理学的会议。会上的演讲者之一是斯坦福大学药理学家戈尔茨坦（Avram Goldstein）。他记得自己对戈尔茨坦的演讲记的笔记最多，超过对其他所有演讲人记的笔记的总和。

戈尔茨坦当时做了一些实验，用日后的标准看，它们均算失败。但他的论文《鼠脑亚细胞片段中吗啡类药物羟甲左吗喃的立体特异性及非特异性相互作用》（1971年发表于《美国科学院论文集》），却在日后被视为一切相关研究的开山之作，他的实验战略也成为范例被后人仿效。

戈尔茨坦问道，你想寻找阿片受体？你该这样找：首先，药物与组织相结合，不一定即是与该组织的受体相结合。因为两种物质互相结合有许多方式，如离子链、氢键、疏水力等，并且这些方式与药物真正发生效力的机理没有关系。这种结合是非特异性的。向组织倾到药液，有一些药液就会与它粘上；这时仍有一个任务要完成，即分辨哪些是以上述无意义的方式与组织相结合，哪些是以从药理学上讲有意义的方式进入了组织的受体。

戈尔茨坦战略的第一个要素是，将一块组织（如鼠脑）浸入羟甲左吗喃之类的阿片药液，这样每一个受体位置都注入了药液。这时再将其浸入有放射性的羟甲左吗喃会怎么样呢？人们大约认为，由于各受体位置已被占用，放射性阿片药物将无法与组织结合，因此放射性计数将为零。

当然，事实恰恰相反，实测的放射性计数相当高。尽管所有受体位置已被占用，但药物仍有其他一些方式与组织相结合，但许多结合是非特异的。这种结合是由于各种分子互相作用引起的，但却不是对受体产生分子相互作用引起的。

戈尔茨坦计划中的下一个实验是：取来右羟吗喃（这是羟甲左吗喃在药理学上不活泼的形式）溶液，浸入一片脑组织。这片脑组织被右羟吗喃注满，但受体除外——因为"右旋的"右羟吗喃无法进入这些"左旋的"位置。这时再注入有放射性的羟甲左吗喃。那些没有被右羟吗喃占据的受体，将会被有放射性的羟甲左吗喃自由地充满。这时测得的放射性计数，就反映了受体结合的程度，但有一个因素除外：你不知道与组织结合的药物中有多少是非特异性结合。

但你实际上知道——从第一个实验就知道了。有了从第二个实验中取得的放射性计数后，从中减掉第一个实验所得的放射性计数，你就知道立体特异性的受体结合的量值了。只要有了足够可靠的数字，你就接近于证实阿片受体了。

戈尔茨坦执行了自己的计划。例如以一个鼠脑做样本，第二个实验得出的放射性计数为每分钟2521次，第一个实验的计数为2298次，相差223次。总计用了8个鼠脑做实验，在结合总数中只有2%是立体特异性的——受体存在的证据怎么说也是无力的。

后来的事实证明，戈尔茨坦报告的结合根本不涉及阿片受体，而是涉及另一种物质，它似乎也有左右旋之分。但即使这一表面价值也没有激起人们的信心。这一结果太混乱，太令人生疑。如果如同一切证据所显示，与受体的结合在药物作用中如此重要，那么这个关键性的实验应能明白地揭开受体之谜。

但戈尔茨坦的实验战略仍给人以希望。斯奈德记得自己曾在对方的论文上草草写下自己的思路，他设想如何改进实验，以得到更明确的结果。据他说，当时需要做的事就是挑一个学生执行自己的实验战略。他在1971年底至1972年初的某一天，指定珀特做这个实验。

珀特在谈到是什么引导她开始研究阿片受体时，强调了几个不同的因素，这包括她在得克萨斯州骑马时摔伤，她的痛苦的住院经历，以及医生开出的阿片止痛药几乎使她上瘾。

她在住院时，曾打电话给斯奈德，询问开始当研究生要先读什么书。他说不必着急，但若她很认真，那可以读戈尔茨坦、阿罗诺及卡尔曼合写的《药物作用的原理》一书。该书前15页全是谈受体概念。"每个人都知道受体的存在。"她说。只不过尚无人证实它的存在。

她说在她加入斯奈德的实验室后不久，曾去他家中参加过一个晚宴。这次晚宴是为了欢迎她和另一位新来的教授夸特雷卡萨斯（Pedro Cuatrecasas）两对夫妇。珀特讲述了自己在得克萨斯州医院的经历。斯奈德和夸特雷卡萨斯两人似乎"极有兴趣"。她和阿古（现在已离婚）均记得,众人当晚谈到她应该把阿片受体作为科学问题来研究。

珀特一边攻读规定的课程,一边在实验室短期实习。她曾在夸特雷卡萨斯的实验室实习了5个月。她记得别人说过:"如果系里有人会得诺贝尔奖,那一定是夸特雷卡萨斯。"他聪明并具有创造力,人人都知道这一点。

夸特雷卡萨斯并不研究神经系统,而是研究胰岛素。那是胰腺分泌的激素,可帮助控制血糖水平,如胰岛素缺乏,就会引起糖尿病。人们假定,受体不仅在神经系统起作用,凡药物及激素起效用的地方,均有受体的作用。胰岛素是基于什么发生功效呢?人们设想是基于胰岛素受体。夸特雷卡萨斯首创了显示这类受体的技术。

他记得珀特做事专心、热情,但在进过他实验室的研究生中,尚算不上最有科学创见的。在实验台上,她显得粗心,对单调乏味的实验没有多少耐心。而且,她一开始的"思维或表述并不严密"。(由于感到她有这些不足,曾有人提议将她逐出研究生行列。但据说是斯奈德制止了这一做法。)

夸特雷卡萨斯说,在另一方面,珀特学东西很快,而且用她丰富的词汇来说,"与她共事很愉快"。鉴于人们对她实验工作的批评,及要求她思维更严密,她作出了反应。她倾听了大家的意见,及时吸取了教训。她变得"更仔细,不那么粗心了——这一点是无疑的"。

珀特在夸特雷卡萨斯的实验室学到不少东西。但用她的话说,最重要的是,"我学会了如何做结合测定——我要找到阿片受体就一定要了解这一切。"

珀特以阿片受体为研究对象,这并不是预料中必然的结局。对一个新的研究生来说,这是一个难啃的课题。斯奈德曾开玩笑说:"它很容易——就和胰岛素受体一样。"但事实上它与胰岛素受体并不一样。夸特雷卡萨斯说,实际上,"当时寻找在机体中未发现的药物受体,是比较大胆的做法。"毕竟，有胰岛素受体存在是因为体内有胰岛素。阿片受体是为什么药准备的？海洛因?!?

斯奈德一开始让珀特研究胆碱吸收，这是个不太难的课题，肯定能让她容易地拿到博士学位。但珀特对它没什么兴趣，渴望去搞更具野心的阿片受体课题。他观察了一段时间，感到她对胆碱课题并不热心，最后只好建议她搞阿片受体研究。这是她的博士学位研究主题，像她的孩子。

她在1972年初开始了研究。刚一开始，斯奈德就把戈尔茨坦1971年的论文交给她看。整个春天和夏天，她按戈尔茨坦实验战略的主线，尝试了其他相关的实验，一次又一次，有时她摆脱对方的主线，有时又拾起来另试一番。但毫无进展。立体特异性结合？零。无。**空**。

斯奈德很快感到坐立不安。他从阿克塞尔罗德那儿学到的东西，使他在研究中倾向于搞容易上手，而且易见成效的课题。但阿片受体研究似乎没有一点成效，很难啃。他不想这样因循守旧，慢慢地向科学之谜靠近，那样会好几年一事无成。此外，他还要带一个博士生；那样对她也不公平。阿片受体的研究短期无望突破，他打算放弃这个课题。

但她不想放弃。她说，在这方面，她在阿片受体上的研究没有继承阿克塞尔罗德的传统。但她**知道**，她确实**知道**，一定存在着阿片受体，而且她将会找到它。她说："我简直入了迷，我只想研究它。"

最后的成功是许多小的成功累积而来的。但在珀特与斯奈德的最后论文里，这些小的成功大都一带而过，并不显眼，似乎其本身的意义并不大。例如，论文第二段谈及了一个小的成功，而它被隐藏在了错综复杂的方法论细节里：

> 将样本降温至4℃，用沃特曼（Whatman）玻璃纤维圆形过

滤器(GF-B)过滤,在真空下用两份8毫升冰冷的三羟甲基氨基甲烷(tris)缓冲剂冲洗过滤器。

他们两人的这个介绍如何处理浸透放射性药物的磨碎的鼠脑样本的方法,实际上解决了困扰戈尔茨坦的一个难题——他想发现的特异结合均被混乱的、无药理学意义的结合所掩盖——过滤器会留住脑组织。由于是在真空下冲洗过滤器,不想要的"尘土"——与受体以外的物体松散结合的放射性药物——会被带走。人们认为,留下来的是与受体结合的药物。

他们两人介绍的技术,与两年前另一篇发表于《美国科学院论文集》的论文介绍的技术很像:"将3毫升冰冷的KRB-0.1%白蛋白加入这些细胞,然后立刻过滤,并用另外10毫升在醋酸纤维素EAWP微孔过滤器上在减压状态下冲洗。"不过在这里,过滤的对象不是脑组织,而是脂肪细胞;寻找的不是阿片受体,而是胰岛素受体;实验者不是他们两人,而是夸特雷卡萨斯。

夸特雷卡萨斯的快速冲洗及过滤的方法,可以大致比作一张经适当曝光的照片,如果曝光时间合适,底片可记录一切细节——最黑的黑,最白的白,及中间的灰;但如果曝光过度,那么冲洗出照片后,一切细节都看不到。这种过滤加冲洗的技术限制了组织对放射性药物的曝光;保留下的"细节"就是没有被非特异结合弄混乱的受体结合。

最终,过滤加冲洗的技术是关键性的。但解决了一个问题,亦有可能加剧另一个问题。珀特用的放射性药物,其浓度远低于戈尔茨坦的用量,而且大部分还被冲洗掉了,因此剩下与受体结合的药物的量可能极少,而且无法计算。所以,需要的不是"温"药,而是真正的"热"药,即一种有高度特异性放射性的药物。

珀特试的第一种药是二氢吗啡,其放射性比戈尔茨坦用的药高

1000倍。他们后来得知，这样做倒也可以，只不过这种药在通常实验室的光线下会衰减。但他们刚开始并不知道这一点。

珀特的实验一再失败，但她继续干，试用不同的药、改变温度和浸泡时间、改进冲洗技术，但仍无结果。

最后，在1972年9月22日，实验成功了。

珀特在其博士论文前面写到，她将此论文"献给爱我的阿古、鼓励我的埃文以及纳洛酮"。正是纳洛酮，打开了阿片受体的大门。

珀特在巴尔的摩工作时，丈夫阿古是陆军化学战研究人员，在埃奇伍德弹药库上班。他在实验室中会将中空的不锈钢针扎入猴的脑部，并注射吗啡等药物。药物的镇痛效果可通过抑制了多少"标准"痛苦——如站在热板上的时间——来衡量。阿古选择脑部不同区域进行药物实验，以精确划定吗啡起作用的区域。一旦他找到这种区域，为了核实，他会用同样的针注入其他阿片兴奋剂，预计镇痛效果依然继续。或者他会注入阿片拮抗药，这样镇痛效果将中止。他试用过的一种药就是纳洛酮，一种强有力的阿片拮抗药。

珀特在发现阿片受体之前，做了许多无效的探索，试用了好多种放射性兴奋剂。但试用一下阿片拮抗药如何呢？英国药理学家佩顿（W. D. M. Paton）曾在其一篇长文中介绍了一种理论，说明为什么拮抗药会与兴奋剂作用不同。这给了珀特思考的理由，与她之前用过的那些兴奋剂相比，放射性拮抗药也许会更激烈地争夺受体位置。例如，可以用纳洛酮这样的拮抗药。阿古在埃奇伍德有许多纳洛酮。

阿古有一头金色直发、金色的大胡子，笑起来就眯着眼，这使他看上去真应该穿上伐木工的夹克去拍骆驼香烟的广告。他在许多方面与珀特性格相反：安静、少言寡语，又有点自责的样子。他现已与珀特离婚，但他仍尽力帮助珀特回忆一步步走向发现阿片受体的每个细节，他平静地说:"是她先想到用纳洛酮。我可以担保。她是从读那篇文章想到的。"

阿古可提供珀特需要的所有冷的纳洛酮,但含氚纳洛酮(放射性纳洛酮)必须向工厂定货。她整个夏天都让新英格兰核公司的工厂为她的实验送来各种放射性药物。但斯奈德已不愿再为这个实验项目投入金钱和时间。她敢不敢继续干下去,而且自作主张给工厂发一批纳洛酮过去?阿古说:"她为此事心里有过斗争,最终还是干了,货发出去了。"

她用纸包了几毫克药粉,寄给了工厂。她说此事没有告诉斯奈德,"我记得曾为此感到有些愧疚。"

斯奈德的回忆与她不同。他说是两人共同决定向工厂订购含氚纳洛酮,询价是按他的指示办的,订单发出去他也知道并同意。

不管冷纳洛酮是如何离开霍普金斯大学的,一个月或稍晚些时候之后,它被运回了(高度放射性、液态,存放在铅瓶中)。珀特报告了大学的辐射控制处,由其提货并做了初步的净化。

接着,它被运回实验室做了结合实验,那一天是1972年9月22日。

珀特次日大步走进斯奈德的办公室,递给他前一日实验的数据。她说:"快看这个,你可能不会信的。"

她记得他静坐着盯着数据看了一小会儿,然后发出了一阵欢呼,他叫着"太棒了!太棒了!"从椅子上站起来,"一边走动,一边骂着什么"。

当他安静下来后,两人仔细研究了实验细节。这一初步结果正是他们寻找的东西:明显的立体特异性结合。他们还必须更有条理地核实一下。为此珀特需要帮助,现在斯奈德则愿意全力提供帮助。他找来了技师高手斯诺曼,问她:"你帮助珀特干几个月如何?"

斯诺曼总是在早晨5点半到实验室,下午较早离开。珀特则在早9点到,晚8点回家。她们全天都在做结合测定。斯诺曼今天用上了一种商用仪器，一天可读取1800个闪烁小瓶的数据。她过去用老型号的仪器，一天只可读取500个小瓶，而在1972年时，一天一般只能读几十瓶。但即使如此，他们两人仍拿到了大量数据。阿古记得，"珀特为这个实验投入了无数个小时。"与此同时，斯奈德一直在催她："快点干，别人要超过我们了！"

珀特在9月底完成了第一次成功的实验。他们两人的联合论文——斯奈德记得他们俩2小时后即开始写该论文草稿了——12月1日送到了《科学》杂志，后来，修改稿亦于1月15日完成了。该论文是这么开始的："世上存在着一种特异性阿片受体，这方面的药理学证据极令人信服，但迄今尚无人能从生物化学角度直接证明它的存在。我们现在这里报告阿片受体结合的直接证明过程、其在神经组织中的定位及以下两者之间的密切比较——阿片制剂的药理学效力，与它们对阿片受体结合的亲和力。"

他们两人的论文满足了戈尔茨坦两年前确立的所有验证标准。核心的实验实质上是戈尔茨坦过去首创的。它可以概括为以下几步：将鼠脑磨碎，浸入兴奋剂羟甲左吗喃，这样可占据全部受体位置，这时加入的放射性纳洛酮就依附于受体，这必然是非特异结合。因此相应的放射性计数应从早些记录的尚无羟甲左吗喃占据受体时的数字中减去。在典型的实验中，若加入羟甲左吗喃，放射性计数可达每分钟800次；若不加入羟甲左吗喃，计数可达每分钟2000次。戈尔茨坦获得了2%的特异结合就很高兴？而他们两人得到的特异结合是60%！

但这只是他们为验证阿片受体而建起的证据大厦的基础。例如，他们发现阿片药物（而不是羟甲左吗喃）干预纳洛酮结合的程度，与其已知药理学效力几乎十分相关；只要加入很少一点吗啡，就会干预纳洛酮结合（并达到给定乃至任意程度）。而要取得同样的效果，就需加入浓度大得多的可待因（codeine）。总之，药效越强，它就会越激烈地与纳洛酮争夺受体——这与受体理论的预计完全一样。

作为双重检验，珀特试用了可以想到的每一种非阿片药物——5-羟色胺、阿托品、咖啡因、组胺等——以观察它们是否会与纳洛酮争夺受体位置。若真出现这种情况，则会影响他们的研究。好在没有发生这种情况。

最后，他们重复做了实验，这次考察的不是脑部整体，而是脑部的各个部位。他们在首篇论文中报告说，脑部的纹状体显示了最大程度的受体结合。他们后来在研究中发现，大脑的边缘系统（已知它与疼痛的感知有关）拥有特别丰富的阿片受体。

他们两人的重要论文《阿片受体——在神经组织中的证明》发表于1973年3月9日的《科学》杂志，以珀特为主要作者。在那几天之前，新闻就发出去了：

> 美联社巴尔的摩讯——国家精神卫生研究所（NIMH）宣布，约翰斯·霍普金斯医学院的两名研究人员有了科研上的重大突破，它可能导致人们改进对毒品成瘾的治疗。
>
> 一名教授和一名博士生首次在大脑中发现了传导毒品效应——如欣快感、无痛感及成瘾的部位。
>
> 坎达丝·珀特是药理学系的一名博士研究生。她说："这尚不能治好海洛因成瘾，但会引导我们更快地找到期望的治疗办法。"珀特女士和所罗门·斯奈德博士在NIMH支持下经一年研究后宣布，他们发现了脑部受体的位置……

阿片受体的发现是一大新闻，而宣布此发现的记者招待会使它成了更大的新闻。由于有了总统宣布的向毒品开战，与毒品成瘾有关的研究成了连白宫都关注的政治问题。鉴于越南战争和水门事件打击了美国的士气,阿片受体被看成是一个可向大众宣传的积极的、戏剧化的事件。支持这项研究的NIMH决定大肆宣传一下,拟在巴尔的摩搞一个大型记者招待会,由约翰斯·霍普金斯大学的公共关系处筹办。

当时在斯奈德的实验室工作的帕斯特纳克回忆说:"全世界的灯光突然照向我们,好像有1万台电视摄像机朝着我们,有《新闻周刊》,有《美国新闻》。"各大通讯社的记者,《华盛顿邮报》《纽约时报》的记者也都来了。

时年26岁的珀特,作为阿片受体的共同发现者,与她的导师一起,面对着灯光和镜头,她身穿白色的实验室工作服,披着褐色长发。"珀特博士,你能否告诉我们……?"

1972年年底,国际麻醉品研究俱乐部在北卡罗来纳州查珀尔希尔召开会议,珀特在会上介绍了受体研究的细节。阿片研究方面的名人都到会了:德国慕尼黑马克斯·普朗克(Max Planck)精神病学研究所的赫茨(Albert Herz)、洛克菲勒大学的多尔(Vincent Dole)、70岁高龄的科斯特利茨(Hans Kosterlitz,他出生在德国,第二次世界大战前为躲避纳粹逃往英国,并把苏格兰的阿伯丁变成了阿片研究的世界之都)。珀特记得,赫茨及科斯特利茨拥抱了她。后者还领她与各大制药公司的总裁共进晚餐。那是一段令人兴奋的时光。

在查珀尔希尔会议上,人人都向她慰勉祝贺。珀特从中看到了科学的最佳模式,她感到,赫茨及科斯特利茨是真诚地为她而高兴,科学不一定**非要**充满损人利己的竞争。"所谓竞争那一套鬼话——并不是科学的意义所在。"

但在实验室里,竞争却大量存在。帕斯特纳克就想在正迅速扩大的阿片受体之蛋糕上咬上一口。他是布鲁克林人,为完成高等教育,在霍普金斯大学念了整整14年,从化学学士念到实习医生及神经病学住院医生。现在他除医学博士学位外,又将拿到理学博士学位。他几乎一加入实验室,就与珀特产生了冲突。

他们两人之间的竞争爆发之时,是在一次令人好奇而相当偶然的科研发现之后。当时发现,钠离子会促进阿片拮抗药的结合,同时会阻止阿片兴奋剂的结合——这样就提供了一个方便的玻璃器皿内或试管内供人们区分这两类药物的方式。这个科研发现涉及珀特、帕斯特纳克和斯诺曼三人。但珀特感到,帕斯特纳克侵入了她的科研地盘。他们找斯奈德做仲裁,斯奈德说论文的第一作者应是珀特。全部研究由帕斯特纳克负责做下去,但这项研究后来再无什么成果。帕斯特纳克感到自己被骗了。

此事发生之后,他们两人就几乎不讲话了。这场风波与当年斯奈德与维特曼之间的风波完全一样,是科学界的手足之争。

随后因发现阿片受体而掀起的大吹大擂,让帕斯特纳克感到自己被忽视了。他承认,"显然,我很妒忌"——这种情绪亦显现了出来。斯奈德记得,他有一次曾花几个小时劝架,而那两人简直吵得不可开交。帕斯特纳克说:"斯奈德能忍受我们俩也真不容易。我和珀特一样凶,我们两人就像小孩打架。"库哈尔去耶鲁大学做完博士后研究,又回到霍普金斯大学时,发现他们两人已好像互相咬着对方的脖子。他回忆说,两人是在争夺斯奈德的好感。

斯诺曼(她与帕斯特纳克关系更好一些)眼看着两人的关系一步步变坏。"他们互相听不进对方的意见。他们各自都有道理,但性格的确不合。"他们两人的科研风格也不同。帕斯特纳克说:"我干事很入迷,一个实验可以做10遍,而她做一遍就发表论文。"珀特则将对方称为低劣的科学家。为什么呢?她宣称,他"太死板"。

多年过去了,两人之间的敌意几乎没有改变。即使10多年之后,两人谈到对方时也说不出多少好话。帕斯特纳克说,珀特"现在算是坐进安定位子了"——一个位子,他说,声调低重,话里有话,指对方早已归于平淡,没有了1973年的大红大紫。他虽然承认对方极聪明,偶尔也能"辉煌一下",但仍说她科研上离经叛道,没什么出息,而且做实验时太粗心,思维也无条理。

他笑着说,珀特对他的评语"可能更糟"。珀特虽也有话说,但用语并不苛刻。她只说:"我和他没有积怨。"

帕斯特纳克承认,回忆过去在实验室共事的时光对两人都是痛苦的。"所罗门被双方火力夹在中间,也很难办。"

阿片受体的发现引起了一场革命,斯奈德则打响了这场革命的发令枪。他的一个朋友回忆说,斯奈德突然"成了1小时长高100万英里(约160万千米)的神话男童"。大批执着的研究生和博士后前来投奔他的实验室,各种资助源源而来,他陆续得到一长串大奖。1974年,英国药理学学会授予他约翰·加德姆纪念奖;同年,美国神经精神药理学学院授予他埃弗龙奖;1975年,他被命名为剑桥大学亨利·戴尔爵士100周年纪念演讲人;1976年,他被威斯康星大学选为伦尼邦(纪念)演讲人;1977年,哥伦比亚大学授予他范吉森奖。后来他还获得许多奖。1978年他被选为有6000名会员的神经科学学会主席。

霍普金斯大学较早就承认斯奈德是校内一名科学超级巨星。在阿片受体被发现之前,他在31岁时就当上了正教授——霍普金斯大学校史上最年轻的教授。他于1977年又被提名为杰出教授。3年之后,该大学成立了20年来第一个新的基础科学系——神经科学系,由斯奈德任系主任。他的办公室也从伍德基础科学楼3层的陈旧、窄小的实验室搬到8层的新办公室。那里十分宽大,有橡木板贴面装饰、米色的地毯、嵌入式照明灯具和油画等。

阿片受体的发现开辟了全新的领域。人们不仅能对成瘾本质有新了解,而且亦能据此作为进一步研究成瘾问题的工具。但更主要的是,它代表了一个强有力的新技术——受体技术——可以用以整体上探索人体、神经系统及心智。例如，安定是否起到了镇静药的作用？咖啡因是否使人失眠？作为这些药的作用对象，一定存在着受体，并可像阿片受体一样加以研究。关于大脑中的众多神经递质，情况也是一样，这些递质每个均应有自己的受体。

这项发现在临床上也有多种应用。例如，到1979年，斯奈德的实验室已用受体技术作为基础，设计出了一个简单的新办法，为病人逐个确定服用抗精神分裂症药的剂量。在私人企业界，商机也涌现了。过去必须利用动物对药物进行筛选，而现在则可利用试管进行关键性的测定，用一个小小的鼠脑就足可做几千次实验。斯奈德估计，药物研发速度可以比以前加快100倍。

在20世纪70年代中期，实验室忙极了，一批新来的研究生和博士后开始研究这些线索。珀特回忆说，她这样的老手很傲慢，就好像发现了一个后来成了名店的饭馆，"对新人根本瞧不起。"她当年投奔斯奈德是因为两人科研兴趣相同，而新人中有一部分"来投奔斯奈德，是因为他们想找一个名气很大的科学家"。

比隆德（David Bylund）1975年起做了两年斯奈德的博士后。他记得那时每个人都负责研究一种受体，他负责研究β-肾上腺素受体，这是通过肾上腺素作用的两种受体之一。有人负责研究α-肾上腺素受体，还有人负责研究γ-氨基丁酸受体，等等。比隆德说，当时每个人都提出了方法论方面的问题，现在回顾起来，都是小问题，但在当时，它们可不是小问题。温度、缓冲液、浓度、过滤条件等，比隆德用了近4个月才确定所有细节，写完了与斯奈德的联合论文《哺乳动物脑膜标本中的β-肾上腺素受体结合》。该论文发表于1976年某期的《分子药理学》，是他发表的第5篇论文，是斯奈德发表的第274篇论文。

珀特在形容阿片受体打开的新领域时说："这就像是文艺复兴时期

的佛罗伦萨。"这个发现使斯奈德实验室在科学界名扬四海,一系列其他的新发现使它的声誉得以巩固。研究生来斯奈德实验室实习的很多,一旦实习期满就回到科学界的各个角落,他们带回了斯奈德的一些研究风格,以及他对科学的整体态度。

你如果在斯奈德的实验室工作,就几乎不可能不明显感到阿克塞尔罗德之影响的存在。帕斯特纳克说:"人们如果尊敬某人,眼光就会不一样,你很容易就可以看出来,斯奈德最敬重阿克塞尔罗德。"

罗素记得,斯奈德在20世纪60年代末时几乎每周都与阿克塞尔罗德长谈,那时阿克塞尔罗德的意见极有分量。

古尔德80年代初才开始与斯奈德共事。他记得,当时已离开阿克塞尔罗德15年的斯奈德常常高声问:"'阿克塞尔罗德会怎么干呢?'这就好像当你需要神灵的启示时高叫上帝的名字。"

阿克塞尔罗德**会**怎么干呢? 他不会浪费时间去干不重要或不可能干成的事;他将使一切简单化;他会雷厉风行;他会大胆地试一下。斯奈德的学生从斯奈德身上也学到了这些。

罗素在《纽约科学院年刊》上写文章回顾自己研究生涯时说,是斯奈德引导她开始研究多胺,使之成了她终身的工作,并教她批判性地研读科学论文。但另外一些不那么有形的教训也被她坚持下来。她记得斯奈德说过:"我们大家每天干事的时间是一样多的。"为什么要浪费时间呢? 因此,选课题要极为仔细,区分开仅属有趣的课题和不仅有趣而且重要的课题。

一个课题,不论重要与否,如果折腾很久且成功的可能不大,那么人们是不愿意搞它的。斯奈德对于这类啃不动的课题一望即知,几乎有第六感觉——他总是避开这类课题。

古德曼解释说,一般的科学家总有一个特定的科研目标,如果找到一个基因或纯化一种特定的酶，他会准备投入大量的时间和精力直至找出答案或是放弃。"那绝不是斯奈德的做法，他不喜欢被一个课题拖住，他不想为一个课题投入一年的时间，然后说搞不下去了。"

作为相反做法的典型例子，大脑的研究者胡贝尔（David Hubel）和威塞尔（Torsten Wiesel）从20世纪60年代到70年代，大部分时间都在探索脑部视皮层的结构——方法上，步步为营，总是在深化理解。试一下这个，再试一下那个，不断推敲和润色。最后，在经20年研究之后，他们非常详细地勾画出大脑对视觉图像判断的图景。这一成果使他们获得了1981年的诺贝尔奖。他们的科研风格与斯奈德截然不同。不是更好或更糟，只是不同。

古德曼说："斯奈德的方法是绝不事先确定一个终点，一切顺其自然。他常修改计划，不论怎样都要闯下去。"他会大胆地试一下。

古尔德讲到，斯奈德总鼓励他们试一些非常规做法，建议这么做或那么做。这些做法常常似乎是令人不能容忍的，但是为什么不试一下呢？"斯奈德的态度是：去做实验，把答案找出来。"许多科学家坐在办公室，事先想好一个方案，然后做一个策划周密的实验，如古尔德所说，"以后你永远不必再做一次了。而斯奈德却情愿做5次粗糙的实验"。

斯奈德的理由是如此明显，几乎不必说了。但他还是说了："我宁愿3小时完成一个实验，而不愿意拖3天或3个月。"他说："这只是常识，但使你惊讶的是，许多人没有常识。"他在实验室常背诵阿克塞尔罗德的名言：一个实验只有容易做才值得做。那就是说，一个需要精心准备而且陷阱很多的实验，可能根本就不值得做——不像你手边另有10个同样重要的思路，可以马上做实验。

对珀特来说，她所说的斯奈德对科研的"实用、巧干的态度"确是一语中的。他总是绕过冗长实验的灰色土堆，直取令人兴奋的科研高地；只搞为常规所蔑视的、基础性的、更令人激动的课题。他想了解什么就径直去找：需要科学文献上刚出现的一种新技术吗？不必花好几天在图书馆翻杂志，试着描绘它；只要直接与其首创者联系，从而拿到细节。想发现一种惊人的新办法来攻一个课题吗？不必为精细的科学控制而操心——"就疯起来，去做实验，"她就是这样形容他的风格，"去寻求即刻的满足。"

亨德莱也回忆说，她与斯奈德共事的岁月是"我度过的最好的时光。我对科研的整个态度都受到他永远的影响——你知道，就是不要操心去完善细节，而要胸怀大局"。许多科学家都是先完善一件事再做下一件事，但斯奈德不。他好奇心用完了就不再搞它了。她说："我从他那儿学会了只要一股劲往前冲。"

帕斯特纳克认为，斯奈德就像是科学界的（探险者）丹尼尔·布恩（Daniel Boone），执意在大陆上闯出一条路，而不是仅仅从容地调查某一小区域的一草一木。这样，一路上可能漏过了许多细节，但你会第一个到达目的地。斯奈德不喜欢搞精细的后续研究，相反，帕斯特纳克说，他会从一个课题跳到另一个课题，去追寻下一个火热的线索，而让更有耐心的科学家去填补他闯过后留下的空白。

一些不喜欢他的科学家恰恰就不喜欢他的这一点，当然，还有别的。

罗素与斯奈德的关系方面的一件事，至今让她困惑不解。那是20世纪60年代末，她在巴尔的摩的国家癌症研究所研究中心研究多胺已有2年，这个职位还是斯奈德帮她找的。当时，为给一个科学会议的召开作准备，他们两人非正式地同意提交一篇联合论文。论文将由斯奈德执笔，内容既有两人的联合研究，也有她近期的独立研究（其中大部分没有发表过）。

当她看到论文的草稿时，发现"似乎我两年来的研究都是他干的"，论文草稿上没有说她的工作是他引导的成果。但他是资历高的作者，如果论文不明说，那读者就会这样认为，至少她是这么看的。她决定要问个明白，因此约他见面。

见面那天，她开车穿过市区，从巴尔的摩市区北部霍普金斯大学霍姆伍德校园附近的癌症研究中心，前往市区东部的霍普金斯大学医学院大楼，一路上心情紧张。

但两人最后相见时，没有吵，也没有激动。她记得对方很痛快就同意了，"OK，把它删去。"两人商定，论文只谈原来联合研究多胺的成果，至于她近期的独立研究成果，将另写一篇论文，以"讨论"为题由她自己提交。

她说，这一插曲可能更多反映了她个人作为科研人员的发展，而不是斯奈德的发展。"那是一个转折点，标志着承认我对自己成果的责任。"斯奈德的默认表明，他只不过急于用一篇整齐的论文介绍全部课题。"他让步了就说明他不是故意的。"

或者她如今只愿意这样理解这个插曲。她说："这样我们还是朋友，否则我会怨恨他。"他是在含蓄地抢她的功劳吗？她不这么认为，她补充说："如果他想抢，那我不想知道。"

这一事件虽有含糊之处，却突出反映了许多同事对斯奈德的看法，即难以理解的矛盾心理。他们有时称赞他的独创性和聪明；有时又说他的科研成功是暗中捣鬼得来的。他们认为，他对科研抓得如此急迫（这成了他的科研风格，亦使他的学生们忙得不可开交），似乎反映出他野心勃勃。

亨德莱是崇拜斯奈德的，她承认听过别人议论她的导师野心太大，甚至无情无义。曾有流言说他"挖走了NIH的一个年轻科学家，并抢了她的成果。我听了这个消息感到恶心"。是真的吗？她不知道。

华盛顿特区某医学院有一个名气不大的科研人员，她说听同事们说过,"别给斯奈德[审看论文],他会偷走它的。"她说的**偷**,是指他会根据论文的结论,安排手下人也研究这个课题,并会抢先在杂志上发表有关结果,这样即可拥有对该科研发现的优先权。有例证吗?她拿不出,反复问她也拿不出。不过她话中有话地说:"可是无风不起浪呀!"

她接着说:"我不信任他,好多人都不信任他,他是我见过的最贪得无厌的人。他为了抢到发现权而不择手段。"

以上这些说法,不仅仅涉及斯奈德的性格,也涉及他的科学声誉是否属实。由于他在一定程度上是如今大科学的一个象征,这也涉及科学的基本运作方式。这对于后来1978年的那场争议(当时,拉斯克奖评奖委员会将阿片受体的发现归功于他而不是珀特)也有启示。

帕斯特纳克天生爱讲故事,一讲起自己的科研经历就眉飞色舞。人们对斯奈德又恨又爱的矛盾心理,最早就出现在阿片受体的发现问题上。"你对1973年的事件要记住。"

当时,他解释说,搞阿片受体研究的老手中,大部分都属于"一个俱乐部",该俱乐部现在有了更专业化的名字,但在20世纪70年代中期之前称为"国际麻醉品研究俱乐部"。斯奈德并不是俱乐部成员,他可能派学生去参加过会议,但自己从没去过。毕竟,他过去从没研究过阿片。

但就是同一个斯奈德,在1973年与珀特一起在6个月内发现了阿片受体。"这个鲁莽的年轻人让整个阿片研究界大为光火,使他们都显得太笨。"对他们来说,是一生研究阿片。而"对斯奈德来说,阿片只是他工作的一个次要的研究对象……他不仅使他们显得太笨,而且只用一部分工作时间就做到了这一点"。

帕斯特纳克说,直到今天,斯奈德及其手下在这个圈子里仍是局外人。他摇着头说:"阿片研究界是个恶毒的、狗咬狗的世界。"

可能不仅在阿片研究界,斯奈德的名字有时在该领域之外也引起很大反感。许多,可能是大部分神经科学家及药理学家,都对斯奈德十分尊重并极为倾慕。但也有人说,他进入新的研究领域后,对前辈的研究完全忽视,没有予以适当的称赞。有人说这样做不算非法,但是并不正派。另有一个科学上的竞争者描述斯奈德"有近乎窃取的不道德行为"。

斯奈德的名字会在知名科学家名单中出现,讲话者这时会中断发言,说:"他很卓越,你知道。"但他又会谈到,斯奈德是靠自吹自擂,以及其他不大道德的方式而取得成功的。曾与斯奈德一同在阿克塞尔罗德实验室工作的老同事说:"他极其自负,但野心很大,想做每件事,想出人头地。他极重视对外公关宣传。"

这只是妒忌之词吗？古德曼就是这么看的。古德曼说,批评斯奈德的人并不理解他是怎么搞研究的——因此也无法取得他那样的成就。一般的科学家一生发表40—100篇论文就很不错了,但斯奈德在40岁生日时已发表了400篇论文。古德曼说:"他们是妒忌。"

但批评者说,这400篇汹涌澎湃如尼亚加拉瀑布一样的论文,有许多是错误的。例如,关于存在药物会在明确位置结合的单一阿片受体的论文,其证据就是错误的。另一篇论文说,安定及其他苯二氮䓬(Benzodiazepines)类药与神经递质甘氨酸一样在相同的受体位置发生效力,这也是错误的。

斯奈德及其倾慕者均不否认,由于他的实验室工作太紧张的特点——出思路、做实验、猜测、尝试、推断、赶写论文——有时难免出错。他当然为此感到遗憾。例如,他就多位点阿片受体曾说:"我们开始时有盲目性,搞错了有一年半才改过来。在科学中,你总是试图从复杂的数据中理出条理,所以有时你会忽视与你的理论不一致的东西。"

古尔德特意指出,即使出了错误,也只是限于(数据)判读范围,没有人提出有伪造数据的行为,而这种行为近年来常见诸报端。他说,事实上"因为斯奈德有时会产生异常的信念飞跃,你会走另一极端给他提供准确数据",供他支持新信念。

古尔德解释说,斯奈德认为(对数据的)误判不意味你笨,或不称职,等等。毕竟,只发表相当保守的见解,你就永远不会错。斯奈德说:"你可以百分之九百万地保证自己不出错,可是你也永远不会有所发现。"

最好是选一个更具雄心的课题,这样虽可能走入死胡同,并只拿到不太可靠的推测,但一旦突破就可能抱个大金娃娃。"把目标定高些,"斯奈德总是建议,"一个学生会和我说,'这是一个很好的科研课题,不是吗?'但如果他讲得眉飞色舞,而我却坐在那里,快睡着了,那……那我会说:'是不错,但太乏味。我想我们能搞更令人兴奋的课题。'"

"你不能谨小慎微,畏首畏尾,犯点错误也没啥,世界不会毁灭。"但就是这种不在乎细节的态度,让批评者感到不舒服。

由于斯奈德如今已是神经科学界的大名人,所以批评他的人大多是私下说说而已。但有一个人公开批评过他,这个人就是拉尔(Theodore W. Rall),弗吉尼亚大学医学院药理学教授。拉尔称赞了斯奈德的独创性、聪明,以及虽然知识有不足,但仍努力作出科研发现。但他也感到,斯奈德的论文常常趋于"掩盖某些事情以使相关理论更动听一些。他有一种'全力一搏的态度',他总是推销某种东西"。

拉尔承认,对于斯奈德这种富于科学冒险精神的人,人们总是容忍他的此类不足。忍到某一天,当你拿起本地报纸,就如同拉尔1981年的一天碰到的一样,看到一则宣布斯奈德的发现的消息:咖啡因及其他甲基黄嘌呤类药物,系通过阻断腺苷受体而产生效力。由于通讯社的宣传,这个消息传遍全国,"并被大加吹捧。但斯奈德本人对他人在1981年以前的研究成果连'呸'也没说"。拉尔说,他本人在古德曼和吉尔曼标准的药理学教科书第6版上就曾说过,对腺苷受体的阻断,可能是甲基黄嘌呤类药物发生效力的机制。至于相关的实验证据(有一部分是拉尔提供的),多年前即已报告过。

拉尔还批评说,斯奈德在一篇关于脑啡肽转化酶的论文中,亦没有对前人的研究予以适当的提及;并曾错误地报告说,安定通过作用于甘氨酸受体而发生效力,而它似乎是通过GABA(一种神经递质)受体而发生效力;如此等等。

让拉尔生气的是,斯奈德出错时似乎满足于一边继续前行,一边不顾一切地吹嘘近期的发现或其他什么。他认为,斯奈德的态度是:"别用细节来打扰我"。"带上证据,广泛宣传它。带到会议上去,多发表论文,多争取些资助"。

拉尔接着说:"他犯错误,我并不怪他。我只怪他错了又不予以验证。你应该努力验证你的成果,否则就不应该发表。别让别人来验证,那样太像一个卖蛇药的推销员。那样太不吸引人了,也太**不像话了**。"

他又说,斯奈德在科研上的鲁莽,不会被人误认为是阿克塞尔罗德那样近乎天真的热情奔放。"阿克塞尔罗德会说:'嗨,看我发现了什么',就像个拿到圣诞节糖果的小孩。"而斯奈德,拉尔接着说,据他的品味看,是个一心博取荣誉的"诺贝尔奖渴望症"患者。

斯奈德是怎样回应拉尔的指责呢?关于咖啡因,斯奈德承认拉尔和另一同事几年前确已发现有关规律,即腺苷对环腺苷酸的效力被咖啡因阻断了。但这是否表明咖啡因是通过阻断腺苷受体而发挥效力呢?斯奈德说根本不是。咖啡因对许多物质产生作用——如酶类磷酸二酯酶(phosphodiesterase),甚至遗传材料DNA。他说,可以设想,它对DNA的作用以某种方式解释了它的药理学效力。没有人能十分肯定。

斯奈德说,他和他的合作者进行的研究,"精确再现了实际情况。我早就强烈感到咖啡因是通过腺苷受体发生效用的。我们把它搞定了。"

斯奈德承认，关于甘氨酸的(论点)完全是个错误，但声称，他在提及前人对脑啡肽转化酶的研究方面，其做法完全符合通常的引用惯例。

至于对他的更一般化的指责——如野心过大、不够仔细、不注意别人的利益，甚至不讲科学道德——斯奈德通过很艺术的手法，即利用自己的朋友及同事夸特雷卡萨斯作为一个修辞上的替身，为自己进行辩护。他首先说，他不太知道人们怎么谈论他，但他知道人们怎么议论夸特雷卡萨斯。他认为夸特雷卡萨斯才华横溢，成就极大，富于独创性。他说，外界的议论大多显然出于妒忌。

斯奈德用他喜欢的论点问道：一个普通的科学家，无名的二流之辈，怎能取得夸特雷卡萨斯那样的成功？当然，他可以承认自己一事无成。"噢，但那会伤害他的自尊。"

所以这个二流之辈很自然就会说："我是严肃的、是认真的，但这个新冒出来的科学家肯定伪造了数据。他是邪恶的，是坏人，该下地狱。"

斯奈德以类似的思路说："好比在同一领域有两位科学家，A 和 B。A 发现了一种治癌的方法。B 说，'这个混蛋。我本想做这个研究的。'但事实是 B **没**成功，而 A 成功了。"

是的，一切发现都有前人发现的功劳，毕竟"无论如何被发现的事物并非来自火星"。但永远是更能干的科学家，如夸特雷卡萨斯，像象棋大师一样，比别人多想一步，并迈出了这一步——做实验、写论文并发表。二流之辈会说："我们参加过一样的会(听过一样的关键线索报告)，于是他发现了这一线索。"可能如此。但一个科学家采取了行动，而另一个却没有。

有人问斯奈德，如果别人对他的敌意只是出于妒忌，那为什么听不到对阿克塞尔罗德同样的议论呢？斯奈德回答说，对阿克塞尔罗德的议论**的确**是事实，或至少在对方获得诺贝尔奖之前是存在的。

阿克塞尔罗德如今已和其他诺贝尔奖得主一样，成了"上帝的宠儿"。但斯奈德记得在NIH时,人们对他也有很多类似非议——"说他窃取COMT成果;在会上听到线索就跑回去马上做实验,然后匆匆出论文;在实验室表现平平……"

斯奈德说他为阿克塞尔罗德工作时,花了不少时间为其辩护。"而他得诺贝尔奖之后,非议都听不到了。"他在获得诺贝尔奖之前,除在科研上有一系列惊人的突破外,确无大奖来装点自己的事业或是办公室。"你看,这些突破就足以引来非议。"

就这样,斯奈德用阿克塞尔罗德的大名,作为辩驳的依据。

在1972年,一场发现阿片受体的竞赛在进行。1974年,竞赛的内容变成了内源配体。

内源的意思指在体内。**配体**是指与某种东西连接或依附的某种东西。人们在1974—1975年大张旗鼓地寻找的内源配体是在体内与某种东西连接的一种物质。与什么连接呢？与阿片受体。

自发现阿片受体以来,斯奈德等人被它激动人心的无穷魅力所迷住。《新闻周刊》记者曾援引他的话说:"我们可以设想,大自然在大脑中安排阿片受体不会只是为了与麻醉品发生作用。"他后来不记得自己说过这句话,但这个思路引发了他的想象力。一定有某种东西,体内一定有某种天然的东西,可能是一些神经递质,在任何情形下,当海洛因或吗啡没有对这些受体发生作用时,这种东西即对它们发生着作用;否则,受体为什么要存在呢？

这种东西就是内源配体。1974年5月,神经科学研究计划的一个会议,在马萨诸塞州布鲁克莱恩的一座雄伟古老的大厦里召开。以苏格兰阿伯丁的科斯特利兹为首的研究小组在会上宣布,他们已接近于发现内源配体。

已知阿片会抑制确定平滑肌的收缩,包括输精管平滑肌(从精囊运送精子到阴茎口的管道)。因此,科斯特利茨和助手休斯(John Hughes)将电刺激引起的该肌肉的收缩,作为阿片效用的衡量尺度。他们将这块肌肉浸入经部分纯化的大脑提取物,这样做果然减少了肌肉收缩。在加入纳洛酮后,肌肉收缩又开始了。这强化了人们的推测:这要归因于在大脑提取物中发现的阿片。

在布鲁克莱恩会议上,休斯介绍了对这种天然阿片的已有了解,杂志文章后来称它为"大脑自己的吗啡":它不溶于丙酮这类有机溶液,但溶于甲醇和水;它的紫外线吸收峰值为270纳米;它的分子量在300—700之间;等等。

这真是一个突然引人注目的课题。如斯奈德所述,一次较早与科斯特利茨讨论后,激发了他对内源配体问题的兴趣。他与珀特初步研究了此物质,但没有成功。他与科斯特利茨谈话后让帕斯特纳克研究这个课题,后者在布鲁克莱恩会议之前就为此做过探索性实验。过了一段时间,"帕斯特纳克的研究有了高速的进展"。

据珀特说,斯奈德完全是故意轻描淡写了。她说,紧随布鲁克莱恩会议,斯奈德变得对发现内源配体着了迷。甚至在斯奈德是编辑之一的当时的会议记录里,亦曾插入了有关帕斯特纳克早期研究的长长一段,据她讲,他这是为了有助于确立自己日后的科学发现权。

"我们一回到实验室,斯奈德就说,'OK,我们开始干吧。珀特,你干这个,帕斯特纳克,你干那个。你这么干……'"

珀特提出了抗议。"还有什么要干的呢,所罗门?休斯已搞了不少了,他已占了地盘,这是他的课题了。"但珀特看出来了,尽管苏格兰科研人员已大大领先,斯奈德仍决心击败他们。古德曼也证实说,当时实验室有一种狂热竞争的气氛。

但一切努力都是徒劳的。1975年12月18日,科斯特利茨、休斯[包括化学家霍华德·莫里斯(Howard Morris)]在著名的英国《自然》杂志发表了他们里程碑式的论文,详细介绍了脑啡肽这一内源性配体的五肽分子结构。

斯奈德后来称:"我没感到被击败了,也不伤心。休斯及科斯特利茨过去是,并仍将是我的好朋友。"库哈尔现是约翰斯·霍普金斯大学斯奈德的神经科学系的教授,他也认为,虽然"斯奈德试图发现脑啡肽,也对它很感兴趣,但我不认为他感到在脑啡肽上被击败了。他的主要研究对象并不是脑啡肽"。古德曼也认为,斯奈德对该课题并无巨大的感情投资。

但珀特的看法完全不同。在脑啡肽的竞争问题上,"我感到他失去了道德感。从那以后他彻底变了。"对她来说,那成了日后巨大风波的一个预演。

第十一章

拉斯克奖风波

珀特说:"与斯奈德共事的最后一年就像青春期的情况一样,当你有了自己的家,你就长大要离开了。"她加入斯奈德的实验室已有4年。她已拿到理学博士学位,是离开巢的时候了。她今天说:"回顾起来,我不知道为什么当时我不害怕。"

她那时28岁,作为阿片受体的共同发现者,已有了国际声誉。但她下一步该怎么办呢?

不论她下一步干什么,她仍记着斯奈德。她说:"在一向以男人为主的王国中,他为我奋力开道。"他为她安排面试,向权威人士推荐她。对斯奈德来说,帮助自己的学生获得最好的工作是对自己个人的挑战,珀特神秘地说,为此有时得采取"惊人而不正当的战术"。

她这时已怀上第二个孩子瓦妮莎(Vanessa),但她隐瞒了这一点。她发出了9—10封求职信,几次出去面试,还做了几次客座讲课。位于盖恩斯维尔的佛罗里达大学、芝加哥大学及NIMH都给她发了回信。她选中了NIMH,主要原因是因为该所拥有临床中心,而且同意接收她丈夫阿古。她被任命为生物精神病学处生物化学与药理学科研究员。

她于1975年9月到达贝塞斯达,被分到一个窄小的图书馆,等待10号楼她的新实验室完成装修。多年后她用骄傲的口气说,当时"从零做起,建筑自己的王国"。但她承认,在离开斯奈德实验室之后,"我心中发慌。我想我该做什么呢?"

以往,她一直在别人的实验室为别人搞项目,现在她要自己干了。新单位分给她的任务是研究大脑,此外她可自由研究——如此自由,真有些吓人。在她告辞时,斯奈德对她说:"你在这儿干得很好,以后搞点别的研究,好好露一手。"她听出来了,他的意思是,**绕开我的地盘**。

她还曾向另一个人征求意见。在她正式上班之前,她就曾跑到阿克塞尔罗德在2层的办公室向他咨询。这时阿克塞尔罗德获诺贝尔奖已有5年,业已成为NIH的传奇人物。她记得两人轻松高兴地闲谈起来。他问她:"你准备研究什么?"她还拿不准。他告诉她:"研究你了解的东西。"

她最了解的东西是阿片,它们对她来说是如此熟悉,"就像是自己亲手配成的处方,而且自己心中感到得意。"她说,"不研究阿片是荒唐的,而且我心中还有无数个问题。"

珀特从没完成过博士后研究,这通常是在拿到博士学位后到另一个研究所完成。由于她早已名声在外,因此拿到博士学位后到斯奈德的实验室干了一年,就进了NIH。在NIH,由于神经科学的焦点是受体及脑啡肽,加上她是公认的开路先锋,因此很快就吸引来了自己的学生,其中第一批中有穆迪(Terry Moody)。

在充满催泪弹气味的20世纪60年代,穆迪曾在加利福尼亚大学伯克利分校上学,后来去校风严谨的加州理工学院读研究生。至于博士后研究,他拟在巴尔的摩—华盛顿地区挑一个单位,那一地区是全国神经科学的研究中心地带。他向一些实验室提出了申请,其中有阿克塞尔罗德、斯奈德及珀特的实验室。

前两个实验室不能接收他,但珀特实验室由于刚开张,可以接收他。穆迪和珀特在一同参加一个科学会议时共进午餐,并商定了有关的细节。他记得她告诉他，NIH的网球场极好——这对一名来自加州的网球迷相当重要。

那是1977年，珀特就这样收了第一个博士后进修生。

他来上班的第一天，两人坐下讨论了可能搞的项目。珀特谈了几个项目后，补充说道："噢，对，还有铃蟾肽（bombesin）。"

"那是什么？"他问。

铃蟾肽是脑啡肽引起的肽革命的一小部分。脑啡肽具有肽的分子结构，肽是一条如串珠般的氨基酸短链，氨基酸则有20种不同类型。在发现了脑啡肽之后，人们在大脑中又发现了其他肽——胰泌素、P物质、生长抑素、神经降压素等可能达20多种的肽——完全打乱了人们长期以来对大脑神经递质功能的认识。过去人们熟悉的是去甲肾上腺素、5-羟色胺、多巴胺，现在又出现了一组递质，但浓度太低，过去测不出来。它们每个物质都有独特的特点，每个都与自己的神经通路相联合，使大脑又多了一种化学语言。其中一部分就是铃蟾肽。

穆迪得知，铃蟾肽是由14种氨基酸组成的肽链，可使人体温度下降，并可作为某种饱和剂。它亦与一种被称为燕麦细胞癌的尤为致命的肺癌有关。总的说来，它是各种特性的奇怪混合体。穆迪认为"一定存在着对应它的受体"。如此强有力的物质必有一种相应的受体。

珀特也如此认为。正式证实铃蟾肽的受体成了穆迪的研究项目，这用了他4个月的时间。关键在于在保持肽的生物活力的同时，设法将放射性同位素与肽结合起来。他试了4种办法，均没有成功。第5种办法成功了，他用了放射性碘。结果他在1978年的《美国科学院论文集》上发表了论文《铃蟾肽——与鼠脑膜的特异结合》。

（后来珀特的父亲罗伯特·毕比患了燕麦细胞癌，并入临床中心治疗。他接受了常规的放疗及化疗，但他的女儿想冒险试一下新的疗法，企图找到一种可与铃蟾肽受体相结合的毒剂，从而杀死癌细胞。

她去医院探望父亲时说:"坚持住,爸爸。再过几天我们就能治好你了。"

他说:"最好快点。"1980年3月,他去世了。)

穆迪在NIH如鱼得水,很适应那些窄小且拥挤的实验室及激烈竞争的环境。他在NIH干了两年半,然后加入乔治·华盛顿大学医学中心,继续他从研究铃蟾肽开始的科研生涯。

他与珀特的关系怎样?他微妙地指出她"典型的科学家的自负"。看来,两人从不冲突是不可能的,但两人合作良好。他冷静而有条理的性格,被她冲动如烈火一样的性格所均衡。他说,她是"我见过的最无拘束的科学家"。她总是在实验室中冒险,大胆地向下一步迈进。他说:"那样才能抓住机遇发现新东西。"

珀特说自己是一个"新浪潮科学家,并不像年轻男子一样严守陈规",而是遵守自己的非竞争性规则——这与斯奈德不同,例如她认为斯奈德充满"无耻的竞争性"。她记得两人在霍普金斯大学共事时,他催过她,"最好快点干,否则西蒙(Eric Simon)会追上我们的",他指的是在阿片受体研究上的一个竞争者。

她曾于1973年参加了查珀尔希尔会议,与科斯特利茨等人会晤,那些人都为她的成就而自豪。该会议给她提供了一个非竞争性的模式,她想将该模式应用于自己的实验室:大家均不钩心斗角,不会像她和帕斯特纳克那样。总之是一个自由、开放的学术环境。她说:"你没法遮遮掩掩。你必须让你的自负能够忍受最聪明的人包围着你,然后专心工作,而不去想成功会归功于谁。"

但她的想法也有些含混。她曾承认,使她努力搞科研的因素,是怕别人在科研发现上击败她。她大声地说:"若没有竞争,你可能只会得到有创造性但无价值的研究成果。"

作为实验室主任,她总是让手下人在实验室埋头苦干,尝试各种实验。"用斯奈德的话说,就是不能'看电视'。"在搞庞大而复杂的实验之前,所有细节及改进都应事先准备好。一个同事谈到她的风格时说,"还有呢,任何工作"要少花钱多办事,实验记录有时就草草写在一片纸上,真像是阿克塞尔罗德的"只取精华"的老传统。阿古·珀特说,现在他仍有时与其前妻合作:为什么要花许多天苦功夫拿到数据呢?完全可以通过做一个完美的小实验就拿到同样多的数据,然后让其他人来完成研究。

她记得斯奈德总是告诉她:"一个实验顶得上在图书馆泡一周。"所以不要想太多,**立刻疯起来去做实验**。

珀特自认为是一个很好的实验室科学家,但她的大多数同事不这样认为。一个在其他方面仰慕她的人说:"她的实验技术与她的思维方式一样,草率而狂野。"她的优点在于鼓动起激动的气氛,当啦啦队的头儿,并领导大家走上想象之路,总之属于更有技巧的气质。他接着说:"她的思维不像一个科学家。她更像一个艺术家,每当谈到受体时就一边看着数据,一边做各种手势。对她来说,受体不是一堆数字,而是一种活生生能呼吸的东西,你能侧身接近它。"

"她的思路源源不断,而且并不想精心改进这些思路,那是更世俗的科学家的工作。她心中想什么就说什么。她90%的思路都是荒谬的,但有10%的思路是绝妙的。"

珀特从斯奈德那里学会如何用最积极的眼光看待数据,毕竟,没有任何实验的结果总与计划完全相符。预想结果如果没有产生,则说明思路不准确和技术上有过失,所以最好换一种眼光看待从表面上看令人沮丧的实验数据。珀特说:"你应根据数据来梦想。"是的,她知道自己的思路有时是疯狂的。"但那怕什么?我并没有将它们印刷发表。"

对珀特的同事来说,被气得半死是一种职业危险。她为人热烈认真,威严得吓人,有时很长时间让人累得要命。阿古·珀特说:"我喜欢与她共事，但有些人，尤其是男人不喜欢。她有时很独裁。'你干这个，按我的办法干，现在就干。'不是每个人都能接受。"

赫肯厄姆（Miles Herkenham）能接受。他是个瘦瘦的、黑皮肤的加利福尼亚人，1977年加入NIH当研究员。他在西北大学上学时就听说珀特发现了阿片受体，后来又听说她与库哈尔合搞的放射自显影。他们两人设计了一种办法，将带有放射性的阿片注入动物的脑部，待动物死后将脑部切片，使其曝光一张感光胶片。结果产生的图像即为放射自显影照片，它会记录动物死亡时药物在脑部的分布。由于药物会结合于受体，该照片将与阿片受体图谱相吻合。

赫肯厄姆曾将珀特的一篇放射自显影论文贴在文件柜上，他注意到，其中某些照片与神经通路看来类似。他本人是个神经解剖学家，曾描绘过脑部神经通路。他在描绘中发现有空隙，他肯定在她的那些照片上看到了相吻合的地方。他想，我打赌，阿片受体可填入那些空隙。

他想就此观点与珀特谈一下，但又犹豫了。他想，珀特是大人物，而我是小人物。他比她小3岁，职位只比她低一级。但她所研究的领域是爆炸性发展的新领域，而且她还是其中的名人。而他所研究的学术领域正在死亡。

最后他下定决心，邀请她去听他的一次讲座。她来听了，一下就知道了他的用意。从此，两人就开始合作。

他对她的第一印象是："名声很大，但却如此年轻。接着我感到她如此充满野性和疯狂。然后是如此富有想象力，是如此少见的天才。"

最后，他想到了现实。"我认识到，大部分研究要由我做。她更习惯于出思路，而不是当下手洗盘子。"

他在两年多时间里，扔下了其他研究，专心与她合作。开始时主要作她的技师，力图开发出新的放射自显影方法，以便产生的图像能更好地联系受体位置与神经通路。他的专长是组织学，即对解剖结构进行显微镜下的研究;她的专长是药理学。他们两人在实验室度过许多日夜,互相教学。他说:"我现在对药理学掌握了不少,但我并没读过论文。而她对神经解剖也学了不少。"

对他来说,两人合作提供了一个罕见的机会,架起了使经典的神经解剖学与以珀特为代表的新兴的神经药理学之间的桥梁。他突然发现,自己已呼吸到新科研领域那令人陶醉而且纯净的空气,而过去则困在一个不景气的领域中。"现在我突然就到了前线。"

赫肯厄姆有时感到珀特太爱发脾气,不论是对大事小事,常常发火。他说:"她总是因这个或那个而生气。"1978年的一天,她又在生气,闷闷不乐,原因是为了他从没听说过的一个什么奖,他倒也没留意。

穆迪也记得那一天。当天他正在实验室做实验,珀特一脸不高兴地走进来。后来他才知道是怎么回事。

珀特接到了斯奈德的一个电话,他说:"你猜怎么着,我得了一个奖。"他得的是针对基础生物医学研究的阿尔伯特·拉斯克奖。实质上,这是美国的诺贝尔奖,该奖的得主已有28人获得诺贝尔奖。斯奈德打电话来是为了邀请她参加颁奖仪式。出席该仪式的将有各色名人,包括参议员爱德华·肯尼迪(Edward Kennedy)。

"太棒了,为什么得奖呢?"她记得这么问。

斯奈德回答说,是因为阿片受体及脑啡肽发现。脑啡肽的发现者科斯特利茨和休斯将与他分享此奖。

科斯特利茨与休斯,斯奈德与……珀特。但该奖这次并没有反映这种美妙的搭配。那她怎么办?珀特记得当时"自己真气死了"。她发现了阿片受体,而大奖却给了他。她怒火中烧。

"我对她的反应很吃惊,"斯奈德说,"我试图让她冷静下来。"

"你我都知道关键的研究是谁做的。"珀特记得斯奈德这样安慰她。

但他说的话并没能安慰她。如果获奖的只是斯奈德和科斯特利茨，那她是能理解的。"那样我就会去参加午餐会，并自豪地为斯奈德而微笑。我会上去与他握手。"毕竟，科学界的通则（而不是特例）是：高级研究人员获得的荣誉和欢呼，建立在低级研究人员所做的实际研究之上。

但如果是那样，如果是实行那种原则，为什么休斯拿到了拉斯克奖的一部分？他与科斯特利茨的关系不是和她与斯奈德的关系一样吗？若他能得奖，为什么她不行？

斯奈德辩解说："珀特，你知道这个与我无关。"他曾公开说过："若珀特能分享此奖，那是很合适的。"但他知道拉斯克奖评委不会这么裁判。关于科斯特利茨与休斯，斯奈德与珀特关系的论点使他信服了。他记得自己告诉珀特说："我打电话给我认识的评委会的人。"

他真的打了电话，并被告之，评委会曾具体考虑了另外几位候选人，如戈尔茨坦及珀特。但评委会已充分权衡了自己的决定，一切就这么定了。斯奈德将对话情况告诉了珀特。他沮丧地举起双手说："她的反应就好像是我个人故意排挤她，好像我是上帝什么的。"

从斯奈德首次来电话到11月的正式颁奖午餐会有好几周时间，其间珀特一直与他保持电话联系。她说她试图与他讨价还价，要他拒绝领奖以示抗议，或者公开分一半奖金给她的母校布林莫尔大学。他的反应呢？她说他"设置障碍，拒绝了。他和我绕来绕去。我重提此事，而他会说：'珀特，让我换个方法向你解释'"。

她一直感到愤怒及受到伤害。她曾收到了参加颁奖仪式的正式邀请，但她没有答复。主办部门又寄来了明信片："请答复——关于1978年11月21日周二的拉斯克奖颁奖午宴，我们尚没收到你的答复卡。"一年以后，这张明信片仍贴在她的桌子上方。她并没去参加午宴。

她知道如果自己去参加午宴，她会哭着参加。她不想去。因此在发奖仪式前一周,她写信给玛丽·拉斯克——阿尔伯特·拉斯克的遗孀,美国医学研究的一个强有力的支持者。她写道:"我被排除在今年获奖人之外,这令我感到愤怒及心烦意乱。作为斯奈德博士的研究生,我在这项研究的开创和深化上均发挥了关键作用。"

珀特这封信的以上片段于1979年初发表于《科学》杂志,标题是《拉斯克奖引起争议》。不久,《科学新闻》记者琼·阿雷哈特-特雷克尔(Joan Arehart-Treichel)著文报道了此事,并得出结论说,排除珀特的主要原因是性别歧视,但并非有意,纯属疏忽遗漏。她接着写道:"但是性别歧视通常不就是这么发生的吗?"

《科学新闻》的文章引起了有关方面的窘迫,并使人们议论纷纷。这件事成了女权主义者口中轰动一时的案件,亦是科学家们几个月内的头号议题。人们的意见两极分化,一部分人认为这是公然的性别歧视,另一部分人认为这是一个丑恶的失误,但揭露出来也意思不大。珀特一时声名狼藉。例如,人们有一次在她讲演时介绍她是"神经科学领域的异教女士"。

她的举动是不可思议的,她把自己认为是不公正的事公开揭露出来,粗暴地扯开了公众难以了解的科学界的内幕。她使大家看到,在冷静、理智的外表之下,科学同人间其他事物一样,也有肮脏、丑恶的一面,也会激发炽烈的情感冲突。

赫斯特报系的科学栏目作家罗杰斯(Joann Rodgers),在1983年(此后不久,她被任命为约翰斯·霍普金斯医学研究所公共关系处处长)写道:"目前有关诺贝尔奖的神秘故事中,有一个与斯奈德有关。为什么他还没获诺贝尔奖?"她说,原因就是珀特。

"斯奈德因其对大脑的研究曾获得多次国际大奖。他的一系列令人目瞪口呆的实验似乎总能大获成功,使国内外的同行们眼花缭乱……如果说有一个原因使他尚不能穿过斯德哥尔摩的音乐厅,那可能与一个尤能引起争议的插曲有关,这个插曲是由他的前研究生和同事坎达丝·珀特引发的。"

这个"引起争议的插曲"当然是指拉斯克奖引起的激动。

关注诺贝尔奖的专家早就指出,只要被一丁点丑闻沾上,就肯定获不了该奖。正如为《集萃》杂志撰稿的斯塔基(William K. Stuckey)所言,"瑞典人朴素的信念是:不乱说话,埋头科研,不沾丑闻。"罗杰斯暗示,拉斯克奖引起的混乱,在诺贝尔奖评委会看来已损害了斯奈德的清名。

作出这种判断的不止罗杰斯一人。诺贝尔奖通常在每年固定日期宣布,但在斯奈德、科斯特利茨和休斯获拉斯克奖的第二年,诺贝尔奖评委会内显然发生了一场神秘的辩论,使宣布诺贝尔奖的日期都推迟了。最后,当年的诺贝尔生理学医学奖给了CAT扫描仪的研制者。亨德莱讥讽说:"这成了某种工程学奖",这一成就是技术的创造,虽具有临床的重要性,但对促进基础知识的作用不大。她猜测说,珀特的公开抗议使诺贝尔奖评委会多名委员改了主意,致使在最后一分钟把斯奈德拉了下来。

珀特本人称她相信这一说法。她明确地说:"是我阻止了斯奈德获诺贝尔奖。"

斯奈德的支持者为拉斯克奖引发的丑恶激怒了,他们总是称珀特对斯奈德忘恩负义。帕斯特纳克说:"我一生从没有如此生珀特的气。"——鉴于他们两人之间的关系,他这么说是很重了。他认为珀特"完全、肯定、绝对错了。我对斯奈德获得的拉斯克奖也作出了和她一样的贡献,但我不认为我应分享那个奖。她就更不应分享它了"。

阿片受体是"世界级的发现",而且,以他的思维方式来看,斯奈德不该让珀特这个刚上第二年的研究生向世界宣布这一发现。当时珀特多次接受报界采访,照片也上了《新闻周刊》。他捻了一下手指说:"珀特得到了国际知名科学家那样的声誉。但盛名之下其实难副,荣誉会使人产生以为自己很伟大的幻觉。我认为珀特陷入了这种幻觉,她相信了别人对她的过奖之辞。"

库哈尔以不同方式得出了类似结论。他说,斯奈德喜欢指引别人达到科学上的顿悟。当你最后理解了他的意思后,他会高声叫起来:"对啦,就是这样!你成功了!"这时你会以为是自己想通了这个问题。他估计,珀特的情况也是这样,以为是自己发现了阿片受体。他说:"我自己的反应是,一个研究生居然认为自己该得拉斯克奖,这真令人吃惊。正如常人所说,'老天爷,这件事可有点过分!'"

不论怎样,珀特感到被伤害、损害,并被误解了。穆迪记得她好一阵子都没在实验室露面。大约也在同一时间,她在家中被玻璃门碰伤了手。她来实验室露面时满是痛苦的样子。穆迪记得自己当时认为她身心均感痛苦,痛上加痛。

在拉斯克奖这件事公开之前,珀特一直与斯奈德保持电话联系。穆迪说:"她有心事都和斯奈德讲。她把他视为父亲一样的人。"关于该奖的争议公开后,两人的关系就变坏了。珀特在实验室几乎绝口不谈此事,尽量掩饰自己的痛苦。但穆迪仍可看出她心中"十分苦恼,烦扰不堪"。

梅里利·波特女士是珀特和斯奈德的共同朋友,她说在事件发展到最高潮时,她曾与珀特在健身俱乐部边洗桑拿边谈此事。珀特说这场拉斯克奖之争是一个道德标准问题,正如在反犹太的纳粹德国,非犹太人均面临不可避免的道德抉择一样,目前出于道德必然性也必须作出明确选择。她坚持说:"选我还是选所罗门,人们必须作出选择。"

珀特说,在给玛丽·拉斯克写信之前,"我给了所罗门许多机会。我希望他至少说一句,'对不起,我是个难相处的人。但你是聪明的年轻人,让我们和解仍做个好朋友.'"但他从没有让步."斯奈德没有足够的绅士**风度**作出哪怕是一次表态."她说,这迫使她给玛丽·拉斯克写了信."这是我做过的最艰难的事."

这件事也是对她个人最有影响的事情之一.她说:"我'应该'做的事是曲身躺下并患上癌症,像富兰克林(Rozzie Franklin)一样."富兰克林是英国X射线晶体学家,曾帮助揭示了DNA的结构,1958年37岁时去世.她没能与沃森和克里克分享获得诺贝尔奖的荣誉.自那以后,她一直是一个有争议的人物.

在珀特看来,躺下不干无异于科研上的死亡.拉斯克奖的风波"使我成了完全无足轻重的人,我知道我不是这样的人".

珀特散布自己不满的方式让大多数科学家吃惊,但对于她的实际成就,科学家们并无类似的一致意见.有些科学家认为她应分享拉斯克奖.有些科学家认为她做了大部分的研究工作,导致发现的许多思路也是她的,但确确实实她只是个研究生.看在上帝的面上,研究生是不能得拉斯克奖的.最后,还有一些科学家认为,即使从狭窄的科学成就上讲,她的论点也是无根据的——那时不论哪个研究生在斯奈德的实验室工作,都是在走向发现阿片受体,而珀特只是展现斯奈德的天才的一种工具,是实施他丰富想象力中不断涌出的思路的一双手.

虽然亨德莱与大多数人一样认为,珀特公开宣传自己的主张是不明智的,但她仍同意珀特应分享拉斯克奖.她首先认为,珀特关于应与休斯平等的论点是有信服力的——如果休斯作为科斯特利茨的助手可分享拉斯克奖,那她作为斯奈德的助手也应该分享.她说,珀特的想法"非常合理,而且斯奈德亦有同感.因为他后来极力争取让珀特获奖".

但休斯并不是研究生而是独立搞科研,而且他曾独自而未与科斯特利茨一起就脑啡肽写了一篇14页的论文,发表于《脑研究》杂志.亨德莱认为,这两个因素并没改变什么:休斯仍与珀特一样,明显都是助手。[科斯特利茨知道自己作为名气很大的阿片研究者,可能会使休斯相形见绌。1979年他告诉科学信息研究所(ISI)的加菲尔德(Eugene Garfield)说,为此原因他放弃了在《脑研究》上那篇论文的署名。加菲尔德在科学信息研究所所刊《当前内容》上表示,他同情科斯特利茨想帮助自己同事的愿望,但无论如何仍反对这一做法。]

亨德莱说,在珀特调入实验室之前很久,斯奈德就已在谈论阿片受体了。她认为"单单为它起名字"就具有关键意义,而且她感到只有在斯奈德的实验室中才能完成这项发现。她说,斯奈德看到戈尔茨坦的论文后"马上来了兴趣,像出了地狱的蝙蝠一样扑了上去",并一直引导着珀特的思路。"我认为没有他,珀特就不会搞这项研究。"

但亨德莱强调说——对她而言这是决定性的观点——珀特**的确**发现了它。

另有几个证据可以证明,这项研究作为技术问题看,并非像日常照方配药那样简单。

首先,尽管戈尔茨坦画出了通向阿片受体的路径图,但他自己并没能成功地走过全程。该图是很原始的一张图,一路上有许多含糊不清的拐弯,要穿过极为艰险的地形。从他1971年发表这篇论文,到珀特和斯奈德在《科学》杂志宣布研究成功,几乎有两年时间。

其次,斯奈德说自己当时呈交过一份NIH拨款申请方案,其中有意不提自己对阿片受体的兴趣,尽管他实际对此极为入迷,但因为他知道有关单位认为这项研究的把握太小。可以说,即使他仅简单提到了这项研究,也会被有关方面认为是"最有风险的投机"。

第三,尽管斯奈德的办公桌上有一大堆潜在的学生研究方案,阿片受体研究方案也在其中,但它总是一再被放在最下面——因为正如他在对该发现的叙述中所说,"与一般的实验努力相比,这个项目是个更长期的项目"。当他最后抽出这份方案时,把它交给了珀特。

最后,当初步的实验似乎毫无进展时,斯奈德十分沮丧,想要放弃,至少是先放下一段时间。珀特想再试一下。她用纳洛酮再次实验,终获成功。

夸特雷卡萨斯承认,阿片受体并非一般的难题。但他指出珀特的研究绝不缺少外界的智力支援,她得到了实验室同行的大力帮助——如在pH值,用什么缓冲剂,试用多大剂量放射性配基等方面。他同意她起了某种关键的作用;她倾听别人的意见,进行综合整理,坚定追寻自己的目标。但他仍表示,"她不是一个人在实验室孤立地研究。"

"显然这一发现要归功于斯奈德。珀特做了重要的工作,但我认为她没有负责做最早的研究。这不仅是思路的事,是所罗门首先下决心搞这个研究的。"

拉斯克奖颁发6个月之后,费城科学信息研究所的加菲尔德,从不同的角度谈到这场风波。他是引用分析大师。引用分析是一种准数学工具,供人们基于科学界的引用惯例(即以文字形式对他人的见解、理论、建议及证据表示感激)进行分析。

每一篇科学论文都归功于在它之前发表的论文,文中会不时以脚注形式出现注解。被引用过的期刊文章都列于论文最后,大致形式如下:

> 5. Van Praag, D., Simon E. J.: Studies on the intracellular distribution and tissue binding of dihydromorphine-7, 8-^{3}H in the rat. *Proceedings of the Society for Experimental Biology and Medicine.* 122: 6-11, 1966.
>
> 6. Goldstein A., Lowney L. I., Pal B. K.: Stereospecific and

nonspecific interactions of the morphine congener levorphanol in subcellular fractions of mouse brain. *Proceedings of the National Academy of Science.* 68：1742-1747，1971.

7. Pert C. B., Snyder S. H.：Opiate receptor： Demonstration in nervous tissue. *Science.* 179：1011-1014，1973.

等等。这种引证可以有几条，或20条，或如综述整个领域文章那样，有时引证达到100条以上。这些引证通常称为参考文献及注释，是使打字员头痛的东西——最容易出错，又冗长不堪，但它是关键性的，因为它构成了当前发现与以往全部发现之间的知识联系。艾萨克·牛顿(Isaac Newton)爵士关于科学的谦卑及相互依赖的名言，就恰当地表现了这一点，"如果说我能看得更远，那是因为我站在巨人的肩上。"

但这些巨人比别人高一些，站在他们肩上能对科学地形更加一览无遗。

可以说，大多数科学论文发表后就石沉大海，无人再度提到它。这些论文的贡献无人关心，没有改变人们普遍的看法，亦没有激发人们新的思考。据某一统计，一半的论文在面世一年内无人引证。但另一方面，有少量论文被人反复引证，并被认为在相关领域作出了最大贡献。

加菲尔德从这一前提出发，调查了1978年拉斯克奖的有关情况，收集了所有候选的阿片受体论文的资料，制作了有关各自科学影响的图表。他的结论首先使在盖恩斯维尔的佛罗里达大学的马伦的观点(他给《科学》杂志写信表达了这一观点)有了可信性。马伦问道，为什么不让戈尔茨坦分享拉斯克奖呢？瑞典乌普萨拉大学的泰雷纽斯(Lars Terenius)及纽约大学的西蒙怎么办呢？他们两人几乎同时论证了阿片受体，但两人的发现在忙乱中被遗忘了吗？"这一研究的全部都是互相紧密关联的。"

加菲尔德的分析也得出了这一结论。他写道,戈尔茨坦的论文"对阿片受体的研究有首要意义",因为它发表得早,很独特,它开辟了这一道路。但对受体领域的其他主要研究者,也可以这样为之辩护,"这些科学家每个均可提出发现权。"

确实,在这次拉斯克奖宣布的前一年,一项国家药物滥用研究所(NIDA)奖除了颁给三位未来的拉斯克奖得主,也颁给了西蒙、戈尔茨坦及特瑞纽斯。虽然珀特又被排除在外,但NIDA的威廉·波林(William Pollin)两年后写信给《科学》杂志,实际上是道了歉:"回顾往事,我们认为没有颁奖给珀特博士是我们的一大遗漏。当时的原因在于她是研究生。后来我们逐步了解了她的重大贡献,因此我们现在改正了我们的结论。"

贡献大到足以得拉斯克奖吗?加菲尔德发现,由于珀特在发现阿片受体之后继续研究,因此在引证情况图表上她仍是"唯一频频出现的与其他高级研究人员合作的共同作者"。这些后来的论文表明"她在没有导师帮助的情况下,仍是本专业的实力人物"。并且,她和斯奈德在1973—1976年共同发表的17篇论文,其平均被引用率为每篇87次,而斯奈德与他人共同发表的论文只得到每篇38次的被引用率。加菲尔德得出结论说,以上证据虽不能证明珀特对阿片受体研究作出了关键性的贡献,但至少暗示她具有此种能力。

他声称:"从这组数据和引用次数看,均有强有力的证据表明,珀特的贡献应得到正式承认。"

斯奈德在NIH时曾是布朗的吉他老师,但布朗后来有几年与他失去了联系。此后,到了20世纪60年代,两人均到了巴尔的摩,布朗在华盛顿卡内基研究所的胚胎学部工作,而斯奈德在约翰斯·霍普金斯大学工作。两人在重逢后又成了朋友,现在他们都住在市区北部的芒特华盛顿,成了邻居。两家人也常聚会。两人均关注对方的生涯——尽管布朗说,自己对斯奈德研究工作的熟悉程度不高,"就如同斯奈德是个物理学家似的"。斯奈德比他年轻,他最喜欢斯奈德的地方是:"由于斯奈德表里一致。我不论见他担当什么角色,都是一如既往,本色不变。"

布朗说,拉斯克奖的风波使斯奈德颇感困扰。斯奈德告诉他说:"并不是我把这个奖颁给自己的。"布朗最初从《科学》杂志上看到珀特的不满,他认为她的反应是荒唐的,并仍同情斯奈德。布朗问,若珀特在其他实验室工作,她能做出类似的成果吗?他认为不能。

布朗是个53岁的资深科学家,掌管着一个大型实验室。他认为,实验室里的研究生实际上都是实验室主任培养出来的。当研究生们进入他或斯奈德的实验室时,一切都为他们准备好了。"他们开始实验时,冰箱里已放好最新的试剂,拨款资金也很多,这和在东内布拉斯加师范读书有极大不同。年轻人到这儿来搞研究,简直是他们一生中最美好的时期,这是他们最出成果的时候。他们唯一不能做的是自选研究项目。那是最后的关键一步——自己决定要研究的项目。"

对某些人来说,那亦是最困难的一步,布朗说:"科学意义上的成长就是这样。"而在斯奈德实验室做研究生时的珀特,还没有完成这种成长。

珀特离开斯奈德后,直接进入一所她自己的实验室。布朗强调,她能做到这一点,表明美国科学界愿意不论年龄和经历,对有天赋的人予以奖励。珀特应抱有感激之情。"若她生在日本,要30年后才能有独立地位。而在这里,她有自己的学生、实验室和要研究的课题。现在我们将看到,她的才干是否确如她显然自认为的那样高。"

那么,该怎样衡量两个研究人员对一项发现的相对贡献呢?怎样确定谁该获奖谁不该获奖呢?

确实,斯奈德至少在1971年夏天听到戈尔茨坦的讲演后,就想到应研究阿片受体,同样确实的是,珀特在斯奈德的敦促和指导下首先攻克了它。但以下情况也可能是确实的:由于她个人在阿片药物上的体验,因此有独特的原因驱动珀特去研究它。

这方面研究的成功,在很大程度上归功于由夸特雷卡萨斯开发的快速过滤技术。由于珀特在对方的实验室工作过,因此她对其使用很熟悉。但斯奈德对此也很熟悉,他与夸特雷卡萨斯在同一楼层工作,两人还合作搞过一个相关项目。

如一些批评者指出,珀特若在别的实验室工作,就不可能作出这项发现。在另一方面,她挑中了斯奈德,斯奈德也挑中了她,这在很大程度上是因为斯奈德研究心智机理采取了分子方式。此外,她有很多机会停止把阿片受体当做一项科学挑战,但她并未利用这些机会。

确实,阿片受体作为实验课题,并不是日常的小课题,而珀特以极大的智慧和坚韧来研究它。但同样确实的是,在戈尔茨坦发现了解决该课题的策略之后,攻克该课题可能只是个时间问题了。

那么,平衡点在何处?何为公正?

到场参加合影的有近40人,男士一律西服领带,女士则穿裙装。大家微笑着对镜头说"**起司**(cheese)"。斯奈德坐在前排中央,右腿随意地搭在左腿上,头略歪向一侧。他的学生们分几排站在他的身后。在后排,站在阿古旁边、在帕斯特纳克之后,是珀特。

合影的时间是1979年11月4日,围绕斯奈德的拉斯克奖产生的风波已过去快一年了。地点是亚特兰大,在有6000名会员的全国神经科学学会的一次会议上。斯奈德刚在这次会上被选为学会主席。场合是他的新老门生聚会为他庆祝。

他们在皮奇特里(Peachtree)中心的一家名叫子夜太阳的餐厅租下

一个大厅,每人交16美元搞了一个盛大的自助晚餐。这个活动的组织者比隆德回忆说,当时曾担心斯奈德在最后一分钟来不了,所以庆祝活动一开始就告诉他了。但没有告诉他的是,他们把他的夫人从巴尔的摩接来参加这个活动了。

在晚会上,斯奈德收到的礼物是,他全部约400篇科学论文的复印件,这些论文被装订成精美的4大本。帕斯特纳克说:"这一摞书有这么高",他的手比划了有1英尺(约30厘米)高。

亨德莱为这4册书写了序。她写道,虽然通常在科学家工作25年或50年后才为他搞庆祝活动,但斯奈德的成就压缩了这一时间表;他才40岁。亨德莱强调:"一想到他的最佳成果还在后面,就让人不知所措。"但与此同时,"我们40多个人分布在五大洲,以无限的热情迎接这一机会,借此为我们尊敬的导师搞庆祝,送给他著作合集以纪念大家共同的发现。这些合集亦象征我们不变的热爱、仰慕及感激。"

每个学生均交了一张自己的照片,以便以后挂在一所大学里。这幅合影也配了精美的相框,送给了斯奈德。今天,它就挂在他办公室的醒目位置,他一抬头就可以看见。他说,亚特兰大的这次活动"对我的意义比得到拉斯克奖更大"。

在晚餐会上,珀特亦和斯奈德一起坐在首桌;可以听见有人为此嘀嘀咕咕。对是否邀请她来曾有过疑问。比隆德说:"最后大家一致同意她自己出了丑",但不邀请她似乎也有些说不过去。

亨德莱记得,珀特整个晚上都力图修补裂痕。比隆德说得更刻薄些,称珀特就像《我的美丽女士》中的匈牙利修辞教师,"每个毛孔都在施放魔法"。虽然斯奈德显然宽容了她,但他夫人伊莱恩并没有。当时在附近的亨德莱记得,珀特曾上前和伊莱恩打招呼,但后者回答:"你来了并不让我高兴。"

有人听见斯奈德片刻过后对夫人说:"伊莱恩,冷静些。"

但两个女人之间的紧张,并没有使那个令人愉快的夜晚罩上乌云——部分地归功于迪斯穆克斯(Key Dismukes,1971—1973年他是斯奈德的博士后)的表现,那个夜晚曾几次出现欢闹的时刻。迪斯穆克斯站起来宣布说,最近出土了几份《圣经》文件,"是一批新发现的死海经卷……由一批学者编撰,其精神领袖显然是一个叫所罗门(斯奈德)的男人。"

他拿起一份"文件"念到"在第五天的早晨,上帝创造了(神经元的)突触。突触有形,亦有空隙。人们对突触空隙一无所知。上帝说,可向突触空隙注入分子,他把这些分子命名为递质。上帝看到递质的释放,效果不坏,但还不够,于是他创造了受体。"

他接着讲,上帝启示预言家阿夫拉姆(Avram)如何辨别出真正的阿片受体,但阿夫拉姆"对上帝不耐烦,并用了比活力不足的配基,所以没能……因此他没有得拉斯克奖"。

他接着说,当时"有个名叫坎达丝(珀特)的贞女。上帝的天使找到这个贞女,对她说你将怀孕,并生产一个阿片受体,于是她真的怀了孕"。

他继续说,有些神学家后来声称坎达丝是圣洁怀胎,这引起很大争论。他说,但学术证据现已表明,"她实验室的工作台有少许放射性,穿过大厅,一直辐射到所罗门的办公室……"

他最后说,上帝的使者有一天晚上去找所罗门,要给他一个启示,使他知道如何发现大脑自己的阿片剂——脑啡肽。但这个使者在去巴尔的摩的路上迷路了,停在了苏格兰的阿伯丁。

他总结说:"余下的故事就是历史了。"

珀特有一次告诉一家杂志,她"不愿谈论关于拉斯克奖的争论"。她不愿被称为"一个自那以后不干别的,只会大发牢骚的女科学家。我对斯奈德没有长期不和,我很尊敬他"。有一次有人要求她谈谈关于拉斯克奖的争议,她反驳说:"什么争议?"另有一次,她只是耸耸肩而已,没有说话。她说:"那有什么重要的?终有一天我们会一起去斯德哥尔摩领奖。"

珀特在公开场合,对拉斯克奖的风波都避而不谈。但她私下表示,此事仍使她感到痛苦。她常一会儿拒谈此事,希望忘了它,一会儿又主动谈起此事,显然她对此念念不忘,仍感到受了伤害,并尽力证明、解释自己,力求别人理解。"我原谅了他,我心中没有积怨。"她会说,然后沉默一阵,又说:"我有积怨吗?"

她确实有积怨。

她讲的背叛和失信的故事可信性不高,然而她坚持说这是实情。"我不愿意说谎,我的生活太复杂了,以至于我不能说谎。"

她说,科斯特利茨的年轻同事休斯,有一次曾去她和阿古在贝塞斯达的家中访问。大家坐在起居室闲谈时,休斯随意问起,如果仅所罗门一人得到拉斯克奖,她会怎么想?

她说,还有一次,斯奈德的一个她不愿透露名字的"朋友"到她家说起,他在斯奈德的秘书那里看到了拉斯克奖的提名文件,而提名应由系主任奥古斯特(Thomas August)负责做。

不,她没有得拉斯克奖不是由于非人为力量,不是由于科学体制一直忽视研究生,或是类似的原因,而是因为斯奈德剥夺了她得奖的机会。

他为什么要这么做?他这么做有什么好处?如果他能以某种方式影响拉斯克奖,为什么他不让他们四个人都得拉斯克奖?

啊,珀特说,诺贝尔奖只能让三个人分享,而拉斯克奖是走向诺贝尔奖的进身之阶。为什么就不能打破20年的惯例,让多于三个人分享此奖?这也是玛丽·拉斯克的愿望。你还不明白?要为诺贝尔奖准备好不多不少三个人选，就意味着从四人中排除掉一人。她是最容易被排除掉的。毕竟她是一个女性。如果换成帕斯特纳克，或是其他男性，"他们就不敢这么做。"

某次她会告诉你，阿克塞尔罗德曾把她叫到办公室，对她说："请帮我准备诺贝尔奖提名材料。"她心中暗喜，他想把她列入提名名单！但却不是，他只想提名斯奈德、休斯及科斯特利茨。他想让她来帮忙搞，她拒绝了。

"所罗门是爱你的。"帕特仍记得阿克塞尔罗德的话。

"你为他做了，他以后也会帮你。科学认可就这么回事。"

过去，她曾认为"斯奈德是神，而阿克塞尔罗德是万神之神"。可是现在，连他也要把她排除在外。这真是莫大的侮辱和最残酷的打击。

约翰斯·霍普金斯大学药理学及实验治疗系主任奥古斯特则表示，珀特的说法他都不同意。

他刚到任不久就上报了当年对拉斯克奖的提名。而该大学药理学系及美国药理学领域的神童斯奈德，是明显的候选人，该系的每个人都这么说。斯奈德已获得许多奖，声名远播。

奥古斯特说，珀特？"我对她一无所知"，也并不打算提名她。而且，即使他现在熟悉了她的研究工作，他也不会改变原来的想法。

是的，是奥古斯特提的名，而不是斯奈德。当然，在涉及重要奖项时，通常会提名朋友和亲密的同事，而且可由被提名者提供辅助资料，其中有的是高度技术性的资料。要了解一项科学发现的日期和细节，除发现者本人外最好找谁呢？因此，如奥古斯特所说："我显然拿到了一张纸，上面介绍了斯奈德的研究工作。"但他亦拿到了该系其他人研究工作的介绍材料。

他坚持说，提名本身是他的办公室做出的，而不是斯奈德的办公室做出的。而且只是提名斯奈德一个人——并非斯奈德和最后的共同获奖人。所谓此事有共谋的说法,不过如此而已。

至于斯奈德本人,则镇定地否认了参加过拉斯克奖的提名工作。奥古斯特可能曾向他的秘书要过学术背景材料,如果是这样,他也一无所知。至于珀特与此相反的说法,他说:"我不知她在说什么。"

但不论怎样,珀特至今仍坚持认为,为使她无法获奖,斯奈德是做了手脚的。她声称,她与他长谈过"许多小时",因此才有这一印象。假如他确实没卷入此事,"我想他会直接告诉我。他会说,'上帝啊,珀特,你把一切都搞错了。'但他从没说过这句话。"

这想法使她悲痛不已——她曾经一度"仰慕"、如此爱戴的斯奈德,居然会堕落到干欺诈勾当的地步。斯奈德的支持者恨她吗?她知道这一点:"他们认为我背叛了他,但实际上是他背叛了我。"

我曾去过珀特在贝塞斯达卡斯特路的小别墅,在后阳台上与她谈了一个下午。她先是按老习惯发了一通牢骚,然后又演戏似地大讲起来,演说一样滔滔不绝。她说她绝不宽恕斯奈德违反道德的行为,如此等等——这些都是5年前的旧恨,但仍然记忆犹新,讲起来就刹不住车。

但到了今天,在温暖的春日阳光下,她躺在沙滩椅上,已没有了往日的愤恨,只是显出一种愁闷和静静的悲哀,这是我从没有见过的。她已不再是神经药理学所述的**言行肆无忌惮的人**。她演戏似的表演已不见了,她的身体安静下来,更放松了,她说话时更真诚了,她的声音变得更柔和了,有时因充满了感情而变得十分动人。

她从布林莫尔大学毕业后直接来到斯奈德的实验室,张着明亮的眼睛,沉醉于智者的乐趣和追寻真理之中。起初,她眼中的他是完美无缺的。后来当她看到他身上的缺点时,似乎他所有的缺点一下子都冒出来了。首先,他在布鲁克莱恩会议后企图掠夺有关脑啡肽的研究成果。她说:"他想把这个成果从休斯那里偷过来,这让我很生气。"而后来,当他被要求在《科学美国人》上著文介绍阿片受体时,尽管她"乞求"他让他们两人共同著文,但他却拒绝了。

就在几年之前的1974年,她在自己的博士论文开始部分中,表示了对斯奈德的感谢。她写道,他是

> 一个充满献身精神的老师,有一种不可思议的才能,善于确定关键的科学问题,设计"正确的"实验,对不相干或误导人的结果置之不理,并能得出基本的结论。由于这些原因,能向他学习如何搞科研是一种特别的荣幸。我感谢斯奈德,不仅因为他教了我许多东西,还因为他4年来对我的格外关怀、照顾及慷慨。

她对他的尊敬得到了充分的回报。一个认识他们两人的人回忆说,在拉斯克奖风波爆发之前,"他被她完全迷住了,认为她是极为罕见的人才。'她很杰出,很聪明,实验室每个人都嫉妒她。'"后来在阿片受体研究紧张时,她常一连好几个小时与他在一起。"我只要想见他就可随时见他。"

当时两人关系极好,现在却倒退到如此地步。他们两人从没成为情人,但两人之间的关系用她的话说,"充满不可思议的浪漫风格,是真正的科学恋情"。

"这就是悲剧所在,"她说,"我们曾非常敬重和热爱对方。"

第十二章

师承链

"如一切恋情一样,导师与学生关系的进程很难顺利,并常有一个痛苦的结局……导师常常会剥削、压榨、嫉妒、文过饰非、强行控制;而学生则常有:提出贪婪的要求、依恋型仰慕、自我否定型感激及骄横型忘恩负义。至于谁有此类行为,为谁而为,则常常搞不清楚。关系结束后,双方常会怀有一些最强烈的感情:仰慕和藐视,欣赏和怨恨,悲伤、愤怒、痛苦及宽慰——正如一段刻骨铭心的恋情结束后一样。"

——摘自《一个男人的生命四季》
作者丹尼尔·J. 莱文森、夏洛特·N. 达罗、爱德华·B. 克莱因、
玛利亚·N. 莱文森、布拉克斯顿·麦基

莱文森(Daniel Levinson)及他的同事们并不是专为珀特和斯奈德写的——但他们似乎是专为他们而作的。他们也并不了解阿克塞尔罗德与布罗迪之间的痛苦分裂——但他们仿佛是知道了。莱文森是耶鲁大学的心理学家,他与同事们花了10年时间跟踪成人心理发展的模式(他们的研究,由于方法论的原因,仅限于男性)。他们发现的一种现象是,如珀特与斯奈德那样强烈的、充满感情色彩的师生关系,在男人生

命中起着关键的作用。

导师这个词最早是荷马(Homer)开始用的,他在其作品中让出远门的奥德修斯(Odysseus)将儿子忒勒玛科斯(Telemachus)托付给"忠实而博学的"导师。但只是在近世,导师这门职业才成为一种普遍现象,一切书刊,从学术刊物到连环漫画,都在称赞这门职业。人们研究和审视导师在艺术、专业及商业方面的作用。《哈佛商业评论》的一个标题是《每个成功的人士都有一名导师》。另有一份学术刊物发表过一篇文章,题为《对女性职业发展中的导师关系的概念分析》。《小姐》杂志这样问它的青少年读者:"你需要一名导师吗?"

到现在,导师观念已深入大众文化。当一名黑人大学校长梅斯(Benjamin E. Mays)去世后,美联社称他是小马丁·路德·金(Martin Luther King, Jr.)的"精神导师"。《纽约时报》专栏作家萨菲尔(William Safire)曾开设专栏探讨过这个词的起源及正确用法。在"杜纳斯伯里(Doonesbury)"连环漫画中,一个公司职员对夫人说他被选为了董事会主席,他自豪地说:"我现在也算大人物了,我要打电话给我的导师。"(他拿着电话问夫人:"托儿所的电话是多少?")

莱文森对成人男性发展的研究,导致他写了《一个男人的生命四季》[希伊(Gail Sheehy)也以此为主要依据,写出了畅销书《交流》],披露了导师关系的许多内幕。莱文森及其同事发现,男人与儿童一样,有几个可以预计的且由年龄控制的发展阶段。例如,男人在17—22岁(或增减1—2岁)时即进入早期成人过渡期,其标志是,在生活的每一个方面,他都要尝试一下新东西。当他20多岁时,开始与他人建立亲密关系,对临时工作会有挑选,开始进入成人世界。如此类推,一直到他五六十岁,具有惊人的可预见性,每一生命阶段都提出了独特的发展任务。

莱文森发现,早期成人阶段的一个关键任务是找到一名导师。做一名导师是人到中年的一大满足。

导师既像父母又像同龄人,是两者的综合体,典型的年龄是比门生年长半代左右。

他可能起教师的作用,促进年轻人的技能和智力的发展。他必须用他的影响来促进年轻人的发展。他可以是主人和向导,把新生引入新的职业和社会领域,使其熟悉该领域的价值观、惯例、资源及人物名单。导师通过展现自己的优点、成就和生活方式,可以成为门生仰慕和模仿的榜样。

最重要的是,导师"相信他,分享他年轻的梦,并认可他的梦,从而促进年轻人的成长"。

科学有时被想象为一个很大的知识库,它会渐渐长大,因为可互换的科学家将各自的贡献放进这口公共大锅。或者正如英国皇家学会前会长弗洛里(Florey)勋爵所说:

科学的发展很少是由于有了目前术语所称的"突破",而是依赖于全球成千上万名同行的活动使我们知识增长。是他们不断加入小点点,最终画出了辉煌的图画,就如同印象派的点画家画出精美的油画一样。

然而,今天的科学观察家大多不同意以上观点。他们坚持认为少数几个科学家会作出与其数量不成比例的巨大贡献;并认为科学分为两个不同的世界——一类属于一般科学家,一类属于少数顶尖科学家。他们指出,少数顶尖科学家与大多数其他科学家相比,其发现要多得多,论文也多得多。据估计,有一半的科学论文是由科学家总数中的10%—15%的人写的。这些多产的顶尖科学家所做的研究影响也更大,他们的论文引起反应更大,被引用率也更高——比平均引用率高

20—40倍。

社会学家托马斯·库恩(Thomas Kuhn)于1962年写了一本引起极大争论的书《科学革命的结构》,该书几乎一夜之间改变了人们对科学本身运作的通常看法,其引诱力如此之大,以至于经济学、政治学及社会学的学者很快将他的见解用于各自领域。他在书中称,科学发展并不像大多数人所相信的那样,仅归因于中立事实的有序增加,以及在它发展中因这种方式或新证据出现而使理论修改。真实的情况是,某些长期盛行的自然观会发生突然的"范式转换"——这是一场在许多方面类似于政治革命的科学革命。例如爱因斯坦的相对论,改变了物理学家所做实验的种类、所用的仪器、所问的问题,甚至关于重要性的问题的类别。爱因斯坦引起了一场革命。牛顿、拉瓦锡(Lavoisier)、道尔顿(Dalton)亦然。

但旧的范式还占统治地位时,大多数的研究完全基于过去的科研突破。这种研究利用特定类型的科学仪器,寻求得到某种特定的事实,以填补特定的知识空白。库恩将这称为常规科学,它占了大部分普通科学家的大部分时间。

从最严格意义讲,库恩所指的科学革命每一世纪可能出现一次或两次;如科学社会学家乔纳森·科尔(Jonathan Cole)和斯蒂芬·科尔(Stephen Cole)兄弟所说,从历史角度看,甚至诺贝尔奖获得者及其他最顶尖的科学家,也只是"科学的砌砖工,而不是建筑师"。但库恩的想法也可有益地延伸到较小规模的革命:当布罗迪在香农的影响下,开始测量血液中的药物浓度,而不是仅仅注意服药的剂量时,他打响了新药理学革命的第一枪。当阿克塞尔罗德开始区分发生在神经元突触的事件之复杂顺序时,他已在开始帮助引进一个新的领域:神经药理学。当斯奈德和珀特——不论人们如何计算他们各自功劳的比例——发现了阿片受体并创造了一种新的强有力技术来研究它时,他们引发了一场革命，其隆隆声至今清晰可闻。

以上科学家都提出了新问题，并用了新方法来提问题，并且还留下一大堆问题让别人继续研究。用库恩的话说，以上每个科学家都在从事一种革命性的科学。他们每一人亦在寻求加入顶尖科学家的行列。

在1979年，加菲尔德科学信息研究所，利用计算机文件中的6700万篇文献和1965—1978年发表的500万篇论文，排出了一个1000位论文被引用最多的跨学科的科学家的名单，其学科涉及天文学、天体物理学、有机化学、分子生物学、药理学、病毒学等。据估算，(每年)遍及全球(至少是偶然地)发表论文的男女科学家大约有50万人，因此，1000人名单确实代表了最著名的科学家。全球若干最著名国家科学院的院士成员，如美国科学院，亦比1000人多许多。

在这份名单上，布罗迪、阿克塞尔罗德、斯奈德的位置均很靠前。名单上来自布罗迪实验室的有乌登弗兰德、韦斯巴赫、吉勒特、卡尔森（Carlsson）、韦塞尔、普勒彻、科斯塔。来自阿克塞尔罗德实验室的有戴利、艾弗森、格洛文斯基、科平、维特曼、特内。而来自创立不太久的斯奈德实验室的有库哈尔、罗素。

这个名单上的人还有威特科普、戈登、安芬森、布朗、奥尔洛夫、古德温、戈尔茨坦、夸特雷卡萨斯。按以上严格的标准，他们均可称得上是顶尖的科学家。

当然，只用引用率分析这一标准——或实际上只用单一标准——来衡量科学家的影响力是危险的。至少有一点，大多数科学论文都有好几个作者，这就使统计数字变得混乱。其次，有关科研方法的论文被人引用的比例会极高，与其对基本知识的贡献不成比例。另外，生命科学论文的引用率，会高于自然科学论文。并且从另一面来说，一些科学家的论文主要出现在不知名的小刊物上。最后，如加菲尔德所称，有些论文的"影响会如此深远，并会如此迅速地汇入科学的主流"，以至于人们不必再引用它们了——从这一狭窄的角度看,它们是自己所取得成功的牺牲品。

但总的关系是成立的:少数几个科学家会发表许多论文,其论文会被大量引用,并产生重大影响。如果确有库恩所说的那种革命,那他们则是发动这种革命的人。正是这一小群顶尖科学家,如社会学家科尔兄弟所显示的,进入了有威信的学会、获得了名誉学位、成为院士、获得诺贝尔奖及拉斯克奖。

关于这些顶尖科学家,还有一个惊人的特点:他们通常都在其他顶尖科学家的实验室里工作过,然后才依次成为下一代顶尖科学家的导师。

每一个学习科学的学生都已注意到,作为一种社会现象,师承关系在培养科学顶尖人才方面有强大作用。乔纳森·科尔在《公平科学——科学界的女性》一书中指出:"知名科学家几乎都有一个有名有姓的教父。"

的确,科学家自传中总会对教父关系表示敬意,尽管这种关系常常是爱恨交加的。我们不论是观察科姆特(Auguste Comte)与圣-西蒙(Saint-Simon)、费米(Fermi)与科尔比诺(Corbino)、塞格雷(Segre)与费米、哈恩(Otto Hahn)与卢瑟福(Rutherford)、迈特纳(Meitner)与哈恩、施温格尔(Schwinger)与拉比(I. I. Rabi)、沃森(J. D. Watson)与卢里亚(Luria)、柯尔金斯(Mary Whiton Calkins)与詹姆斯(William James)的关系,还是成千上万其他的师徒关系,我们均发现这是一个重要的机制,可将一代人的科学传统传给下一代。

关于师承关系在科学最高研究领域的作用,《科学精英》一书[这是朱克曼（Harriet Zuckerman）对美国的诺贝尔奖获得者的研究]说得再清楚不过了。朱克曼对92名获奖者1972年以前在美国做的获奖研究进行了考察，这些研究涉及物理学、医学和化学。她发现一半以上——有48人——曾是更年长的诺贝尔奖获得者的学生、博士后或助手。

这个现象是如此显著，朱克曼用了好几页的篇幅来展示一些好像是家系图的列表——按"代"列出的名字，互相用线连上。只不过，这些是科学家系，显示了科学的影响通过一代代赢得诺贝尔奖而发扬光大。在物理学及物理化学方面，格拉泽（Glaser）在安德森（Anderson）的实验室工作过，安德森与密立根（Millikan）共事过，而密立根则为能斯特（Nernst）工作过……在物理学方面，玻尔（Bohr）和贝特（Bethe）二人均与卢瑟福共事过，卢瑟福则为汤姆孙（J. J. Thomson）工作过，而汤姆孙又是瑞利（Rayleigh）的学生……在生物科学方面，霍拉纳（Khorana）为科恩伯格（Kornberg）工作过，科恩伯格当过卡尔·科里和杰尔塔·科里（Gerta Cori）夫妇的学生，而后两人则为洛伊工作过，等等。

这个现象并不仅仅发生在早期的诺贝尔奖获得者身上。朱克曼写道：

> 在德国出生的英国籍诺贝尔奖得主克雷布斯（Hans Krebs），他的科学门第可追溯到他的导师——1931年的诺贝尔奖得主瓦尔堡（Otto Warburg）。瓦尔堡曾是费歇尔（Emil Fisher，1902年50岁时获诺贝尔奖）的学生，而费歇尔的老师冯·拜耳（Adolf von Baeyer）3年后在70岁时获诺贝尔奖。这一门第涉及4位诺贝尔奖获得者的师生关系，其源头远在诺贝尔奖设立之前。冯·拜耳曾是凯库勒（他关于结构式的设想使有机化学产生了革命）的门生……而凯库勒则当过伟大的有机化学家冯·李毕希（Justus von Liebig，1803—1873）的学

生。李毕希曾在巴黎大学当过盖吕萨克(J. L. Gay-Lussac, 1778—1850)的学生,而盖吕萨克又当过路易斯·贝托莱(Claude Louis Berthollet, 1748—1822)的学生。

贝托莱曾协助创办了综合工科学校,当过拿破仑的科学顾问,并与拉瓦锡合作修订了化学术语体系。

正是由于这种师承关系,精英科学——被视为一个实体,有别于日常或"常规"科学——才不断发展。从这个观点看,科学上的伟大发现并不是由单个天才人物完成的,而是由科学"家族"完成的。通过一种特别的东西、关键性的东西,在若干代科学家之间,代代相传。

但准确地说,什么东西在代代相传呢?当然不只是具体的知识和技术,确实,这可能是最不重要的部分。朱克曼在《科学精英》中长长的"师与徒"一章中指出,正如一位诺贝尔化学奖得主告诉她的那样,徒弟从师傅那里获得的东西中,最重要的是"思维风格"而不是知识或技能。就这一风格而言,**发现**问题与解决问题一样重要。用社会学的术语来说,这些未来的诺贝尔奖得主受到社会化培训,从而对重大、重要或适当的问题有了鉴别力。

因此,朱克曼写道,由于徒弟们"对自己的老师有很强的认同感(有时达到英雄崇拜的地步),科学品味的方向通过师徒链而传承"。后来他们自己当了导师后,"这些精英科学家从自己的言行态度上讲,常会把当徒弟时观察到的言行模式复制一些出来。"

人们可能会认为,师承链与一种典型的庭院游戏相仿。在这种游戏中,排队的人们依次将一个故事传下去,最后一个人讲的故事与原故事已大相径庭。但至少,从布罗迪到珀特的师承链根本不是这样。在他们这里,故事传下去时似乎非常忠实于原作,因此,香农和布罗迪的科学遗产传承了好几代都几乎原封不动。

这意思似乎是，不要去碰那些常见的科学课题，让别人去解决它们。也别去碰那些用现有技术和知识难以解决的根本性大课题。为什么要用头撞墙呢？在适当的时候问适当的问题，等于成功了一半。适当的时候是指：不要太早，问题难以解决；也不要太迟，因答案已过于明显。要处于手中已掌握了适当的解决方法，个人的热情也处于高峰之时。

然后呢，放手干就行。不要全年泡在图书馆里为之作准备，不要等到你把所有烦人的小的预备实验都做完，不要为科学上的限制而担心，除非是最基本的限制。就按你的预感、你的科学直觉去干，确定哪个是简单、一流和直截了当的实验，它可以一下子告诉你方向是否正确。或者正如布罗迪可能会说的那样：开始干吧，大胆地试一下。

师承链中的一或两人可能会坚持背离剧本原稿，但所有的人都显然已将其精华熟记于心。

穆迪在谈到珀特时说："她总是愿意尝试不容易成功的科研项目。"

阿克塞尔罗德在谈到自己的科研方式时说："去做一个明显简单但会给你一点重要信息的实验……在合适的时候提出重要问题。晚些提，问题就显而易见了。"

阿古·珀特在谈到珀特的实验方式时说："如果你聪明，你可以做一个简单的实验。干吗非要花很多天做实验去得出它呢？"

斯奈德说："我喜欢3小时完成一个实验，而不拖3天或3个月。"

阿克塞尔罗德说："光设想做什么是研究不出东西的，还要走进实验室搞实验。"

古德曼谈到斯奈德时说："他的态度是，**去做实验，找出答案**。"

伯恩斯谈到布罗迪传下来的"基因"时说："有那么多有意思的问题要研究，干吗浪费时间去研究没意思的问题？"

阿克塞尔罗德说："研究一个重要问题与研究一个次要的平淡问

题,花的功夫几乎差不多。"

斯奈德谈到他尝试应用于每一实验的衡量标准时说:"它能不能获诺贝尔奖?……学生会说,'但那是很好的科学,不是吗?'我会说,'是好实验,但也是沉闷的。我认为我们可搞更令人激动的实验。'"

布朗在谈到阿克塞尔罗德如何精力充沛地做实验时说:"真是精力异常充沛。"

斯奈德说:"'别急,'我会对一个学生说,'何必花上100万年去求证2+2=4?'"

珀特谈到斯奈德的风格时说:"'别去想它,'他会说,'你就疯起来,动手去实验。'"

并不令人吃惊的是,布罗迪遗产的某些因素——**不是**全部——类似于朱克曼在顶尖科学家身上通常所发现的特点。例如她发现,这些人都反复强调要研究重要的问题,并只在合适的时间去搞。在另一方面,几乎无人主张要"过于关注研究的精确度"。一位诺贝尔奖得主告诉她说,他的导师"使我看到要永远关注重要的事物,而不要去研究无尽的细节,或只为了提高准确性而研究"。

乔纳森·科尔在《公平科学》一书中指出,师承关系"是至关重要的,它可以培养年轻科学家对好问题及关键课题的感觉、搞科研或理论化的风格、批判性的立场及教导自己未来门生的方式"。从这一意义上说,师承关系传承了丰富的"秘密"知识。

但对那些不能分享他们秘密的人来说,又会怎样呢?

扎茨曾在阿克塞尔罗德的实验室工作多年,是一个心胸异常广阔的科学家。谈到导师现象及其在科学上的作用时,他仰坐在转椅上,手枕头后笑着问我:"你想谈谈师承链的**坏处**吗?"

那是什么?他神情严肃起来,回答说:"那就是说,若你进入不了其中之一,你就永无出头之日。"

扎茨是说,如果没有一个著名的导师,你就几乎永远进入不了顶尖科学家的行列。他似乎是在讲述"马太效应"的必然结果。

社会学家默顿(Robert Merton,他是朱克曼在哥伦比亚大学的导师)1967年前往旧金山,在美国社会学协会的一次会议上发表了一篇论文,后来它又发表于《科学》杂志。该论文立即丰富了已有的社会学文献,题目是《科学中的马太效应》。马太一名来自《圣经·马太福音》,其中写道:"凡有的,还要加给他叫他有余;没有的,连他所有的也要夺过来。"换句话说,即富者愈富,穷者愈穷。

默顿描述了自己看到的现象:"有名的科学家,其科学贡献获得的承认越来越多,而无名的科学家,其获得的承认则越来越少。"两个科学家同时有所发现呢?较有名的那位科学家会获得荣誉。几个科学家合写一篇论文呢?其中最有名的那位科学家会被认为是实际主笔。

其他社会学家推广了默顿的理论模型。目前普遍的观点是,科学界中不仅明显分为有名者和无名者,而且马太效应还使该现象继续存在:聪明、有野心的名牌大学毕业生(常青藤联合会)进了最好的研究项目……当上著名研究者的博士后……最新设备 + 竞争性环境 + 知名导师 + 重要课题 = 在顶尖级杂志上发表引人注目的论文……若有知名导师的关系,就很容易在名牌大学得到好职位……教最好的学生,他们帮助你获得新的科学发现,这亦会使自己的名誉(及自己导师的名誉)更加稳固。

换句话说,科学界的富人会更加富足。

朱克曼的样本证明,诺贝尔奖得主中有一半来自四大名校——哈佛、哥伦比亚、伯克利和普林斯顿。她搞此调查时,美国科学院710名在美国拿到博士学位的院士中,有约3/4的人是在相同的10所大学拿到博士学位的。另外,诺贝尔奖得主当导师,而门生又获诺贝尔奖的频率极高,这早已为人们所引述。

正如扎茨所暗示,找不到合适的导师,会极大地影响一个人的生涯。师徒体制绝对不是平均主义的,它有时会放大能力上的实际差别,有时又会对占有天时地利的幸运儿报答过分。

在另一方面,亦很难指责师徒体制,因为它从总体上说的确能产生和报答天才。我们这个世界充满残酷、非正义,比科学界的同样现象要丑恶许多。师徒制把好处给了少数人,这难道就是我们要付出的高昂的代价吗?如果说这使得能力的差异被扩大了,那不正说明首先至少存在着可以扩大的差异吗?如果科学上的成功会带来更多成功,那么不正说明最初始的成功是不容易赢得的吗?布罗迪这一条师承链不是培养了几代具有丰富的优良科研传统的药理学家吗?它不是开拓了新的科学学科、作出了关键性发现、促成了多种重要新药的研制,而且用一句话说,不是给人类带来巨大益处了吗?

格林伯格(Daniel Greenberg)是长期关注科学的专栏作家,他最近写了一篇文章,专论他所谓的"科学的农奴"——指那些承担大部分实际实验研究的研究生和博士后。他写道:"科学界的前辈在剥削这些渴求知识的年轻人。"他指出,一篇论文的作者中,年长者常常占了头功,而论文思路甚至都是由年轻作者想出的。但最终,他承认,虽然"师徒制度可能是令人讨厌的……但它肯定是建设性的。而且受害者会坚信一旦自己毕业离开,新的一代人会急于加入"。

然而,在导师与"受害者"之间的关系中,仍有怨恨和情感冲突成长的沃土。乔纳森·科尔在《公平科学》一书中指出,"只要简单翻一下科学家们的自传,就可以洞悉教父关系"除了仰慕和热爱外,"亦牵涉到妒忌、又爱又恨的矛盾心理及冲突"。朱克曼发现,在她研究的诺贝尔奖得主中,情况与以上几乎一样。徒弟受到导师太多或太少的关注。导师对徒弟的期望过高,或对其贡献没有表示足够的感激之情。合作的研究一旦归功于导师，有时就会产生直接冲突。

在师承关系中，几乎没有像阿克塞尔罗德与斯奈德之间那样和谐的。阿克塞尔罗德对布罗迪的怨恨，及珀特对斯奈德的怨恨，鉴于双方关系之深，是更加典型的，甚至是可以预料的。

关于布罗迪、阿克塞尔罗德、斯奈德和珀特，只记录其贡献，而不管他们之间呈现的怨恨，是可以这样做的。唯一重要的东西不就是他们令人生畏的智慧和科学成就吗？只要记录布罗迪是个伟大而可敬的科学家，而且，在20世纪50年代初的一天，上帝或大自然创造的可对外来物质脱毒的酶在他的实验室被首次发现，那不也就足够了吗？

韦塞尔（布罗迪以前的学生和远亲）就提供了这样一个实例。韦塞尔认为，科学是崇高的事业，并坚持认为出版物只应记录科学中崇高、伟大的东西。对他来说，布罗迪体现了科学中一切最优良的东西。他献身于（发现）真理，恰如刘易斯在小说《阿罗史密斯》中描写的理想化的科研人员——阿罗史密斯。

是的，布罗迪性格的其他方面可能并不太讨人喜欢，他这样一个卓越人物的生活中肯定也有与人竞争，或生气发火的时候。但韦塞尔说，这些事均无足轻重，在介绍布罗迪及其科研时不说也罢。他重申，对他而言，值得关注的东西只是布罗迪身上恰如阿罗史密斯一样值得注意的优秀品质。

但是，阿罗史密斯是虚构的；他只是小说家想象中的人物。而布罗迪则不是，如今他住在亚利桑那州图森市，住在一条安静、洒满阳光的街上，房子是低平的沙漠住房。

他的老朋友香农，则住在西北方向800英里（约1287千米）之外的多雨的俄勒冈州波特兰市。这个高个儿、戴眼镜的爱尔兰人总是打着整齐的蝴蝶领结。布罗迪就是从香农的实验室走上科学之路的。

第十三章

1985年

香农已逾80岁高龄,身体硬朗,生活在俄勒冈州波特兰市霍姆伍德街的一所房子里。女儿爱丽斯(Alice),一位开业医生,住在附近。他已从NIH院长职位上退休达15年之久了。

早在20世纪60年代末期,作为一位公共健康署官员,香农的预定退休年龄是64岁,这引发了人们对他任内工作的赞美,也使人们对他的即将离去产生了惊恐。"失去他,"佩奇(Irvin H. Page)告诉《现代医学》杂志的读者们,"其代价是如此之大,我们每个人都必须承担一部分这样的责任:确保有一位称职的继承人被选出。"《科学》杂志则称,香农退休后,"我们将失去战后最后一位巨人……从某种程度上讲,任何主要政府机构的工作都可被认为是取决于一个人的鼎力贡献,一年耗费10亿美元财政支出的NIH便是由香农一手支撑的。"

20世纪60年代中期,NIH破天荒地受到批评。有人指责它过于关注基础科学研究,忽略对病人的治疗。还有人对大量卫生研究经费是如何花掉的表示疑虑。1965年,一个总统委员会着手调查香农的生物医学王国。由科学家、管理人员和顾问组成的数支队伍,参观了那时接受NIH拨款的37所科研机构和52位院内科研人员的实验室,不仅采访了成百个受NIH资助的人员,还采访了许多未得到资助的人士。

结论呢?"NIH 的业务活动实质上是健全的,而且……它每年大约 10 亿美元的预算总体上讲花得明智,符合公众利益。"最受关注的方面? 当然,某种机构和程序上的弱点预示了将来的问题;NIH 的成功太依赖于"少数人不同凡响的素质"——委员会指的是香农和他一手选拔的高级管理层。

随着香农退休时间的逼近,有人开始设法阻止它的发生。一则评论性的卡通画画着打着蝴蝶领结的香农,肩上挎着高尔夫俱乐部的球杆背包,口袋里塞满了有关旅行和退休度假村的宣传小册子,正从他的 NIH 办公室出来,然而两只手臂却拦住了他——他们是当时的卫生、教育和福利部长科恩(J. Cohen)和约翰逊(Lyndon Johnson)总统。配发的评论题为《不可或缺的人物》。它写道,香农,"NIH 的领袖天才",应该在他的职位上至少再待两年。

然而,1968 年 9 月,香农如期退休——有些人说这令人遗憾,因为最终也没有什么办法能推迟他的法定退休年龄,而联邦调查局胡佛(J. Edgar Hoover)和海军上将里科弗(Hyman Rickover)的法定退休年龄却被人为推迟,他们两位在过了退休年龄之后仍继续供职。

香农成了总统的特别顾问,在纽约的洛克菲勒大学任职,后又成为各种学术及医疗机构的顾问和董事会的成员,接受了很多荣誉学位——仅在他退休后两年里就有 8 个——并继续就科学问题及公共政策发表见解。

他于 1976 年回到贝塞斯达,为他的铜铸半身像揭彩。"这个指挥台属于您,"斯特滕时任 NIH 副院长,在介绍他的时候这样说,"您可以教我们在未来 25 年里该如何搞科研。"香农可能正想这么做。斯特滕回忆道,"老同事们都聚集在院长办公室"向自己过去的领导讲述遇到的问题。"我会告诉你应怎么应付。"香农这么说——也确实这么做了。"他从没有放弃过院长的工作。"斯特滕说。奥尔洛夫也记得,香农退休后很长时间里会偶尔给他在NIH的办公室打电话,对自己的继任者的这个或那个做法表示惋惜。一次他灰心丧气地对他抱怨说:"你不会以为我要把15年的职业生涯都抛弃吧。"

1979年9月29日,香农和三十几位戈尔德沃特医院的老朋友,在华盛顿特区的使馆区饭店聚会。"那是个非常怀旧、温暖而快乐的聚会,"香农的老朋友托马斯·肯尼迪说,"每个人都非常高兴。"伯利纳也参加了这次聚会。乌登弗兰德、布罗迪及阿克塞尔罗德也在场。香农被赠予一只玻璃碗,上面刻着与会者的名字。

"噢,他非常开心,"肯尼迪说,"他对大家所费的心思大为惊喜。"更让他惊喜的是——如肯尼迪所说,他"大喜过望"的是——两年以后,在有500余名朋友和同事参加的命名典礼上,那座15年来他目睹了NIH发展壮大的带柱廊的1号楼,被重新命名为詹姆斯·A.香农楼。

每位参加聚会的人都被要求说明一下自己离开戈尔德沃特医院后的发展,多数人借此良机向香农致以诚挚谢意。已是75岁高龄的香农,则简短回忆了自己生涯中的各个辉煌时刻,最后透露说,自己最近在波特兰买了幢房子。"我可以说,总的看来,我的人生旅程是快乐而激动人心的,"他用惯常的潦草字体写信给"巴德"·厄尔(David "Bud" Earle),聚会的组织者和香农在戈尔德沃特医院的继任者,"其中很重要的原因是,我很荣幸认识并和令人激动的优秀人才一起工作过。"

"所以,巴德,就是这样。我的计划是不断滚动的计划,一个每年都期望延伸为5年阶段的发展的项目,每一年都是5年周期的第一年,这5年我希望在充实忙碌的生活中,健康状况能保持良好,和朋友们保持联系。"

戈尔德沃特纪念医院现仍是一所业务繁忙的慢性病医院,但它的新鲜活力和建筑给人的新意已被岁月侵蚀。坐落于南端的韦尔费尔岛现已改名为罗斯福岛。这座医院现在和颇有名气的由中等高度的公寓楼群组成的"新兴城镇"共处一岛。从昆斯区过来的有轨电车线已不存在,最后一辆在岛上蜿蜒而行的时间是1957年4月7日。公共汽车取代了它。如今,轻轨从曼哈顿的东59街高空架起,一直越过东河,再到医院北部的终点站。在D楼的地下室,一个箭头仍指引着通向"纽约大学医学院单元,三处,特殊研究实验室"的道路。40年前在这里,香农、布罗迪和其他人曾向疟疾宣战。

疟疾如今仍是引起研究兴趣的题目,但并不是在戈尔德沃特医院。如今作为试验对象的人,不再是战时的拒服兵役者和犯人,而是军内的志愿人员和老百姓,一般可拿到1500美元。参试后由于疟原虫感染,会时而冷得发抖,时而全身高热。传播疟疾的按蚊,曾被DDT有效地控制,但后来却产生了抗药性。阿的平现已被更有效的药物取代。氯喹,与其他在战争接近尾声时开发出来的化合药物相比,多年来一直是用作抗疟疾的最好药物。但慢慢地,疟原虫还是有了抗药力。

所以对新药的研究从没间断,一种叫做甲氟喹的物质被视为最有希望的新药。疟疾疫苗也在研制中。1984年,微生物学家纳森兹魏格(Ruth Nussenzweig)宣布,她和其麾下的纽约大学的研究队伍成功研制了疟疾疫苗,可预防猴罹患此病,但疟疾每年仍夺去100万非洲儿童的生命。

随着拉斯克奖的风波渐被淡忘,珀特在NIH临床中心3N258号办公室的墙上,挂了一幅她和脊髓灰质炎疫苗的发明者索尔克(Jonas Salk)亲切交谈的彩色照片。"它提醒我,"珀特说,"我对治病救人比对发表论文更感兴趣。"

1977年,珀特被提升为生物化学及药理学科高级研究员,次年被提升为药理学研究专家。1982年,她被任命为临床神经科学分部新成立的大脑生化科主任。到1984年,她已发表110篇科学论文,获得美国化学学会颁发的阿瑟·S. 弗莱明奖,举办过很多讲座,并成为5家科技刊物的编委会成员。

在拉斯克奖风波之后多年,珀特还成为著名杂志(比如《财富》、《红皮书》和《集萃》)中许多文章的中心话题。她的同事赫肯厄姆认为,这"对她来说是一个好的发展方向,即作为科学和媒体间的联系人,她的价值在于引发公众对科学的激情,她能让人激动"。她在《集萃》上的访谈录以后被收进一本文集,此文集出版时,在纽约为各被采访者搞了一个招待会。就是在这个招待会上,她和索尔克照了一张合影。

"我回到了大家中间,"她1984年说,感到自己比在拉斯克事件之后更受重视了,"这是因为我是一个优秀的科学家。当我和索尔克在(照片上站在)一起时,人们也必须承认我,我勤奋工作,终有所偿。"

她和丈夫阿古的分手非常突然。"有一天我就搬出去了,"阿古说,"因为她风头很健,我感到紧张,难以驾驭。我心中有些不满,这绝对影响了我们的关系。"

珀特,作为3个孩子(其中最大的十几岁,最小的只有两岁)的母亲,(离婚后)仍在科研上和阿古合作,关系真诚。但她更经常和一位比她年轻7岁的NIH的免疫学家拉夫(Michael Ruff)一起工作。1984年下半年,他们共同在一家欧洲刊物上著文,证明有几种神经肽,包括脑啡肽的一种形式,可能还有铃蟾肽和P物质,能强有力地刺激巨噬细胞的迁移。巨噬细胞生成于骨髓中,可聚集在受伤的组织里并促使伤口愈合。

他们的业务合作也扩展到了个人生活领域,珀特对于他们的浪漫关系和专业关系一样感到激动。"拉夫和珀特,"她会大声地说,只是为了听听声儿,"对科学家们我有种罗曼蒂克的感觉。我崇拜他们。"

虽已到38岁的年纪,珀特仍无拘无束,热情洋溢,时而有些古怪的念头，仍是别具一格的样子。在最近一个凉爽的春日，她的脚指甲染上了红黑两色的圆点花纹；她的办公室里总是五光十色，一套玻璃实验室器皿盛满了各种颜色鲜艳的液体，整齐地排在架子上。她那小小的办公室里居然塞进了5把椅子，她的蓝色粗羊毛呢短外套随意扔在椅子上。从墙上伸出一个文件柜，角度奇特。书桌上方高悬着阿瑟·S. 弗莱明奖状，地上是零星的碎纸片。墙上的挂钟记录着时间，不知怎么搞的，秒针会走几格，然后停顿一下，又继续向前走。钟上的时间是5时52分，而实际正确时间应为3时5分。

1985年，在46岁的年纪，斯奈德实实在在地站在青年和老年的分水岭上。有时，他脸上的细小皱纹似乎舒展了，显出他年轻而线条匀称的脸庞。然而，人们只要想象他的脸部轮廓再圆润、温和一些，即可想到他65岁时会是什么样子。

斯奈德正值人生的黄金时间。1980年，他被选进美国科学院（院士行列）。1983年，他与法国的尚热（Jean Pierre Changeux）、英国的詹姆斯·布莱克（James Black）爵士一起，从以色列议会获得了10万美元的沃尔夫奖。1984年，当我访问他的办公室的时候，他接到一个电话，得知自己荣获了耶希瓦大学第一届精神病学和相关学科研究爱因斯坦奖。在物理学家默里·盖尔曼（Murray Gell-Mann）1969年荣获诺贝尔奖之前，据说物理学界的鸡尾酒会上热烈讨论的话题就是："我想知道今年默里会不会得奖"。 1985年，同样的气氛笼罩在斯奈德周围。（同时，他在科学上的领路人阿克塞尔罗德担心，"斯奈德正盼望着得诺贝尔奖，而有时人们对得这个奖想得太多。"）

学术论文继续源源不断地从斯奈德的实验室涌出，丰富着他的学术著作目录。此目录已达48页并在不断加厚，已经使标准的办公室订书机吃不消了。

Gould, R. J. , Murphy, K. M. M. and Snyder, S. H. A simple sensitive radioreceptor assay for calcium anragonist drugs. *Life Sciences*, 33:2665-2672, 1983.

Snyder, S. H. Drug and Neurotransmitter Receptors in the Brain, *Science*, 224:22-31, 1984.

Iavirch, J. A. , Blaustein, R. O. and Snyder, S. H. ^{3}H-Mazindol Binding Associared with Neuronal Dopamine and Norepinephrine Uprake Sites. *Molecular Pharmacology*, 26:35-44, 1984.

有一则在约翰斯·霍普金斯大学流传很广的故事说,如果你加入了斯奈德的实验室,却3周内拿不出论文,那么你肯定有问题。而另一更苛刻的说法,则把斯奈德的实验室描述成极有效率地追逐科研成果,写篇论文只须填上数据,再署上作者大名即可。

斯奈德的多产也延伸到了更为流行的领域。他撰写百科全书条目,为《纽约时报杂志》写科普文章,并出版了一系列流行书籍,如《大麻的应用》和《疯狂与大脑》。1984年,他著文介绍阿片受体的发现过程。他自己说,这篇文章和沃森的《双螺旋》一文风格类似。沃森的文章阐述了DNA结构的发现过程,采用了坦率、闲谈式的方式。斯奈德还在为《科学美国人》写一本关于毒品与大脑关系的书。他满脸喜色地说,这本书肯定可以销到4万—5万册。

1984年10月24日,举行了庆祝Nova制药公司巴尔的摩实验室落成剪彩仪式,会场背景是用电脑放大的老鼠脑部放射性切片彩色照片。公司的年度报告称,Nova是"利用神经科学最新成果研制新药"的第一家公司——这些成果特别包括斯奈德实验室开创的受体技术。

出席仪式的有伯科威茨(Bernard L. Berkowitz),巴尔的摩经济发展公司总裁(BEDCO);斯塔克(Donald G. Stark),Nova公司首席执行官和日本桑多斯制药公司的前总裁;还有穿着漂亮蓝色西装、笑容可掬的斯奈德,他是Nova公司的科学顾问委员会主席,同时也是这家新建公司的顾问和董事;等等。

这是巴尔的摩经济发展公司的大喜日子,一个宣传自己成功地把高科技曙光带入传统产业地巴尔的摩的良机。在科学中心刚举行过午餐会,一辆穿梭往返的公共汽车,把媒体记者从位于城市新内港口边缘的马里兰科学中心,运至位于东巴尔的摩的弗朗西斯·斯科特·基医疗中心的典礼会场。在那里,Nova公司总裁斯塔克宣称,一座废弃已久、瓦砾成堆的食品加工厂建筑即将"化腐朽为神奇",被改造成现代实验大楼。

虽在1985年初,Nova公司还没有正式投产,但它和约翰斯·霍普金斯大学已经达成协议,把即将获得专利的新化合物芳基黄嘌呤(arylxanthines)投入市场。此药可用于对钙通道阻断药物放射性受体的测定,并可预防恶心症状(在癌症化疗方面作用显著)。Nova公司1983年7月付出高达600万美元的股票,使斯奈德至少在纸面上变成了大富翁。

早在1970年1月,一群阿克塞尔罗德以前的学生在斯奈德的提议下,在巴黎的一次科学会议上聚会,商讨为他们的导师出**纪念文集**的事。**纪念文集**是一册笔记和论文的合集,由老同事和景仰者出资汇编成书,献给阿克塞尔罗德以示敬意。他们决定,在次年春天的美国实验生物学学会联合会年会上,把它献给阿克塞尔罗德。

1970年11月,他们迟了一步;斯德哥尔摩首先宣布颁发诺贝尔奖给阿克塞尔罗德。但出**纪念文集**的计划照常进行。正如凯蒂在集子的前言中写的那样,"诺贝尔颁奖委员会的行动证明我们是对的!"这本集子包含了十几篇由其以前的学生特地执笔撰写的科学文章,由牛津大学出版社于1972年出版,书名为《神经药理学的展望——向朱利叶斯·阿克塞尔罗德致敬》。此书已如期先于1971年在芝加哥呈送给了他。参与此文集筹划的23位"朱利叶斯的孩子"的照片,此后一直悬挂在他的书桌后面。

当阿克塞尔罗德1970年获诺贝尔奖的时候,他曾想:"它将怎样改变我的生活?它对我意味着什么?"他用自己那份23 000美元的奖金买了一套立体音响和家具,送给孩子们一些钱,还买了些股票和债券。"现在如果你需要钱,我可以借给你。"一位朋友记得他这么说过。

在内心深处,获奖使他欣喜万分。"当你回首往事,它让你感觉极佳,"他说,"特别是当你情绪不高的时候。"从外表上看,他的生活变化不大。当然像通常那样,获诺贝尔奖后,各种荣誉纷至沓来,仅第二年就有3个荣誉学位和8个荣誉演讲人称号。还有人不断请求他就一些政治事件发表讲话,或在各种各样的宣言上签名。"我确实签了一些。"他说。

但他仍然住在马里兰州罗克韦尔格罗夫诺街10401号那幢高层公寓。他照旧乘公共汽车上班。他仍经常见自己的学生。其中一个学生布朗斯坦记得,老师在获奖次年只有一次提及诺贝尔奖。当时布朗斯坦正申请一笔银行贷款,需要一封工作证明信。他去找朱利叶斯,"如果我签上,'朱利叶斯·阿克塞尔罗德,诺贝尔奖获得者',会有帮助吗?"阿克塞尔罗德问道。

然而,获诺贝尔奖的确带来了一个很大的变化。在NIH为他举办的庆祝典礼上,阿克塞尔罗德表示,希望"更多的诺贝尔奖将由NIH和NIMH的科学家获得。我希望有人能尽快得此殊荣,以便我能被人遗忘,重返实验室"。他确实重返实验室了,但情形和以往已迥然不同。

朱克曼在《科学精英》一书中指出,对刚获诺贝奖的人来说,获奖后的日子并不容易,在5年时间里,他们的科研成果平均要减少1/3。阿克塞尔罗德却逃过此谶，未被言中；1970年，他发表了17篇论文；1971年，21篇；1972年，也是21篇；1973年，20篇。但跟以前是有一点不同：他不再亲手做实验了；在58岁的年纪，他放弃了多年来每周做两三个实验的习惯。但他认为，只要能和实验室保持"亲密的关系"，放弃亲自做实验并不影响什么。

快到70岁时，他对自己毕生研究的各方面多了些更具个人化的描述，并通常使用更浅显易懂的题目，比如《我对松果体断断续续的研究》。他回顾的一个主题是微粒体酶，当他著文发表在1982年《药理学趋势》上的时候——在这项研究完成1/4世纪之后，在他获诺贝尔奖十几年之后，这位三四十个重要奖项、奖章和名誉学位的主人，其名誉已如日中天——他仍然有心事要一吐为快。他在《代谢药物——微粒体酶之发现》这篇论文中，对这项发现提出了自己的说明。

在20世纪80年代初期，阿克塞尔罗德仍忙于在细胞膜功能、脑垂体分泌、脂质化学这样的领域进行研究，并经常发表论文。他仍然督促1名博士后和其他2名研究人员用新思路积极工作，并密切关注自己以前学生的事业。他似乎永远在为自己的学生写推荐信。"在这个实验室工作过就开启了许多机遇的大门，"他说，"当学生成绩斐然的时候我感觉好极了。而他们一向都很出色。"

所有这些岁月里，你总能在2D45房间他的书桌旁发现他。他现在不打领带，穿件黑格的短袖运动衫，松松垮垮的深色裤子和看上去挺舒适的翻毛皮鞋。他静静地穿过1号楼长长的走廊，左臂紧贴身体，左手插在裤兜里，轻松地漫步前行，他根据多年经验，避免和别人在通道相撞。距他第一次在《纽约时报》上读到有关香农任命为心脏研究所所长的那篇文章，已经有35年过去了。

1984年，他退休了。除了NIMH人事处的记录有所修改外，一切如旧。他迁到了36号楼，正式成为NIMH自己过去门生布朗斯坦的实验室里的客座科学家。退休使得他可到所外的机构当顾问、当董事并领取薪水。这是他以前做政府雇员时没有资格问津的。同时，NIMH也可以空出一个职位。至于他的科研方面，变化甚微。他照旧有自己的学生，照旧无拘无束地根据自己的科学嗅觉去搞科研。

如此新奇又具新闻价值的安排，使得《科学》杂志发表过一篇文章，题为《退休把NIH"客座科学家"解放为顾问》。文中援引他的话说这"就像做一个旧时代的绅士科学家，我拥有两个世界最精彩的东西"。

他退休后为好几个公司做顾问，其中之一是Nova制药公司。这是斯奈德掌管的公司，他是公司科学委员会成员，公司的年度报告上有他的照片，满面笑容，和蔼可亲。斯奈德还帮忙筹措阿克塞尔罗德退休后的研究经费。他提醒Johnson and Johnson/McNeil制药公司说，自己的导师在发现泰诺的过程中贡献巨大，而泰诺是那家公司的"摇钱树"。结果这家制药业巨头拨出2万美元，归阿克塞尔罗德研究之用。

1984年5月，为庆祝他的"退休"，NIH特意举办了一个科学研讨会：20位科学家就"突触调节的机制"这一主题讨论了2天。随后，第二天晚上举办了极为盛大的晚宴。鲜艳夺目的巨幅海报向NIH和其他地方传递了该会的消息。海报展现了别具风格、处于自由形态的突触，"突触"两字采用了令人惊心动魄的血红色字体。

"如果你纵观本研讨会的日程，它堪称全国，乃至全世界神经科学和神经药理学的名人专家大聚会。"NIMH负责科研的所长古德温致开幕词时这样说。所有发言者都是阿克塞尔罗德的学生。他们走上讲坛，先向导师表示感谢或是致意，然后会回忆一件往事；有时在切入正题之前，他们会在幻灯屏幕上展示自己多年前和导师合著论文的首页。

在这两天里，很多人提及阿克塞尔罗德的科学"儿子"、"孙子"和"科学大家庭"。比如，NIMH研究员赖辛(Terry Reisine)就讲述了自己最初怎样投到山村(Henry Yamamura)，斯奈德的传人，阿克塞尔罗德的

"孙子"麾下;怎样在访问巴黎的格洛文斯基时,在其办公室看到了阿克塞尔罗德的照片;后来又怎样在阿克塞尔罗德的实验室,同样看到格洛文斯基的照片。他总结说:"跻身于这个科学大家庭,我很自豪。"

阿克塞尔罗德的"孩子们"现在都已长大成人,纪念文集上的照片及在宴会上展出的那些照片展示着他们的面容。他们亲切地注视着你,皮肤光滑舒展,朝气蓬勃的脸庞透着执着和热情,头发或短而梳于脑后,或长而蓬松,不同的发型取决于他们作弟子时的不同年代。科伊尔身着宽条灯芯绒面料的渔夫套衫,鬓角伸到嘴边。格洛文斯基则口叼烟斗,一副欧洲学者的文雅派头。斯奈德则看上去冷峻严肃。现在他们重返贝塞斯达向导师致敬,他们都已在各自的领域赫赫有名,都已成熟,略为发福,风度不凡,充满责任感。

在第二天的退休欢庆晚宴上,格洛文斯基曾在那里口写了"书",一枝桃色的玫瑰点缀着每张桌子,一个500毫升的实验室烧瓶充当了花瓶。长条形的主宾席,铺着粉色的桌布,贯穿了切维蔡斯妇女俱乐部的大厅,围着它坐满了贵宾。其中有萨莉,她身姿笔直,下巴绷直,嘴唇紧闭;珀特,穿一袭黑色露肩的晚礼服,卷曲的头发高高盘在头顶;还有斯奈德,穿着无尾晚礼服,笔挺而且正式(宴会主办者最后一分钟才决定来宾不必穿礼服,但通知斯奈德已来不及了)。

菜单充分反映了阿克塞尔罗德对法国风味的特殊喜爱:小牛肉加上别有风味的酱,酸醋沙司芦笋,羊角面包、法式小点心及法国烤咖啡。酒是1982年产的普宜飞赛酒和另外两种法国酒。吉他手和长笛手在宴会前后演奏了优美的乐曲。主宾阿克塞尔罗德的照片被放成海报大小,散挂于大厅之内。有一张看上去像老式宣传照片,有明显摆姿式的痕迹,表现他坐在实验台前用吸量管吸着什么。另一张重现他在一群穿礼服佩勋章的瑞典贵族簇拥下,领取诺贝尔奖的情景。

两天期间曾有一刻,珀特走上前去,拥抱他并且问道:"你对这些奉承不觉得难堪吗?""不,"阿克塞尔罗德低声说,"我喜欢这样。"他在宴会期间也站起来说,他因为饱受赞扬而感到"既兴奋,又窘迫",并说看到桃李满天下又济济一堂,甚感 *nachas*——意第绪语意为骄傲喜悦的意思。

关于未来,他说:"我不打算退休。"他已经拥有两次科学生命,并期待拥有第三次。

两个月后,时常与他合作的梅里利·波特因他的一篇近作而激动异常。"它是创造性的,极其重要的——真的漂亮之极。"他有一个博士后帮手,波特说,"但我知道这是他自己的思路,肯定是这样。他都已经73岁了。他不应该**做**这些。他应留给**我们**一点机会!"

布罗迪1971年退休,两次心脏病发作和医生的劝告吓得他只好退休。

布罗迪的健康问题由来已久。20世纪60年代他就经常(因病只好)在卧室管理他的实验室。有一次,他被疼痛、黄疸和便血所折磨,他肯定自己得了癌症。朋友科斯塔护送他到纽约,在那里他接受了对胆囊、结肠脱垂和其他疾病的诊治。住院期间,他喜闻自己荣获拉斯克奖,颁奖仪式就是在两次手术中间进行的。

1972年,在旧金山国际药理学会议上,人们一并为他举行了欢庆盛宴。它没有被称为退休宴;但布罗迪担心"每个人都会以为我(在学术上)死亡了"。事实上,它的确成了退休宴。"整个活动被安排得天衣无缝。"当时在场的现任乔治·华盛顿大学药理系教授的维克特·科恩回忆说。国际药物学界几乎倾巢而出——来自美国、欧洲、亚洲的顶尖人物,包括产业界和学术界的精英们,许多人携伴侣而来。科恩说:"你简直想象不出还有什么比这更群星荟萃。"

宴会大厅摆满了8—10人一席的桌子,中间空地被用作舞池,大厅尽头是主宾席。靠右手放着两部用典雅的黑皮革装帧的大书,封面上是几个烫金大字:**伯纳德·B. 布罗迪**,扉页上用完美无瑕的漂亮书法写着:

献给

伯纳德·B."史蒂夫"·布罗迪

——现在及过去的同事们

1972年7月26日于

加利福尼亚州旧金山市

两部大书被放置在一个大黑皮匣子内,书内收录了世界各地最知名药理学家发来的贺信。它们来自瑞士伯尔尼,爱尔兰都柏林,西德美因茨;来自米兰、贝塞斯达、洛杉矶、台北、纽约、布拉格;来自苏联明斯克——他们都是布罗迪的科学子孙,证明导师在自己的一生中留下了重要的印迹,每个人都深表谢忱,并回顾学到的东西,或回忆在一起的美妙时光。

"亲爱的布罗迪博士:对于能有与您共事多年的荣幸,我该如何感激?……"

"亲爱的布罗迪博士:您,约翰·伯恩斯和鄙人有个共同点——我们都曾是戈尔德沃特医院一个办公室的教授。它与冷藏室相邻,面积很小,只能放下一张书桌、两把椅子和一个文件柜……"

"亲爱的史蒂夫:您是(心脏研究所的)科研之王,那时我们风华正茂……"

"亲爱的布罗迪博士:您大胆革新,灵活而又热情,甚至敢于搞有争议的课题,这种热忱感染了您周围的人……"

"亲爱的布罗迪博士:对我们凌晨2点至5点的早课,我将永远铭记……"

"亲爱的布罗迪博士：我还能生动地回忆起在（戈尔德沃特医院）那间狭窄黑暗的小屋里，我们定期举行的会议。那间小屋还兼作研究处的图书馆……回顾起来，我认识到我们目前所认识的化学药理学起源于（那间小屋）……"

"亲爱的史蒂夫：离开NIH之后，6年光阴已飞逝而去，有无数次我发现自己正对自己的学生重复您曾讲给我的话……"

"亲爱的史蒂夫：您为我的毕生学术事业指明了道路，我对选择这条道路永不后悔。这确是精彩纷呈的人生，非常感谢您引导我享受它的喜悦……"

"亲爱的史蒂夫，"阿克塞尔罗德写道，"自我第一次登门求教，25年的时光已经飞逝……"

那宴会简直像盛大的狂欢，"佳肴美酒、音乐撩人、舞姿婆娑，人们尽皆沉醉，不愿离去，"科恩说，"大家有种志同道合的绝妙感觉。就像是家庭聚会，每个人都情同手足。"

这次盛会由罗氏（Hoffmann-La Roche）制药公司组织，主持人是该公司研究及发展主任伯恩斯和罗氏分子生物学研究所所长乌登弗兰德。正如科恩所言，罗氏研究所简直是"迷你型的布罗迪实验室"。它的许多高级研究员都是布罗迪的门生。特别值得一提的是，根据罗氏研究所资料称：该研究所由"三位出身于NIH同一实验室的科学家一手创办"，而这所实验室，毫无疑问就是布罗迪实验室。

1967年，布罗迪在他位于贝塞斯达的公寓为香农举办了一个晚会，乌登弗兰德描述了当时的情景。当天他和1960年退出布罗迪实验室进入私人企业的伯恩斯相互谈起，生物科学在制药业中的应用刚刚起步。乌登弗兰德说，生命科学界也需有自己的"贝尔实验室"——这是指美国电话电报公司拥有的著名私人研究机构。

晚会后乌登弗兰德把这事淡忘了，但一周后，伯恩斯打来电话，继续与他探讨上述话题。不久，瑞士制药业巨头罗氏公司宣告成立罗氏分子生物学研究所，专门致力于"在生物化学、遗传学、生物物理和分子生物学领域其他专业的基础研究"。乌登弗兰德被任命为首任所长，直到1983年，他才传位给布罗迪的另一个学生韦斯巴赫。

为充实新研究所的人手，乌登弗兰德带来20位研究人员，多数是从NIH的布罗迪实验室出来的老手。罗氏研究所，照他的说法，集聚了"NIH、产业界和大学的精英"。他觉得罗氏研究所实现了它的诺言，即它从美国科学院吸引的科学家，从数量上讲要比纽约任何一个医学院都多。该研究所位于新泽西州的纳特利，一座现代化的5层实验大楼里，云集了30位资深科学家和70位博士后。而它的科学顾问委员会的许多成员都摘取过诺贝尔奖桂冠。

乌登弗兰德称，这是"戈尔德沃特医院的又一杰作"。

布罗迪退休后，和安妮起先住在亚利桑那州，后定居在佛罗里达州的棕榈滩。（科斯塔说，安妮强烈感到，"一个人不应在他曾经辉煌过的地方退休"。）在棕榈滩，他们的住所离肯尼迪家族的豪宅只有1.5英里（约2.4千米），那个地区住满了百万富翁。不久，布罗迪对人们总是问你怎么发财的大感厌烦。然而，他很喜欢自己那所带有走廊、遍布鲜花和葡萄藤、并靠近海滩的房子。他仍密切关注科学界的新进展，经常打电话，并且总是忙于阅读和思考。

一年中总有一两次，至少在他健康状况恶化前，布罗迪会到他任顾问的罗氏研究所去。通常在途经切维蔡斯时，他会去探访科斯塔。他也经常在宾夕法尼亚州的赫希作短暂停留，退休后他成为那里的宾州州立医学院药理学教授。他每次离开后人们总是"余惊未了"，医学院药理学系主任韦塞尔回忆说："大家都被他的洞察力和绝顶聪明震慑住了。"

最终,布罗迪夫妇重返亚利桑那州。科斯塔说,布罗迪被那地方迷住了。科斯塔在华盛顿特区圣伊丽莎白医院自己的办公室里,陈列着一张导师的巨幅照片。"他对沙漠动物兴趣浓厚。比如沙漠鼠,他说打算把它们用作生物学实验的标本。"一次,科斯塔的儿子——当他还是小男孩时,布罗迪曾为其恶作剧地剪辑过一盘垒球赛的录音带——要寻求一位指导其博士论文的导师。当科斯塔提及此事时,布罗迪气呼呼地说:"我有什么问题?"不久,科斯塔的儿子马克斯(Max),便投到布罗迪的羽翼之下,在亚利桑那州立大学(位于图森市)读书。布罗迪和该大学的药理学系保持着密切的联系。

当健康问题使布罗迪不能继续尽责时,罗素接替了他。她是斯奈德的学生,已由巴尔的摩癌症研究所调至亚利桑那州立大学。从斯奈德那儿,她听说过布罗迪和阿克塞尔罗德之间的所有故事。现在,她居然可以与传奇式人物布罗迪本人生活在同一城市——图森。1976年,几代科学家联手在《美国科学院论文集》上发表了论文《作为对混合功能加氧酶诱导之早期结果,对依赖3′:5′-环腺苷酸的蛋白激酶的激活及对于鸟氨酸脱羧酶的诱导》。5位作者中包括马克斯·科斯塔、布罗迪和罗素。

虽遇见他时,罗素已处于自己事业的鼎盛时期,她仍承认:"布罗迪对我的思想体系有令人难以置信的影响。"他早已退休,身体很弱,年近70岁。但她感到,刚和大师一起工作时,思路仍"跟不上";他挑战她已知的一切。他有这样的本事,就是把一场科学讨论简化至"更简单、更基本的水平。'如果是这样,那会发生什么?''如果那是对的,你须证明……'你会暗想,'他会是对的吗?'"

布罗迪在亚利桑那的临时新同事中间并不一直受欢迎。一次,他和系主任发生了冲突,据罗素称,这位来自东部的药理学大师使那位系主任感觉受到了"威胁"。在学校里,"谁要真正热爱他就会被疏远"。但她却越来越仰慕和尊敬他,现在,在她的亚利桑那州立大学办公室,一幅木框镶边的布罗迪正式肖像占满了一整面墙。

罗素也和安妮·布罗迪成为挚友,经常为些个人问题跑去征求她的意见;罗素说,这位年长的妇人,"像待女儿一样对待我,而且在她眼里,我是个不能做错事的女儿"。据她回忆,布罗迪夫人认为"阿克塞尔罗德为人卑鄙",对自己丈夫为他付出的心血,"她觉得他没有适当地表示感激"。罗素认为她的积怨——她从未听布罗迪本人表达过——"是由于布罗迪极渴望得到诺贝尔奖,但阿克塞尔罗德却得到了"。

有人认为布罗迪有一天仍会得诺贝尔奖。"你永远猜不到会不会获奖。"韦塞尔说。麦克林托克(Barbara McClintock)不是81岁才得到诺贝尔医学奖吗？他承认,虽然"不大可能,但并非完全没有可能"。布罗迪有可能因在药物代谢系统及其和癌症的关系方面的研究,或因用利血平探测神经元功能的建树而得奖。韦塞尔说:"布罗迪曾多次被诺贝尔奖评审委员会列入候选名单。"阿克塞尔罗德据称就是提名者之一。

在1984年,有一段时间,布罗迪一家曾考虑迁至夏威夷,他们甚至到那儿实地考察了一番。然而刚踏上旅途不久,安妮滑倒了,胳膊都摔肿了,这使他们大为扫兴,只得取消了搬家的计划。

现在,两位老人住在图森市东梅布尔街一幢低矮的棕色房子里,距离亚利桑那州立大学卫生科学中心只有几个街区。如果需要紧急救助,布罗迪可以很方便地去中心就医。前院只有仙人掌和其他沙漠植物,在亚利桑那州的骄阳之下,再没有其他绿色植物。

他家有一个房间被布置成书房。他的红色皮椅静卧在那张老式书桌旁,人们在退休宴会上献给他的两大本黑皮巨书,则陈列在书桌后的架子上。有一面墙是个大书柜,堆满了科学书刊。其他墙上挂满了几十种奖项和荣誉学位证书。这些东西占满了每一英寸的空间,他的大名和照片似乎无处不在。各式(证书)铜牌上镌刻着他的名字,各种照片记录着他获荣誉学位的情景。在一个陈列柜的顶上摆满了各种无法悬挂的奖品,盒装的名誉奖章、勋章和小塑像,包括带翼胜利女神萨莫色雷斯雕像(拉斯克奖)。

在书架上方悬挂着长方形的中国锦旗,印着烫金的汉字,这是他的一位张姓台湾学生(C. C. Chang)所赠,汉字写的是"药理学先驱"。锦旗上写道:"您是我所知道的最该获此锦旗的人。我希望它能令我常伴您身边,有时偷您一点思路以助解决我的(科学)问题。"

在书架的底层,安妮保存着她多年收藏的剪贴簿,那是各类文章、报摘和照片的大集锦。有些照片因年代久远,胶粘不牢而脱落了,露出长方形的棕色底斑。

有一张户外照片拍的是布罗迪和乌登弗兰德早年在NIH的情景,时间大约是1952年,两人皆穿当时流行的宽松便服。乌登弗兰德打着蝴蝶领结,反剪双臂站着,布罗迪的黑发梳向脑后,领带随风飞舞,在毒辣的太阳下眯起眼睛,瞥向一边。他们都正当壮年,30大几或40岁出头,恰是身体最结实之时,衬衫袖子挽得高高,满怀着期望,风华正茂。

30年后布罗迪拍摄的一张快照,仍显出他是一个精力充沛的人。他脸色红润,满头银发,眉毛依然很黑,下巴仍然坚毅,皮肤看上去也还算光滑。他的思维像以前一样敏捷,听人谈话时极其专注。而且当他展现灿烂笑容的时候,让许许多多人为之倾倒的布罗迪魅力,会突然间展现在你眼前。

然而,卒中、心脏病发作和帕金森病使他日渐虚弱。甚至早在1979年,他从佛罗里达州到戈尔德沃特医院聚会的时候,托马斯·肯尼迪就记得他已显得虚弱。现在,他走路时常要停下,有时需要别人搀扶。连阅读也遇到困难,只能逐字阅读,显得吃力。讲话困难,一次脑卒中影响了他大脑语言中枢,所以他口吃得厉害,有时只能说出一个词,无法完整地表述自己的想法，于是脸部因为这种挫折而变得扭曲，或只得用简单的单音节词替代多音节词。

他已不能阅读科学文献。"目睹这一切的发生真让人痛苦"，谈到布罗迪的身体每况愈下，罗素深表惋惜。"他变得像个隐士"，不愿意在人前示弱。安妮说："他就像一个被无情截肢的奥林匹克选手。他接受了这一残酷现实。然而如果还能上场，他会在1分钟内重新披挂上阵。"

这些日子以来，布罗迪在房后的小屋里一坐就是几小时，守着带围墙的小花园。为了有些事做，他集邮并看有线电视节目。他晚上失眠，为了不影响安妮睡觉，他带上耳机看电视，一直看到深夜。

他有时将两本黑皮封面的巨书从办公室桌后的书架上搬下来，坐在那里盯着它们看上好一阵子。

第十四章

尾声：1993年

这封信由白宫发来，并有里根(Ronald Reagan)总统的签名。信中向参加美国科学院研讨会的科学家们致敬，并以国家的名义向他们的工作致谢。"你们还具有一种共同的品质，"他这样写道，"即一种从获奖者那里继承下来的科学探索精神和灵感……'史蒂夫'·布罗迪花了一生的时间与代代研究者分享他健旺的精力，对药理化学的敏捷理解，以及对严谨逻辑的爱好……"

由于科斯塔及他在美国科学院的朋友们的精心安排，无疑加深了里根总统对布罗迪个性和事业的细致了解。科斯塔管理着菲代研究基金会建立的一个研究所，而菲代研究基金会邀请各著名科学家赴华盛顿，参加一个名为"1988年的神经化学药理学：向B. B. 布罗迪致敬"的研讨会。会场设在科学院大楼外面的一个帐篷下，乌登弗兰德、肖尔、阿克塞尔罗德和几十位其他老朋友都到了。他们的中间坐着布罗迪，已81岁高龄，看上去确已老态龙钟。这一天是1988年4月29日。

2年前，住在亚利桑那州但感觉与世隔绝的布罗迪和安妮，搬到了弗吉尼亚州夏洛茨维尔，在这座历史悠久的老城的中心地段附近购置了一套公寓。该城是南北战争时期的主要城镇，甚至在镇里的随意闲逛都会令他流连忘返，他很快就对南北战争那段历史着了迷。自从差不多30年前布罗迪和科斯塔在迈阿密一家旅馆前台相遇后,他们两人之间的情谊日久弥深。科斯塔开始带布罗迪去参观安蒂特姆和葛底斯堡的血腥战场遗址、李将军逝世的房屋以及所有南北战争时期的圣地。

每次科斯塔来夏洛茨维尔邀布罗迪出游,总能发现布罗迪已在等他,戴好了帽子,拐杖放在手边,整装待发。然而,1989年初的这一次,布罗迪却正卧病在床,所以他们只去观看了一场大学篮球比赛。告辞的时候,科斯塔向布罗迪发出了严肃的警告:下一次他最好康复。但之后不久,在2月的一个雪天,他接到安妮的电话,说她发现史蒂夫躺在洗手间的地板上,心脏病突发,去世了。

人们为他举行了火葬仪式,他的骨灰撒进了大海。他在遗嘱中规定,其部分遗产将用于在科斯塔的家乡撒丁岛的卡利亚里大学建立 B. B. 布罗迪神经科学系。

虽已90高龄,背也微驼了,但香农仍是衣冠整洁。他的衣着简直像个大学预科生:身着一件运动外套,蓝牛津衬衣,并系着极漂亮的领带。最近,他从俄勒冈州搬到了马里兰州切维蔡斯的豪华高层退休公寓,这里可以俯瞰森林和小溪。公寓里还有棋牌室、画室和饰有木镶板的图书馆。他的听力几乎丧失,有时还记不住名字——甚至一时会忘记国会议员希尔和参议员福格蒂的大名,他曾与他们在20世纪的五六十年代愉快地共同规划过NIH的前景。但不管怎样,他仍然忙碌,研究第二次世界大战前的医药史。

香农位于切维蔡斯的新家,距贝塞斯达只有几英里之遥。而在贝塞斯达,他曾领导NIH达15年之久,NIH总部大楼至今还以他的名字命名。不,他说,他们用他的名字命名大楼也算不了什么。当然啦,如果以别人的名字命名,他接着说,脸上展现出一个充满爱尔兰魅力的短暂微笑,那就另当别论了……

1988年夏,许多老朋友和商业伙伴被邀请至马里兰州日耳曼敦,参加新建的肽设计实验室的开张晚会。请柬用鲜艳大胆的红、黑和银色条纹设计而成,字体颇不和谐,一个数字8变形构成为一个无穷大符号式的水滴。那时,正如珀特回忆的那样,是"生物技术迅速发展的80年代"。她于1986年与拉夫结婚,离开了NIH,并自己经商。作为投资人,他们通过致力于研制抗艾滋病新药T肽而赚取利润。

1985年下半年,白细胞中的CD_4受体被确认是艾滋病病毒侵入人体免疫系统的门户:附在艾滋病病毒表面被称为gp_{120}的一种蛋白质,会和CD_4结合,继而引发一系列常常会导致死亡和病变的残酷事件。珀特(她和同事们在人脑部也发现了CD_4受体)设想,也许可以将一种和gp_{120}结构类似的无害物质注入人体,与CD_4受体位置结合,从而阻断艾滋病病毒结合的机会。

珀特及NIH的同事订购了一台电脑,用gp_{120}的已知结构对50—60种肽的化学结构进行系统的对比研究。这些肽都是短而直的蛋白质片段,并已知在神经系统中起作用。这个研究的目的是:找到最佳组合。结果电脑找到的结构有8个构件,其中4个是氨基酸苏氨酸,科学家用字母T来表示它;珀特则称之为T肽。她指示对它和3种同缘的肽进行合成。

在后来的研究中,4种肽中有3种干扰了CD_4的结合。而在马里兰州弗雷德里克的弗雷德里克癌症研究机构进行的另一项实验里,同样的3种——T肽及其"近亲表兄"中的2种——阻止了病毒对人体T细胞的感染。"这种几乎相同的结果令人难以置信,"珀特说,"我当时认为再过4星期,我们就能被写入《人物》杂志。"

这些初期成果发表于1986年12月的《美国科学院论文集》,署名是珀特、拉夫和另外6名研究人员。这些成绩足以激励珀特,去继续探求她毫不犹豫地称之为艾滋病克星的治疗方法，也使她顽强地面对来自科学界的不同意见。

是的，她的批评者说是有不同意见——但这只是因为，其他实验室无法重复她的实验得出相同结果。

然而珀特坚持认为，T肽不被接受的主要原因在于，它和艾滋病研究领域的主流疗法AZT姑息疗法相冲突。她说，这个因素，加上拉斯克奖事件对她个人在科学界声望的持续不利影响，导致了T肽研究的夭折。主要的艾滋病研究人员，包括据她讲的确实存在的哈佛大学阴谋小集团，力图阻挠对T肽的研究，甚至在科学会议上采取粗鲁和违反职业道德的行为诋毁她个人和她的发现。她声称，结果是，最初支持T肽研究的那家公司退缩了。因看好T肽的前景而风风光光建立起来的肽设计实验室，也只好关门大吉。有段时间，她和拉夫只能在自家的地下室工作。

珀特以她特有的洞察分析能力发出这一通议论。而拉夫，这个比她小几岁的聪明、和蔼的免疫学家，尽管内心同样愤慨，表面上却比较沉默。但他也承认说，他们的科研故事带有一点点共谋的味道，这自然让人怀疑。

但艾滋病患者团体的代表却急于促进任何可能的治疗办法的问世，不管前景如何小。因此他们大力支持T肽的研究。某艾滋病协会在写给NIH高级官员福奇（Anthony Fauci）的信中说："我们相信，T肽研究的反对者，因疗法之间的互相竞争而受到既得利益的驱使，而利益的冲突扭曲了同行复审的进程"及其客观性。

1993年，珀特和拉夫的事业重新步入正轨。他们组成了另一家公司——肽研究公司，在马里兰州罗克维尔（靠近帕克劳恩路）的一座弯曲的砖楼里占用了一小套办公室。由珀特不愿透露姓名的投资者赞助的第二家公司（高级肽公司），也支持T肽的研究，该公司为参与早期T

肽安全性实验且4年后仍健在的14位艾滋病人提供治疗护理。同时，被食品和药品管理局列入计划的第二阶段临床实验，也在5个地点进行着，其目的不仅在于测试新药的安全性，还在于测试它的临床价值。据珀特说，有望在1994年初拿到实验成果。

当被问及T肽的发展前景时，斯奈德——他在谈到珀特时十分谨慎，称自己在艾滋病研究领域了解不多，除最勉强最中立的观点之外，起初不愿提供任何看法——终于说道：如果T肽研究终有所成，呃，他将会非常吃惊，但很多人想复制她的结果，都失败了。他说，没有什么人搞阴谋要拆珀特的台。他声音平和，毫无表情。答案更简单了，至少在他看来，她的许多说法并无根据。

当本书刚出版时，斯奈德的一些学生穿上了特制的T恤衫，在橘黄底色上用醒目的黑色印上"徒弟"的字样。斯奈德也得到了一件T恤，上面印着"天才"。

1993年，他脸上的皱纹更深了，头发开始灰白，一副半框的阅读用的眼镜架在鼻梁上。然而，从其他方面看，时为54岁的斯奈德每天早晨都要游30圈泳，并做5分钟水力按摩，他看上去仍很健壮。根据他自己的介绍，他多年来没有什么变化；仍供职于约翰斯·霍普金斯大学，仍主持一所他喜欢称之为小玩意儿的研究机构，仍出席实验室会议，在实验室巡视，和他的学生谈论科学。

斯奈德安静、舒适的办公室，位于8楼办公室套间的里间，被米色墙纸和现代艺术装饰得明亮悦目。这儿比以往任何时候都更像是神经科学的一个神经中枢。斯奈德是位重要的、影响力深远的公众人物。他以前的学生纷纷占据了重要位置，像扬（Anne Young）最近被任命为马萨诸塞州总医院的神经病学科主任；科伊尔则受命主持哈佛医学院新设立的精神病学系。但罗素于1989年54岁时死于癌症。斯奈德的著作《大脑猝变》阐述了阿片受体的发现,该书倍受评论界关注。《科学美国人》和《纽约时报》用珍贵的版面刊登了他的传略。

斯奈德在古典吉他方面的造诣,他独特的表情和手势,以及他在阿克塞尔罗德的启发下形成的对创造性研究的认识,都统统被写进各种时下关于他的文章。但撇开那些斯奈德不愿谈的个人兴趣方面的细节,他之所以倍受瞩目,是因为一个更简单更具实质性的事实:他的实验室能作出重大的发现,一个接着一个,频率惊人。

最大的发现也许是……气体。提醒您注意的是,它们不是新发现的或合成的化学名字长达8个音节的气体,而是平淡乏味的普通气体,毫无新意,(如果讲课)足可令大学生们昏昏欲睡——然而,通过斯奈德和其他人的研究,这些气体正成为主要的化学信使,并将开辟神经化学领域的崭新世界。

一氧化氮——**不是**牙医用的"笑气"氧化亚氮——是一种简单得超乎想象的化合物,它是1个氮原子与1个氧原子的结合。几年前编定的百科全书条目形容它是无味无色的气体,于1620年首次被合成,浓度很高时有毒,其他就没有什么特点了。当然,那时人们无法预测,这种微不足道的化学气体会起什么重要的生物学作用。那时大多数生物学机制,均被蛋白质和其他更复杂的化合物所控制。

这种想法直至1987年才有所改变。当时,一系列的发现表明,某种从血管里渗出的物质已知可使周围的肌肉组织放松,并引起血管扩张——那时只知它是内皮衍生舒张因子(EDRF)——简直令人难以置信,这种物质正是一氧化氮。事实证明,一氧化氮是决定血压高低的主要因子。

斯奈德抓住了这一发现。他推测,如果一氧化氮这个新的化学信使在血管功能方面起着如此重要的作用,那么它是否可能在突触功能,即神经交流信息方面,也起着相似的作用?例如,它是否可能存在于大脑里？他随之安排了一系列实验，果然有所发现，写出了科学论文——而当时斯奈德已经发表了600余篇论文了。

《一氧化氮——新种类神经递质中的第一个？》这是斯奈德1992年为《科学》杂志所写评论的题目。所有的证据（多数来自他的实验室）都说明，这种在细胞内按需合成的简单气体，在神经系统功能中扮演着重要角色。它和阿克塞尔罗德40年前研究的神经递质如去甲肾上腺素大不相同，但毫无疑问亦属于神经递质。不久，斯奈德的实验室又发现，另一种看上去不太可能的候选信使：一氧化碳（它大量存在于汽车尾气中，是无味有毒的气体），也扮演着类似的角色。

"噢，所罗门，"阿克塞尔罗德列举其得意门生对气体的研究时说，"他棒极了。"

在摄于1992年9月18日阿克塞尔罗德80大寿宴会的一张照片上，他的学生云集于身旁。儿子弗雷德（Fred）坐在他左边，斯奈德坐在右边。合影中还有格洛文斯基、特内和维特曼等，人人笑容灿烂……

这确实是一个总结某人杰出科学生涯的好办法。这个形容衰老、白发苍苍的学者，已经退休10年了，然而，仍是NIH的正式"客座研究员"。他这是最后一次领受爱戴他的学生们的喝彩。然后，他终于真正地退休了，可以享受当之无愧的休息和闲暇，可以追忆自己骄傲而辉煌的科学生涯。

但这只是虚构的情景，是从未发生的事情。

1993年5月一个阳光明媚的春日下午，阿克塞尔罗德起身去咖啡馆，和他共进午餐的人是生物化学家费尔德（Chris Felder）。早在1985年，费尔德曾致电邀请他去乔治城大学作演讲，费尔德那时还是那儿的博士生。他原以为要越过"三层秘书防线"才能和这位诺贝尔奖得主通话，结果是阿克塞尔罗德自己拿起了听筒。现年39岁的费尔德如今已经和80岁高龄的阿克塞尔罗德共事6年了。两人从早晨谈起,午餐后到咖啡馆接着谈。他发现老师总能提出极具价值的科学建议,而且这些建议通常都被证明是正确的。

阿克塞尔罗德说:"我现在基本上是游手好闲。"

而事实上,在他生日宴会的9个月之后——这期间他有一次欧洲旅行,一次心脏病发作,以及三重心脏搭桥手术后又一次欧洲旅行——他和他的实验室已处在科学突破的前夕。

1992年,一名叫德瓦纳(William Devane)的博士后,为继续他在圣路易斯大学作研究生时已开始的研究,与一些以色列研究人员合作,并报告了脑部发现的某种新物质的特性和结构,即与之结合的受体和大麻的受体一样。休斯和科斯特利茨20年前发现了阿片类药物的内源配体,这次发现的是所谓大麻的内源配体。《科学》杂志援引斯奈德用于大麻活性成分的科学名称的话:"大麻酯配体"是"一个重大的突破",它可以使人们加速寻找与大麻已知疗效相同的药物,即镇痛、缓解恶心症状、降低血压,但无欣快感的药物。人们把它称之为anandamide,这在梵语里是欣快狂喜的意思。

然而到底什么是anandamide的**正常**功能?平衡?也许。记忆?可能。是什么酶起了作用使它在体内得以产生?它是如何代谢的?大麻酯的基因已在阿克塞尔罗德的实验室被成功克隆。而anandamide是花生四烯酸(arachidonic acid,很长时间它都是阿克塞尔罗德的兴趣所在)的衍生物。德瓦纳写信给他,问自己可否加入他的实验室?可以。于是,德瓦纳真的成了他团队中的一员。

1993年1月,德瓦纳加入后不久,阿克塞尔罗德在欧洲参加某科学会议时,忽然感到胸部有压迫感,并感觉呼吸艰难。"还不算太糟糕,"他后来回忆说,"所以我没管它。"

但几天以后,当他回到美国,并从公寓走向自己的汽车时,又感到了同样的阵痛,这次疼得更剧烈了。有人叫来了救护车,但当场检查没有发现任何异样。有人建议坐出租车去医院吧,他去了。当地医院把他送至乔治敦医疗中心,心脏病医生发现他的冠状动脉阻塞,机能降至正常值的15%。他需要做搭桥手术,从腿部或身体其他部位剪下血管,并移植到心脏中。

他应该做这项手术吗?

他给儿子保罗(Paul)打了电话。保罗致电斯奈德,斯奈德劝他接受这个手术。

他醒过来,非常迷惑。因为他身上插了那么多管子,好几天他都没法翻身。在医院待了8天后,他回到了在格罗夫诺街的老式两室公寓。在他得诺贝尔奖前,那儿一直就是他的家。他妻子萨莉已在前一年去世。儿子弗雷德照料他的生活,后来是弗雷德的妻子,再后来是保罗……

那时正值2月。

现在已是5月了,他又回到了实验室,解开敞领短袖衫的纽扣,撩起V领T恤,露出那道纵贯白色胸部的整齐的粉色伤痕。"我感觉很好",他说,面带微笑。他看上去的确如此。与几年前相比,他脸部略瘦了些,肚子也小了。被取出血管用于搭桥手术的那条腿有些萎缩。但总的看来,他显得健康,而且精神很好。他刚从欧洲(布达佩斯、洛桑、巴黎)旅游讲学回来。"我今后要做什么?"当被问及为何匆匆从医院出来时,他反问道,"难道就坐以待毙吗?"

访问者总会在老地方发现他,坐在实验室门廊边上一个小巧玲珑的屋子里,下巴几乎垂到胸口,手里拿着一份科学报告,凑近那只视力尚好的眼睛。在他身后的桌子上,有一只咖啡壶和几听美味点心,那是一位实验室工作人员带来与他分享的。外面,在众多洗涤槽、通风罩、梯度量筒和插满试管的架子中间,穿牛仔裤的年轻人坐在实验台前,测量着,用吸量管工作着。

正当阿克塞尔罗德开始谈到他实验室最近的工作和斯奈德对气体的研究时,电话响了。是斯奈德。

阿克塞尔罗德拿着话筒,多数时间保持沉默,不时"嗯"一声。没有过分客套的寒暄。看来是例行的电话。

"一氧化碳的研究进展如何?"阿克塞尔罗德问道。

安静,倾听。

"对,你需要得力人手。这不是个容易的问题。"

倾听。

"他们接受了专利,好极了……"

斯奈德,像个儿子,讲述着他的工作。阿克塞尔罗德,像个慈父,询问、鼓励、倾听着。

再版后记

《师从天才——一个科学王朝的崛起》(Apprentice to Genius: The Making of a Scientific Dynasty)中译本准备再版,译者们闻之欣然。

1996年夏,我在美国觅得此书后,曾走访作者罗伯特·卡尼格尔(Robert Kanigel),他当即同意我们中国学者译出他的两部著作——其一为本书,另一本 The Man Who Knew Infinity: A Life of the Genius Ramanujan 后也由上海科技教育出版社出版,译名《知无涯者——拉马努金传》。卡尼格尔的著作已译为德、韩、日三种文字,其出版代理商 Vicky Bijur Literary Agency 对译事也表示热情支持。

但出书过程并不太顺利。先是本人归国途中箱子破损,以致丢失了此书及其他几本书。回国后,只得另购。在联系出版社时又先后两次碰壁。直到上海科技教育出版社果断地决定将本书纳入"哲人石丛书"出版,时已近1999年底了。

为了加快译书进度,我与出版社商定再找两人合译。我们三位译者,算得上是"老、中、青"三代结合。我1947年毕业于辅仁大学英文系,在北京航空航天大学教研究生英语多年,又在《大学英语》(College English)杂志兼任编辑,退休后仍读书教课,译作不辍。闫鲜宁自1974年起一直从事翻译工作,1989—1994年任中国驻埃及大使馆商务处及美国芝加哥领事馆商务组外交官,退休后做了自由译者,翻译和校对图书数十种。张新颖1991年毕业于北京广播学院(现中国传媒大学)外语系,1991—1999年任中国国际广播电台英语部记者和编辑,后从事英语特稿采写及翻译工作,现旅居澳大利亚,为澳大利亚华人作家协会会员,笔名"新颖"。我们在译书过程中一同探讨,反复切磋,可谓其乐融融。

今日此书即将再版,译者向原书作者及其代理商,以及上海科技教育出版社再次深深致谢。同时,我还要向本书的责编致谢,多谢他们一贯认真细致的工作作风。尤其感谢卞毓麟先生自始至终为本书的出版全力以赴,连书名也是他确定的。

希望读者能喜欢此书。它涉及的是古今中外治学的一件大事,即师承问题。人们常讲"前事不忘,后事之师",我想,若改为"前人不忘,后人之师",便是本书的主旨。本书在写法上,着重描述了几代深受敬仰的医学界宗师或学科带头人,人物栩栩如生。大师们功绩卓著,影响深远,但到了晚年,往往殊为孤独寂寞,令人为之恻然。记得译者过去曾听到一位英国老科学家称赞中国对待老年学者比英美要好,我国这种尊重科学、尊重人才的优良传统但愿代代相传。

十余年来,我国翻译出版硕果累累。我想只要国人将"科教兴国,振兴中华"铭记于心,必可期待有更多的好书问世。

江载芬

2012年9月18日于北京

图书在版编目(CIP)数据

师从天才:一个科学王朝的崛起/(美)罗伯特·卡尼格尔著;江载芬,闫鲜宁,张新颖译.—上海:上海科技教育出版社,2020.5(2025.11重印)

(哲人石丛书:珍藏版)

ISBN 978-7-5428-7212-8

Ⅰ.①师… Ⅱ.①罗… ②江… ③闫… ④张… Ⅲ.①生物医学工程—科学家—生平事迹—美国—现代 Ⅳ.①K837.126.15

中国版本图书馆CIP数据核字(2020)第039139号

责任编辑	柴元君 卞毓麟 王洋	出版发行	上海科技教育出版社有限公司 (201101上海市闵行区号景路159弄A座8楼)
封面设计	肖祥德	网 址	www.sste.com www.ewen.co
版式设计	李梦雪	印 刷	常熟市文化印刷有限公司
		开 本	720×1000 1/16
师从天才——一个科学王朝的崛起		印 张	18.25
		版 次	2020年5月第1版
[美]罗伯特·卡尼格尔 著 江载芬 闫鲜宁 张新颖 译		印 次	2025年11月第5次印刷
		书 号	ISBN 978-7-5428-7212-8/N·1082
		图 字	09-2019-661号
		定 价	55.00元

Apprentice to Genius:

The Making of a Scientific Dynasty

by

Robert Kanigel

Copyright © 1986, 1993 by Robert Kanigel

Originally published in the United States by MacMillan Publishing Company (1986) and

the Johns Hopkins University Press (1993)

Simplified Chinese Edition Copyright © 2020 by

Shanghai Scientific & Technological Education Publishing House Co., Ltd.

Published in arrangement with Vicky Bijur Literary Agency

through The Grayhawk Agency Ltd.

ALL RIGHTS RESERVED

上海科技教育出版社有限公司业经Vicky Bijur Literary Agency 授权

通过The Grayhawk Agency Ltd. 协助

取得本书中文简体字版版权